高级自然计算理论与应用

王　磊　徐庆征　赵　理　李红叶　著

科 学 出 版 社

北　京

内 容 简 介

演化算法是一类基于群体智能的自然启发式搜索优化策略，具有结构灵活、易于理解、适用广泛的特点。本书是作者多年研究成果的总结，介绍基于复杂适应度函数的进化算法、化学反应优化算法、人工内分泌系统模型、反向差分进化算法等高级计算智能方法，以及算法在目标的识别和跟踪、车辆路径问题等复杂实际场景中的应用。

本书可供计算机科学与技术、人工智能、应用数学等学科背景的高年级本科生和研究生阅读，也可供相关领域的工程技术人员参考。

图书在版编目(CIP)数据

高级自然计算理论与应用/王磊等著. —北京：科学出版社，2022.9

ISBN 978-7-03-071033-8

Ⅰ. ①高… Ⅱ. ①王… Ⅲ. ①最优化算法 Ⅳ. ①O242.23

中国版本图书馆 CIP 数据核字（2021）第 268824 号

责任编辑：宋无汗 / 责任校对：崔向琳

责任印制：张 伟 / 封面设计：陈 敬

科学出版社 出版

北京东黄城根北街 16 号

邮政编码：100717

http://www.sciencep.com

北京中石油彩色印刷有限责任公司 印刷

科学出版社发行 各地新华书店经销

*

2022 年 9 月第 一 版 开本：720×1000 1/16

2023 年 5 月第二次印刷 印张：14 1/2

字数：292 000

定价：135.00 元

（如有印装质量问题，我社负责调换）

前　言

以自然现象为启发的计算理论和系统结构设计，因内在的复杂性和应用前景的广阔性，成为智能计算领域研究的前沿课题。与传统的研究和实现方法不同，自然启发式计算模型在承认"存在即合理"的前提下，广泛而深入地探寻被人们揭示的自然现象和自然规律，进而将其作为计算系统结构和高效率、大规模、多目标计算方法的设计思路与实施准则。而且，由此发展而来的自然计算理论，作为相对独立的研究课题，虽然提出的时间不长，但已受到高度重视。迄今为止，自然计算的研究与应用领域逐渐覆盖复杂优化问题的求解、智能控制、模式识别、网络安全、硬件设计、社会经济和生态环境等诸多方面，大多属于国际前沿研究领域，对促进国民经济的发展和科学技术的进步具有十分重要的意义。

本书是作者在智能信息处理理论模型与应用技术方面研究成果的总结，内容注重理论研究与实验分析相结合，研究成果已应用于工程实际，创造出一定的社会效益和经济效益。通过剖析自然形态中的自治行为，汲取映射的高效信息处理机制，设计并实现了一系列基于自然启发式的信息处理方法，如人工内分泌系统模型和化学反应优化算法等。这些模型或算法由于其内在搜索行为的自我调节和信息涌现机制，可解决当前众多行业信息化建设过程中信息利用率低、纵深加工能力弱、协同机制欠缺等问题，从而为国家重点关注的资源规划、智能交通和公共安全等领域所遇到的一些关键问题提供有效的解决方案。

本书由西安理工大学王磊、徐庆征、赵理、李红叶等共同撰写。目前，徐庆征、赵理、李红叶分别供职于国防科技大学、北京信息科技大学、西安邮电大学。本书涉及的研究内容主要依托西安理工大学智能计算研究所和陕西省网络计算与安全技术重点实验室完成。感谢团队老师和研究生的辛勤付出，感谢黑新宏教授、金海燕教授、费蓉教授、李薇副教授、赵金伟副教授、王竹荣副教授、鲁晓锋副教授、王彬副教授、邹锋副教授、江巧永博士、赵志强博士、陈浩博士、贾萌博士的倾力合作与无私帮助。

另外，感谢崔杜武教授、焦李成教授、刘芳教授近三十年的悉心指导与教诲！感谢徐宗本院士、郝跃院士、管晓宏院士，马西奎教授、潘泉教授、张艳宁教授、石光明教授、高新波教授、薛建儒教授、罗二平教授、李小平教授、陈莉教授、潘进教授、公茂果教授等多年来的关心、指导和帮助。感谢国家自然科学基金项目（62176146、61773314、61272283、61073091、60603026）、陕西省自然科学基础研究计划项目（2019JZ-11、2020JM-709）等对本书出版的支持。

限于作者水平，书中不足之处在所难免，请读者不吝指正。

目　录

第1章　绪　　论

自然界中的智能行为是普遍存在、纷繁多样、相互协同的自治主体的微观行为在宏观领域的一种表现。通常，每个主体的功能单一，形式确定，机理相对简单。然而，这些主体能够建立相互间的动态连接，取得功能上的相互依赖和相互支持，使得整个群体的功能多样，形式模糊，机理复杂。受这些现象的启发，构造一个具有一定智能机制的信息处理系统时，除了研究如何提升核心构件的性能外，还应考虑系统中各组成部分之间的相互作用关系，以及系统与外界联系方式的多样性和协同性。与此相对应，设计一个具有学习与自适应能力的计算模型时，也应注重算子和自治体设计方面的多样性，功能之间的互补性和工作过程之间的协同性等问题。

自然计算是以自然界中客观存在的一些实体，或自然现象反映出的内在作用机理、功能和特点为基础，研究其蕴涵的信息处理机制，进而抽象出相应的计算模型。这种计算模型通常是一类具有自适应、自组织、自学习能力的模型，能够处理传统计算方法难以解决的一些复杂问题。目前已有的自然计算模型，如进化计算等，其研究工作大多注重结果分析，而忽略了模型实现的中间过程，这使得人们对智能行为的本质剖析还不够完善。此外，硬件性能越来越高的计算机虽然为人们完成各类信息处理任务提供了强有力的工具，但待处理任务的空间维度和复杂程度越来越高，求解这些任务依然面临诸多困难。若计算模型的全局搜索能力不强、性能不完备，即使借助再强大的计算机也无法从根本上解决问题。这促使人们在不断提升计算工具性能的同时，积极地探索和设计性能更为优异的计算模型。因此，如何有效地利用有限的计算资源解决复杂问题，成为当前研究人员关注的热点。

优化问题广泛存在于科学与工程等多个领域，最早可追溯到古希腊时期的极值求解问题，如等周问题等。优化问题是指在一系列解决方案或参数值中寻找最佳方案或参数值，往往来源于现实世界中的复杂问题，如结构设计、生产调度、经济分配和系统控制等。因此，如何高效地求解复杂优化问题成为热点。

随着科技的不断进步，现实世界中的优化问题也变得越来越复杂，传统的优化方法已难以满足需求。尤其是求解一些复杂优化问题时，传统优化方法无法在合理时间内找到最优解或近似最优解，探索一种具有通用性、高效并行性和智能特性的进化算法成为研究热点（Eiben et al.，2015）。有鉴于此，受自然界中某些现象或过程的启发，研究人员开发了多种进化算法（evolutionary algorithms, EAs）。与传统的穷举法和基于微积分的算法相比，进化算法是一种具有广泛适用性和高度鲁棒性的全局优化算法，具有自学习、自适应、自组织等特性，不受特定问题性质的限制，能处理传统算法难以解决的复杂优化问题。然而，处理复杂优化问题时，进化算法依然存在早熟收敛和停滞问题，制约其在实际优化问题中的应用。同时，根据“没有免费午餐定理”（Wolpert et al.，1997），不存在一种对任何问题都能达到较好优化效果的通用方法。

为了有效求解复杂优化问题，人们提出了一系列以进化算法为代表的自然启发式计算模型，其发展时间轴如图 1.1 所示。根据启发背景的不同，自然启发式算法大致可分为两类：基于生物进化、交替过程或概念的启发式算法和基于生物社会行为的启发式算法。前者主要包括遗传算法（genetic algorithm，GA）（Holland，1975）、差分进化（differential evolution，DE）算法（Storn et al.，1995）、和声搜索（harmony search，HS）算法（Geem et al.，2001）、生物地理学优化（biogeography-based optimization，BBO）算法（Simon，2008）、化学反应优化（chemical reaction optimization，CRO）算法（Lam et al.，2010）、教学优化（teaching-learning-based optimization，TLBO）算法（Rao et al.，2012）、回溯搜索算法（backtracking search algorithm，BSA）（Civicioglu，2013）等。后者往往源自生物的各种社会行为或习性，如觅食行为和迁徙行为等，包括粒子群优化（particle swarm optimization，PSO）算法（Kennedy et al.，1995）、蚁群优化（ant colony optimization，ACO）算法（Dorigo et al.，1996）、人工蜂群（artificial bee colony，ABC）算法（Karaboga et al.，2007）、布谷鸟搜索（cuckoo search，CS）算法（Yang et al.，2009，2010）、灰狼优化（grey wolf optimizer，GWO）算法（Mirjalili et al.，2014）等。显然，这些算法的涌现进一步推动了自然启发式计算模型的发展，并为解决复杂的函数优化与工程优化问题提供了新的思路和方案。

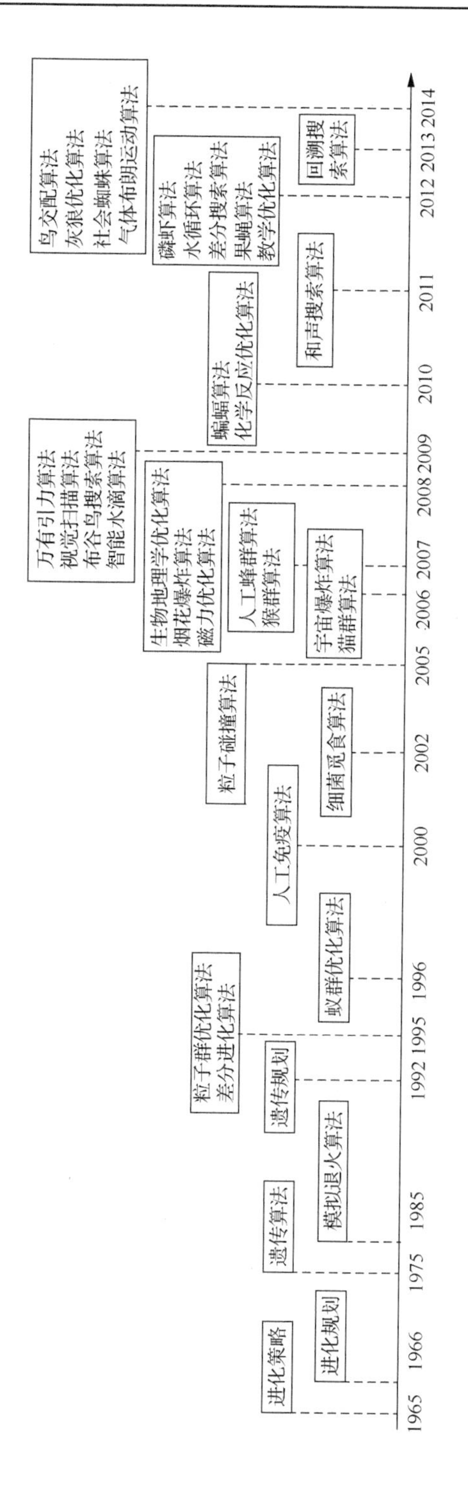

图1.1 自然启发式计算模型的发展时间轴

1.1　优化问题的数学模型

求解优化问题的过程中，首先需要描述所求问题并建立相应的数学模型。一个优化问题的数学模型通常包括三个要素：决策变量、目标函数和约束条件。

优化问题的数学模型可以表示为

$$\begin{cases} \min y = f(x), x = (x_1, x_2, \cdots, x_D) \\ \text{s.t.} \begin{cases} g_i(x) \leqslant 0, i = 1, 2, \cdots, m \\ h_j(x) = 0, j = 1, 2, \cdots, n \end{cases} \end{cases} \tag{1.1}$$

式中，$y = f(x)$为目标函数；x为决策变量；D为决策变量的维数；$g_i(x) \leqslant 0$ $(i = 1, 2, \cdots, m)$为m个不等式型约束条件；$h_j(x) = 0\,(j = 1, 2, \cdots, n)$为$n$个等式型约束条件；min 表示对目标函数求最小化；s.t. 表示受约束。满足约束条件的数值所构成的集合称为可行域Ω。目标最大化问题可转化为最小化问题，即$\min f(x)$与$\max[-f(x)]$等价。显然，数学模型（1.1）具有普遍意义。

根据决策变量的取值类型，优化问题可分为连续（函数）优化问题与离散（组合）优化问题。若决策变量的取值在一定区间内连续变化，则称为连续（函数）优化问题，否则称为离散（组合）优化问题，如旅行商问题、背包问题等。根据目标函数的数目，优化问题又可分为单目标优化问题与多目标优化问题。单目标优化问题具有唯一的评价标准，而多目标优化问题的各个目标不统一，甚至存在冲突，其解称为 Pareto 最优解集或非支配解集。此外，根据决策变量的取值是否存在限制条件，优化问题还可分为约束优化问题与无约束优化问题。求解约束优化问题时，不仅要保证所获得的解为最优解或近似最优解，还要保证该解满足相应的约束限制。

1.2　进化算法概述

20 世纪 60 年代以来，通过模拟生物进化过程的基本特征，人们设计出求解复杂优化问题的一系列有效算法，这些算法受到了广泛关注，在此基础上形成了一类新型启发式优化方法——进化计算（evolutionary computation，EC）。人们将进化计算的具体实现方法与形式称为进化算法。进化算法是以达尔文的进化论思想为基础，通过模拟生物进化过程的基本特征与机制，从而求解复杂优化问题的一种人工智能技术。生物进化是通过繁殖、变异、竞争和选择实现的，而在此基础上提出的进化算法则是通过选择、重组和变异这三种基本操作来实现优化问题的求解。进化算法主要包括遗传算法、进化策略（evolution strategies）、遗传规划

（genetic programming，GP）和进化规划（evolution programming）四种典型方法。

遗传算法产生较早，现已比较成熟。进化策略和进化规划在实际生产和科学研究中的应用也非常广泛，已应用于机器学习、神经网络训练、连续函数优化、模式识别、系统辨识和智能控制等众多领域。选择、交叉、变异是遗传算法的主要基因操作，而在进化策略和进化规划中，选择、变异是其主要的进化机制。从适应度的角度来说，遗传算法注重选择优秀的父代，认为优秀的父代产生优秀的子代，而进化策略和进化规划则注重选择优秀的子代。遗传规划和遗传算法强调父代对子代的遗传链，而进化规划和进化策略则注重子代本身的行为特性，即行为链。进化规划和进化策略适用于连续优化问题，一般不采用二进制编码，抛弃了运算过程中的“编码—解码”过程。进化策略以确定的机制产生用于繁殖的父代，而进化规划和遗传算法则依赖于个体适应度和概率。此外，进化规划把编码结构抽象为种群之间的相似，而进化策略则把编码结构抽象为个体之间的相似。

1.2.1 进化算法的产生和发展

进化算法的产生和发展过程大致如下所述。

20 世纪 50 年代后期，生物学家开始采用计算机来模拟生物的遗传系统，现代进化算法的某些标识方式在这些工作中得以运用。1961 年，Fraser（1961）尝试使用 3 组 5 位的 0/1 字符串表示方程的三个参数。1965 年，Fogel（1998）在计算机中采用多个个体组成的群体来进行计算，并正式提出了进化规划。但是，当时的操作算子只包含变异。1965 年，Rechenberg（1973）正式提出了进化策略，最初的进化策略只有一个个体，进化操作也只限于变异。1968 年，Holland（1975）在研究自适应系统时，提出系统本身与外部环境相互协调的遗传算法，并使用模式理论对其进行分析证明，使其成为遗传算法的主要理论基础。随后，Bagley（1967）采用复制、交叉、变异等手段研究了国际象棋的对弈策略，并正式使用了“遗传算法”一词。

1975 年，Holland 出版了专著《自然界和人工系统的适应性》，全面介绍了遗传算法。同年，Schwefel（1977）进一步完善了进化策略，并采用了多个个体组成的群体参与进化，其基因操作算子包括重组和变异。1987 年，Lawrence 进一步总结了遗传算法的经验，出版了《遗传算法和模拟退火》一书，详细介绍了遗传算法。1989 年，Goldberg 出版了《搜索、优化和机器学习中的遗传算法》一书，全面、系统地介绍了遗传算法，进一步推动了该计算方法的发展和应用。

1992 年，Koza 出版了《遗传规划——应用自然选择的计算机程序设计》一书，系统地介绍了遗传规划的由来和应用，使遗传规划成为进化算法的又一个重要分支。1994 年，作为遗传规划的奠基人，Koza 出版了他的第二部专著《遗传规划Ⅱ：可再用程序的自动发现》。该书提出了自动定义函数的新概念，并在遗传规划中引入子程序。同年，由 Kinnear 担任主编，汇集众多研究工作者关于遗传规划经验和技术的《遗传规划进展》一书顺利出版。

1.2.2 进化算法的基本步骤

进化算法是一种基于生物遗传和自然选择等生物种群进化机制的优化算法。在原始问题的优化模型建立后，首先需要对问题的解进行编码。该算法在最优解的搜索过程中，先从原始问题的一组解出发搜索到另一组较好的解，再从这组较好的解出发进一步改进。在搜索过程中，进化算法利用结构化和随机性的信息，使最满足目标的个体获得最大的生存可能。从本质上，进化算法是一种概率型的寻优算法。

一般来说，进化算法包括以下步骤：给定一组初始解；计算当前这组解的适应度；从这组解中选择一定数量的解作为计算下一代解的基础；对这些解进行操作，得到下一代解；若这些解满足要求则停止，否则将一系列操作后得到的解作为当前解，重新进行迭代操作。

以遗传算法为例，其工作步骤可概括如下：

（1）用二进制的 0/1 字符编码当前工作对象；

（2）随机产生 N 个由 0/1 字符组成的初始个体；

（3）计算种群中个体的适应度，并作为衡量个体优劣的标志；

（4）通过复制操作，将优秀个体放入下一代种群，实现“优胜劣汰”；

（5）交叉操作，产生新个体；

（6）对某个字符进行变异运算，即将字符由 1 变为 0，或由 0 变为 1，变异字符的位置随机决定；

（7）反复执行适应度计算、复制、交叉、变异等操作，直至满足终止条件。

假设 $\alpha \in I$ 为个体，I 为个体空间。适应度函数记为 $\Phi: I \rightarrow R$。在第 t 代，群体 $P(t)=\{a_1(t), a_2(t), \cdots, a_N(t)\}$ 经过复制 r（reproduction）、交叉 c（crossover）和变异 m（mutation）操作转换成下一代群体。这里 r、c、m 均指宏算子，即把旧群体变换为新群体。$L: I \rightarrow \{\text{True}, \text{Flase}\}$ 记为终止准则。利用上述符号，遗传算法如算法 1.1 所示。

算法 1.1 遗传算法

1: t=0
2: initialize $P(0)=\{a_1(0), a_2(0), \cdots, a_N(0)\}$
3: **while** ($L(P(t))\neq$True) **do**

```
4:  evaluate P(t):{Φ(a_1(t)), Φ(a_2(t)), ⋯, Φ(a_N(t))}
5:  reproduction: P′(t):=r(P(t))
6:  crossover: P″(t)=c(P′(t))
7:  mutation: P(t+1)=m(P″(t))
8:  t=t+1
9:  end while
```

1.2.3 进化算法的特点

进化算法是一种鲁棒性算法，不直接处理特定问题的具体参数，而是对整个参数空间给出编码方案。因此，它既能够处理许多特定的复杂问题，又不受问题性质的制约。作为一种自组织、自适应、自学习的全局优化方法，进化算法的主要特点如下所述（云庆夏，2000；Jin et al.，2005）：

（1）有指导搜索。进化算法既不使用穷举式的搜索策略，也不使用盲目性的搜索策略，而是使用有指导的搜索策略。其搜索依据是种群内个体的适应度（目标函数值）。在适应度的驱动下，一步一步地逼近问题的最优解。

（2）自适应搜索。搜索过程中，进化算法只借助复制、交叉、变异等操作算子，利用“自然选择、适者生存”的自然规律，就可以使群体内个体解的品质不断提高。因此，该算法对环境具有自适应能力。

（3）渐进式寻优。进化算法使用渐进式的寻优策略，从随机产生的初始解开始，反复迭代，在保证新产生的解优于上一代解的前提下，逐渐逼近并最终获得最优解。

（4）并行搜索。进化算法的计算都是针对整个种群进行的，不针对单个个体。因此，该算法具有多点齐头并进的并行式计算特点，保证了进化算法的搜索速度。

（5）黑箱式结构。进化算法根据不同的待解决问题，用相应的字符串来表达，并设置适应度。这两项工作一旦完成，其余的操作算子（复制、交叉、变异等）按固定的模式展开即可。若把个体的字符串表达看作输入，适应度计算看作输出，进化算法就是一种只考虑输入与输出的黑箱式优化算法。

（6）全局最优解。进化算法引入了多点并行搜索，每代种群都通过复制、交叉、变异等操作产生新一代个体，搜索范围不断扩大。因此，进化算法总是趋向于搜索到全局最优解，而不是局部最优解。

（7）通用性良好。在传统的优化算法中，拟解决的问题通常需要用数学解析式显式表达，并要求该函数式的一阶或二阶导数存在。但是，进化算法用特定的字符串表达问题本身，根据适应度区分个体优劣，由计算机自动执行复制、交叉、变异等操作。因此，进化算法实际上是一种算法框架，只需要一些简单的原则，而无须额外的人工干预。

1.3　经典进化算法

进化算法是近年来蓬勃兴起的一个多学科交叉融合的研究领域，为解决各种复杂优化问题提供了更多选择，在数据分类和聚类、模式识别与系统辨识、流程规划、机器人控制等方面得到广泛应用。然而，根据“没有免费午餐定理”，任何一种算法都不可能适用于求解所有问题。因此，针对不同的优化问题，应选择适宜的进化算法以获得最好的寻优结果。下面简要介绍几种经典的进化算法。

1.3.1　粒子群优化算法

1995年，受人工生命研究结果的启发，美国社会心理学家Kennedy和电气工程师Eberhart通过模拟鸟群觅食过程中的迁徙和群聚行为，共同提出了一种基于群体智能的全局随机搜索算法——PSO算法（Kennedy et al.，1995）。PSO算法具有记忆粒子最佳位置的能力以及共享粒子间信息的机制，即通过群体内个体间的合作与竞争来实现对优化问题的求解。相比其他进化算法，PSO算法同样具有基于种群的全局搜索能力，但是采用简单的速度-位移模型，避免复杂的遗传操作。此外，特有的记忆能力使得该算法能够通过动态跟踪当前的搜索情况来及时调整个体的搜索策略。粒子群优化算法描述如下。

在一个D维的目标搜索空间中，每个粒子看成是空间内的一个点。假设群体由N个粒子构成，其中第i个粒子的位置为$X_i=[x_{i,1},x_{i,2},\cdots,x_{i,D}](i=1,2,\cdots,N)$，速度为$V_i=[v_{i,1},v_{i,2},\cdots,v_{i,D}]$。在每次迭代过程中，每个粒子都要追踪当前的两个已知的最优解：一个是该粒子迄今为止搜索到的最好位置$P_i=[p_{i,1},p_{i,2},\cdots,p_{i,D}]$，也称为个体历史最优点（pbest）；另一个是整个粒子群迄今为止搜索到的最好位置$P_g=[p_{g,1},p_{g,2},\cdots,p_{g,D}]$，也称为全局历史最优点（gbest）。在每次迭代过程中，每个粒子根据公式（1.2）和公式（1.3）分别更新速度和位置：

$$v_{i,j}(t+1)=v_{i,j}(t)+c_1r_1[p_{i,j}-x_{i,j}(t)]+c_2r_2[p_{g,j}-x_{i,j}(t)] \tag{1.2}$$

$$x_{i,j}(t+1)=x_{i,j}(t)+v_{i,j}(t+1) \tag{1.3}$$

式中，c_1和c_2是学习因子，一般为正常数；r_1和r_2是在[0, 1]的随机数。

1.3.2　差分进化算法

DE算法是由Storn和Price于1995年提出的一种基于种群的启发式全局搜索算法（Storn et al.，1997，1995）。差分进化算法和其他进化算法一样，都是基于群体智能的优化算法，利用群体内个体之间的合作与竞争机制，产生群体智能模式来指导种群搜索过程。与其他进化算法不同的是，差分进化算法保留了基于种群的全局搜索策略，采用实数编码、基于差分的简单变异操作和一对一的竞争生存策略，从而降低了进化操作的复杂性。差分进化算法特有的进化操作使其具有较强的全局收敛能力和鲁棒性，非常适合于求解一些复杂环境中的优化问题。DE算法包括三个基本步骤：变异、交叉和选择，算法描述如下。

在一个 D 维的目标搜索空间中，每个目标向量看成是空间内的一个点。假设群体由 N 个目标向量构成，其中第 i 个目标向量为 $X_i=[x_{i,1},x_{i,2},\cdots,x_{i,D}]$。在每次迭代过程中，目标向量通过变异、交叉、选择操作来完成更新。

（1）变异。DE 算法采用差分方式实施变异操作。对于目标向量 $X_i=[x_{i,1},x_{i,2},\cdots,x_{i,D}]$，利用变异算子产生新的变异向量 $V_i=[v_{i,1},v_{i,2},\cdots,v_{i,D}]$。常见的变异策略有 DE/rand/1、DE/best/1、DE/current-best/1、DE/best/2 和 DE/rand/2 等。其中，DE/rand/1 变异策略表示为

$$v_i = x_{r1} + F\cdot\left(x_{r2} - x_{r3}\right) \tag{1.4}$$

式中，x_{r1}、x_{r2} 和 x_{r3} 为从当前种群中随机选择的三个互不相同的个体；F 为比例因子，用于控制搜索步长。

（2）交叉。交叉操作是将变异向量 V_i 与目标向量 X_i 进行相应个体间的交叉，并生成试验向量 U_i。常用的交叉方式包括指数交叉和二项式交叉。其中，二项式交叉的定义如下：

$$u_{i,j}=\begin{cases}v_{i,j},\text{如果rand}\leqslant \text{CR或}\, j=j_{\text{rand}}\\ x_{i,j},\text{其他}\end{cases} \tag{1.5}$$

式中，rand 为 $\left[0,1\right]$ 的任意一个随机数；j_{rand} 为 $\left[1,D\right]$ 的任意一个随机整数；CR 为交叉概率。条件 $j=j_{\text{rand}}$ 能够确保 U_i 中至少有一个分量是由 V_i 中的相应分量贡献而来的。

（3）选择。DE 算法采用贪婪选择策略，依据目标函数值的大小来确定保留至下一代的个体。选择操作如下所示：

$$x_i=\begin{cases}u_i,\text{如果}\, f\left(u_i\right)\leqslant f\left(x_i\right)\\ x_i,\text{其他}\end{cases} \tag{1.6}$$

式中，$f\left(u_i\right)$ 和 $f\left(x_i\right)$ 分别为个体 u_i 与 x_i 的目标函数值。

1.3.3　人工蜂群算法

ABC 算法是一种模拟蜜蜂蜂群觅食行为的生物智能进化算法（Karaboga et al.，2007）。在 ABC 算法中，人工蜂群由三部分组成：雇佣蜂、观察蜂和侦察蜂。根据各自的分工，蜜蜂实施不同的采蜜活动，并进行信息的交流与共享。雇佣蜂和观察蜂完成食物源的探索开发，侦察蜂负责探索搜索区域。此外，雇佣蜂与观

察蜂的个数相同，且雇佣蜂或观察蜂与食物源具有相同的数量。人工蜂群算法描述如下。

（1）雇佣蜂阶段。在食物源 x_i 处，每一个雇佣蜂依据下面的搜索方程在当前位置附近寻找新位置 $v_{i,j}$：

$$v_{i,j} = x_{i,j} + \Phi \cdot \left(x_{i,j} - x_{r,j}\right) \tag{1.7}$$

式中，Φ 为 $[-1,1]$ 的任意一个随机数；$r \in \{1,2,\cdots,N\}$，且 $r \neq i$；$j \in \{1,2,\cdots,D\}$，为随机选择的一个维数。

（2）观察蜂阶段。为提高解的精度，每个观察蜂随机选择一个食物源来开展再次开采。通常采用轮盘赌方案计算选择第 i 个雇佣蜂的选择概率 p_i：

$$p_i = \frac{\text{fit}_i}{\sum_{j=1}^{N} \text{fit}_j} \tag{1.8}$$

式中，fit_i 为食物源 x_i 的适应度；N 为食物源的数量。

（3）侦察蜂阶段。经过连续若干次循环搜索后，如果食物源 x_i 没有被改进，那么，ABC 算法将放弃该食物源。此时，雇佣蜂就变成了侦察蜂，并随机搜索一个新的食物源：

$$x_{i,j} = \text{Lb}_j + \text{rand} \cdot \left(\text{Ub}_j - \text{Lb}_j\right) \tag{1.9}$$

式中，Ub_j 和 Lb_j 分别为搜索空间的上界和下界；rand 为 $[0,1]$ 的随机数。

第2章　基于复杂适应度函数的进化算法

智能控制系统的复杂性包括被控对象的复杂性和环境的复杂性。其中，被控对象的复杂性主要表现为对象模型的不确定性、高度非线性、动态突变性、多时间标度、复杂信息模式和海量数据。环境的复杂性主要是以环境变化的不确定性和难以辨识为基本特征。对于复杂控制系统的智能优化问题，采用传统进化算法解决几乎是不可能的，主要原因如下。

（1）传统进化算法是针对确定型数学模型进行优化的，通常认为该数学模型已知或经过辨识可以得到。然而，在工程实践中，许多研究对象存在严重的不确定性。例如，模型受噪声干扰程度较大；模型随时间改变而剧烈变化；模型不存在一个可解析的适应度函数表达式，需要利用实际经验或仿真结果来估计适应度函数取值等。针对这种不确定型优化模型，传统的进化算法由于缺少合适的模型或表达方式，无法进行优化求解。

（2）适应度是用来度量群体中各个个体在进化过程中有可能达到、接近于或有助于找到最优解的优良程度。传统进化算法中，个体的优良程度是基于适应度来度量的。群体中个体的适应度越高，遗传到下一代的概率越大；适应度越低，遗传到下一代的概率越小。如果个体适应度函数的计算代价很大，同时又没有以往的实验或仿真结果来做参考，此时，传统进化算法将因为巨大的计算时间成本而变得不再可行。

（3）传统进化算法中的种群个体具有相同的个体表达结构和参数。然而，对于现实生活中许多复杂优化问题，种群中不同的个体具有不同的表达结构和参数。个体表达形式的异构性，容易导致由这些不同结构的适应度函数计算所得的种群个体适应度不具有可比性，从而使适应度函数失去指导进化方向的能力。

（4）传统进化算法是在静态、简单的条件下进行的，个体的状态和评价个体的标准保持稳定，个体的发育和繁衍是一个离散、间断的过程，只有相同代的个体才能够基于种群相互竞争。这种简单的进化框架限制了传统进化算法的柔性、计算效率、效果及应用范围，使其难以处理那些具有不确定性、海量数据和复杂信息模式的优化模型。

1. 不确定型进化算法

研究对象具有严重的不确定性或受控模型难以数学表达的这类工程问题，由于不确定性因素的存在，利用传统进化算法对这类问题进行优化时，很难找到合适的适应度函数来指导进化的方向。不确定型进化算法是专门针对这类具有不确定性优化模型而提出的专用进化算法，其适应度函数分为以下几种。

1）噪声适应度函数

在工程实践中，计算适应度的过程中往往受到不同来源的噪声干扰，如传感器测量误差（Branke et al.，2003b）。一般来说，噪声适应度函数可用公式（2.1）表示：

$$F(X)=\int_{-\infty}^{+\infty}[f(X)+z]p(z)\mathrm{d}z,\quad z\sim N\left(0,\delta^{2}\right) \tag{2.1}$$

式中，X表示根据算法改变的参数矢量；$f(X)$表示随时间改变的适应度函数；z表示附加的噪声，一般是均值为零的正态分布。在理想状态下，噪声适应度函数为$F(X)$，然而实际优化过程中只能获得$f(X)+z$。因此，实际应用中常采用公式（2.2）估计噪声适应度函数：

$$\widehat{F}(X)=\frac{1}{N}\sum_{i=1}^{N}\left[f(x)+z_{i}\right] \tag{2.2}$$

式中，N表示样本规模；$\widehat{F}(X)$表示估计值。

2）鲁棒型适应度函数

在某些场合，当设计变量的最优解被确定后，经常还会受不同因素的干扰（Deb et al.，2006；Das，2000；Branke，1998）。例如，制造误差引起设计尺寸改变。因此，理想的解决方案还需要满足对设计变量的轻微变化不敏感的要求，可以将这些解称为鲁棒解。基于扰动因素δ的概率分布为$p(\delta)$，鲁棒型适应度函数表示为

$$F(X)=\int_{-\infty}^{+\infty}f(X+\delta)p(\delta)\mathrm{d}\delta \tag{2.3}$$

该鲁棒型适应度函数一般无法获得。因此，经常采用蒙特卡洛方法来估计：

$$\widehat{F}(X)=\frac{1}{N}\sum_{i=1}^{N}f(X+\delta_{i}) \tag{2.4}$$

3）估计型适应度函数

当适应度函数的计算过程十分复杂，或者适应度函数并不存在一个解析表达式时，经常利用实际经验或仿真结果来估计适应度函数的取值（Bierwirth et al.，1999；Dasgupta et al.，1992）。在某些场合，使用估计的适应度函数和真实的适应度函数来联合指导进化算法的优化过程。该表达式为

$$F(X)=\begin{cases}f(X), & \text{真实的适应度函数}\\ f(X)+E(X), & \text{估计的适应度函数}\end{cases} \tag{2.5}$$

与噪声适应度函数不同的是，估计型适应度函数的误差值是确定的。因而，不能靠多次抽样的方法来降低所构造模型的误差。解决该类问题的关键在于，选择廉价但不精确的模型和昂贵但精确的模型。

的一个个体才用真实的适应度函数来计算其适应性，组内其他个体的适应性则利用其距离代表性个体的远近来加以估计。

获得的估计模型往往与真实模型存在较大的误差，从而导致算法收敛到错误的最优解。因此，如何保证估计的最优解就是真实的最优解或近似最优解，是必须要面对的一个关键问题。大多数基于估计模型求解的进化算法都假设该估计模型的正确性，并认为该算法能够收敛到全局最优解（Pierret et al.，1999；Redmond et al.，1996）。事实上，这些算法只有在其估计模型全局正确时才能搜索到真正的全局最优解。为了保证算法收敛到全局最优解，人们提出了许多估计模型的管理框架。一些文献提出了基于可信域的框架，该框架保证搜索过程收敛到原问题的可行解（Brooker et al.，1999；Schramm et al.，1992；More，1983）。Ratle（1999，1998）采用一种智能收敛准则来确定估计模型的更新时间，每隔 k 代就用原适应度函数更新一次估计模型。事实上，如果估计模型与原适应度函数存在较大的偏差，这些进化过程就会变得相当不稳定（Jin et al.，2000）。Bull（1999）提出一种利用神经网络来估计个体适应度的算法，该神经网络利用初始的样本来训练。在进化过程中，每隔 50 代就利用原适应度函数计算一次种群中的最优个体的适应度。然后，该个体代替种群中适应度最低的个体，同时神经网络再重新训练一次。然而，当原适应度函数的空间分布十分复杂时，神经网络会错误地引导算法收敛到非最优解。Jin 等（2002）提出了一个“进化控制”的概念，即进化过程中联合使用估计模型和原适应度函数来保证算法的收敛性。

本章中，针对适应度函数计算复杂的优化问题，提出一种新的进化算法，称为 Hoeffding 进化算法（Hoeffding evolutionary algorithm，HEA）。如果优化问题需要读入全部样本数据才能计算个体适应度函数，那么该算法能确切地决定需要读入多少个样本数据就能以一定的概率来保证所选择的最优 j 个个体就是种群中真正最优的 j 个个体。该算法的优势在于，以确定的概率保证发现的候选解就是最优解或近似最优解，同时，大大提高了传统进化算法在解决高复杂性适应度函数时的计算效率。

2.1.2　算法描述及分析

1. Hoeffding 进化算法基础

1）Hoeffding 边界

当独立随机变量 X_i 的某些分布信息给定时，n 个这样的随机变量之和构成变量 S。计算 S 的分布函数非常重要，它是现代概率理论的基础。很多算法能够在随机变量个数(n)较大，或随机变量(X_i)有确定分布的情况下，求解变量之和(S)分布函数的逼近形式。

假设 $X_1, X_2, \cdots, X_n$ 为具有一阶矩和二阶矩的独立变量：

$$S=X_1+\cdots+X_n \tag{2.9}$$

$$\overline{X}=S/n \tag{2.10}$$

$$\mu=E\left(\overline{X}\right)=E\left(S/n\right) \tag{2.11}$$

$$\sigma^2=n\,\mathrm{var}\left(\overline{X}\right)=(\mathrm{var}\,S)/n \tag{2.12}$$

在独立变量的边界未知的前提下，它们的和的上界可以由 Bienayme-Chebyshev 不等式、Chebyshev 不等式、Bernstein 不等式、Prohorov 不等式加以确定。

（1）Bienayme-Chebyshev 不等式：

$$\Pr\left\{\left|\overline{X}-\mu\right|\geqslant t\right\}\leqslant\frac{\delta^2}{nt^2} \tag{2.13}$$

（2）Chebyshev 不等式：

$$\Pr\left\{\left|\overline{X}-\mu\right|\geqslant t\right\}\leqslant\frac{1}{\dfrac{nt^2}{\delta^2}} \tag{2.14}$$

（3）Bernstein 不等式：

$$\Pr\left\{\overline{X}\geqslant t\right\}\leqslant \mathrm{e}^{-rh_2(\lambda)} \tag{2.15}$$

$$h_2(\lambda)=\frac{\lambda}{2\left(1+\dfrac{1}{3}\lambda\right)} \tag{2.16}$$

（4）Prohorov 不等式：

$$\Pr\left\{\overline{X}\geqslant t\right\}\leqslant \mathrm{e}^{-rh_3(\lambda)} \tag{2.17}$$

$$h_3(\lambda)=\frac{1}{2}\arcsin h\frac{1}{2}=\frac{1}{2}\ln\left\{\frac{\lambda}{2}+\left[1+\left(\frac{\lambda}{2}\right)^2\right]^{\frac{1}{2}}\right\} \tag{2.18}$$

由 Hoeffding 不等式（Maron et al.，1997，1994；Hoeffding，1963）计算得到，在统计了 n 个独立变量之后，估计值 $E_{\mathrm{est}}=\dfrac{1}{n}\sum_{i=1}^{n}x_i$ 和真实值 E_{true} 之间的差距大于 ε 的概率范围：

$$\Pr(\left|E_{\mathrm{true}}-E_{\mathrm{est}}\right|>\varepsilon)<2\mathrm{e}^{-\frac{2n\varepsilon^2}{B^2}} \tag{2.19}$$

式中，边界 B 为这些独立变量的取值范围。

因此，以 $1-\delta$ 的概率保证，估计值和真实值的差距在 ε 范围内。换句话说，$\Pr(\left|E_{\mathrm{true}}-E_{\mathrm{est}}\right|>\varepsilon)<\delta$。将该不等式与式（2.19）相结合，$\varepsilon$ 给定了一个边界，能

够确定在读入 n 个观测点后，估计值与真实值间的差距：

$$\varepsilon=\sqrt{\frac{B^2\lg(2/\delta)}{2n}} \tag{2.20}$$

2）Hoeffding 选择

对于需要通过迭代或累计来计算适应度的问题，能够利用统计学中的 Hoeffding 边界来确定：当从给定的种群中选取最优的 j 个个体时，需要读入多少条记录来计算适应度，才能保证得到的计算结果与读入了所有记录后再计算适应度的结果是一致的。假设随机变量 r 的变化范围为边界 B。已经观测到该变量的 n 个独立观测值，计算得到其均值为 r_{mean}。Hoeffding 边界以 $1-\delta$ 的概率保证该变量的真实均值（读入所有记录后再计算得到）与 r_{mean} 的差距小于 ε。

Hoeffding 边界最主要的特性在于，其产生的观测是独立于概率分布的。Hoeffding 边界的代价是，相对于分布依赖型不等式，其产生的边界更为保守。假设 $F(X_i)$是从种群中选择个体的评判标准。这里的目标是以较高的概率来保证，读入了 n 条记录后选择出的 j 个个体与读入了数据集中所有记录后计算得到的 j 个个体保持一致。读入了 n 条记录后，根据 $F(X_i)$的值对种群中的个体从大到小排序，假设 X_j 为第 j 个个体，X_{j+1} 为第 $j+1$ 个个体，$\Delta F=F(X_j)-F(X_{j+1})\geqslant 0$ 为这两个个体适应度的差距。给定一个合适的δ值，如果$\Delta F>\varepsilon$，那么 Hoeffding 边界以 $1-\delta$ 的概率保证前 j 个个体是正确的选择。这样，种群只需要积累 n 条记录，使得 ε 小于 ΔF，就能够保证从种群中以概率 $1-\delta$ 正确地选择最优的 j 个个体。ε 是 n 的单调递减函数。据此，提出 Hoeffding 选择算子，用于从种群中选择 j 个最优个体，该算法保证其选择的准确度以任意给定的精度逼近真实值。

定义 2.1（增量适应度） 个体 X_i 的增量适应度$\Delta IF_n(X_i)$是指，当读入第 n 条记录后，个体适应度的增加值：

$$\Delta IF_n(X_i)=F_n(X_i)-F_{n-1}(X_i) \tag{2.21}$$

定义 2.2（实时适应度） 个体 X_i 的实时适应度 $F_n(X_i)$是指，当读入第 n 条记录后，累计的适应度值：

$$F_n(X_i)=\sum_{m=1}^{n}\Delta IF_m(X_i) \tag{2.22}$$

定义 2.3（平均适应度） 个体 X_i 的平均适应度 $F'_n(X_i)$ 是指，当读入第 n 条记录后，个体适应度的平均值：

$$F'_n(X_i)=\frac{F_n(X_i)}{n} \tag{2.23}$$

定义 2.4（真实平均适应度） 个体 X_i 的真实平均适应度 $F(X_i)$是指，当读入所有记录后，个体适应度的平均值：

$$F(X_i)=\frac{F_N(X_i)}{N} \tag{2.24}$$

本章中 Hoeffding 选择算法计算步骤如下所述：

（1）初始化概率参数$1-\delta$和数据集规模 N。

（2）按顺序读入样本 n，计算种群中每个个体 i 的增量适应度$\Delta IF_n(X_i)$和实时适应度 $F_n(X_i)$。

（3）根据个体实时适应度 $F_n(X_i)$的取值，降序排列所有个体。

（4）如果该条记录已经达到数据集末尾，或者第 j 个个体和第 j+1 个个体的平均适应度的差值$\Delta F_n'(X_i)$大于ε，那么，前 j 个个体就是所选择的个体，并终止该过程。否则，读入下一条记录，并转至步骤（2）。

2. Hoeffding 进化算法

Hoeffding 进化算法和 EA 的主要区别在于适应度函数计算与选择操作。EA 的适应度函数计算与选择操作使用传统选择算子的方式，而 HEA 的适应度函数计算与选择操作使用 Hoeffding 选择算子与传统选择算子相结合的方式。在 t 代进化过程中，在其中一代使用传统的适应度函数计算方法来计算并选择优秀个体形成下一代种群，其余的 t–1 代使用 Hoeffding 选择算子来计算并选择优秀个体形成下一代种群。

令 N 表示样本总数、expect_j 表示给定的第 j 个样本的值、$\text{compute}_{i,j}$ 表示第 i 个个体在读入样本 j 后的个体适应度的值，则个体 X_i 的增量适应度 $\Delta IF_j(X_i)$ 可表示为

$$\Delta IF_j(X_i)=|\text{expect}_j-\text{compute}_{i,j}| \tag{2.25}$$

个体 X_i 的平均适应度 $F_j'(X_i)$ 可表示为

$$F_j'(X_i)=\frac{\sum_{m=1}^{j}|\text{expect}_m-\text{compute}_{i,m}|}{j} \tag{2.26}$$

个体 X_i 的真实平均适应度 $F(X_i)$ 可表示为

$$F(X_i)=\frac{\sum_{j=1}^{N}|\text{expect}_j-\text{compute}_{i,j}|}{N} \tag{2.27}$$

本章提出的 HEA 框架，如图 2.1 所示，步骤如下。

（1）初始化：选择参数 t、m、g。其中，t 表示两次传统的适应度函数计算与选择操作之间的代间隔，m 表示种群规模，g 表示代数。

（2）选择：如果 $g \bmod t=1$，则利用传统的选择算子来选择前 j 个最优个体，并形成下一代种群；如果 $g \bmod t\neq 1$，则利用 Hoeffding 选择算子来选择前 j 个最优个体，并形成下一代种群。

（3）交叉：执行传统的交叉操作。

（4）变异：执行传统的变异操作。

（5）终止条件：重复步骤（2）～（4），直到满足停止准则。

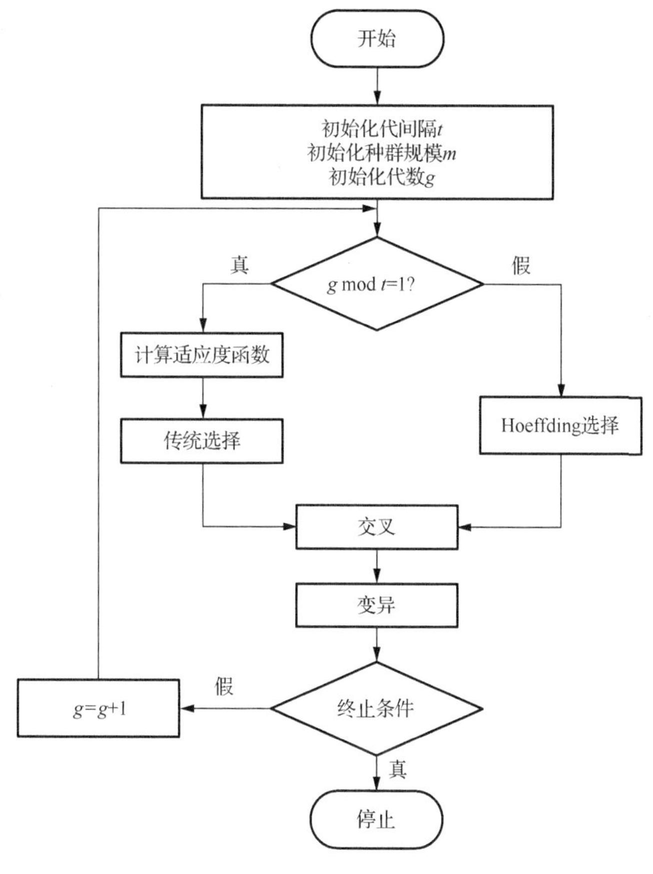

图 2.1　HEA 框架

3. Hoeffding 进化算法分析

定义 2.5（种群适应度正确性概率） 种群适应度正确性概率 Pr_n 是指，当读入 n 条记录后，种群 P 中个体 X_i 的平均适应度 $F_n'(X_i)$ 与真实平均适应度 $F_n(X_i)$ 相差小于 ε 的概率。

定义 2.6（选择正确性概率） 选择正确性概率 $\mathrm{Pr}_{\mathrm{selection}(j/m)}$ 是指，在一次选择操作中，从规模为 m 的种群中正确地选取 j 个最优个体的概率。

定义 2.7（算法正确性概率） 算法正确性概率 $\mathrm{Pr}_{\mathrm{algorithm}(t)}$ 是指，在连续的 t 代进化中，连续正确地选取 j 个最优个体的概率。

定理 2.1 若 $\Pr_n$ 表示种群适应度正确性概率，n 表示已经读入的样本记录数，m 表示种群规模，B 表示预测的增量适应度边界，那么

$$\Pr_n \geqslant 1-2m\mathrm{e}^{-\frac{2n\varepsilon^2}{B^2}} \tag{2.28}$$

证明：令 $X_1, X_2, \cdots, X_m$ 表示种群 P 中所有个体，读入 n 条样本记录后，个体 X_i 的实时适应度为 $F_n(X_i)$。根据 Hoeffding 不等式，得到

$$\Pr\{|F(X_i)-F_n(X_i)|>\varepsilon\}<2\mathrm{e}^{-\frac{2n\varepsilon^2}{B^2}} \tag{2.29}$$

根据概率不等式 $\Pr\{A\vee B\}\leqslant\Pr\{A\}+\Pr\{B\}$，可得

$$\begin{aligned}&\Pr\{|F(X_1)-F_n(X_1)|>\varepsilon\vee|F(X_2)-F_n(X_2)|>\varepsilon\vee\cdots\vee|F(X_m)-F_n(X_m)|>\varepsilon\}\\&\leqslant 2m\mathrm{e}^{-\frac{2n\varepsilon^2}{B^2}}\end{aligned} \tag{2.30}$$

由公式（2.30）可得 $\Pr_n \geqslant 1-2m\mathrm{e}^{-2n\varepsilon^2/B^2}$。

令 $\varDelta=2m\mathrm{e}^{-2n\varepsilon^2/B^2}$，得到

$$\varepsilon=\sqrt{\frac{B^2[\lg(2m)-\lg\varDelta]}{2n}} \tag{2.31}$$

定理 2.2 若 $\Pr_{\text{algorithm}(t)}$ 表示算法正确性概率，n 表示已经读入的样本记录数，m 表示种群规模，B 表示预测的增量适应度边界，那么

$$\Pr_{\text{algorithm}(t)}\geqslant 1-2m\left(\mathrm{e}^{-\frac{2n_1\varepsilon^2}{B^2}}+\mathrm{e}^{-\frac{2n_2\varepsilon^2}{B^2}}+\cdots+\mathrm{e}^{-\frac{2n_t\varepsilon^2}{B^2}}\right) \tag{2.32}$$

证明：令 $\Pr_{\text{selection}(j/m)}$ 表示选择正确性概率。根据定理 2.1，得到

$$\Pr_{\text{selection}(j/m)}\geqslant 1-2m\mathrm{e}^{-\frac{2n\varepsilon^2}{B^2}} \tag{2.33}$$

由公式（2.33）得到

$$\Pr_{\text{mis-selection}(j/m)}<2m\mathrm{e}^{-\frac{2n\varepsilon^2}{B^2}} \tag{2.34}$$

根据 $\Pr\{A\vee B\}\leqslant\Pr\{A\}+\Pr\{B\}$，可得

$$\begin{aligned}&\Pr_{\text{mis-selection}^1(j/m)\vee\text{mis-selection}^2(j/m)\vee\cdots\vee\text{mis-selection}^t(j/m)}\\&<2m\mathrm{e}^{-2n_1\varepsilon^2/B^2}+2m\mathrm{e}^{-2n_2\varepsilon^2/B^2}+\cdots+2m\mathrm{e}^{-2n_t\varepsilon^2/B^2}\end{aligned} \tag{2.35}$$

由公式（2.35）得到

$$\begin{aligned}&\Pr_{\text{selection}^1(j/m)\wedge\text{selection}^2(j/m)\wedge\cdots\wedge\text{selection}^t(j/m)}\\&\geqslant 1-2m\left(\mathrm{e}^{-\frac{2n_1\varepsilon^2}{B^2}}+\mathrm{e}^{\frac{2n_2\varepsilon^2}{B^2}}+\cdots+\mathrm{e}^{-\frac{2n_t\varepsilon^2}{B^2}}\right)\end{aligned} \tag{2.36}$$

则

$$\Pr_{\text{algorithm}(t)} \geqslant 1-2m\left(e^{-\frac{2n_1\varepsilon^2}{B^2}}+e^{-\frac{2n_2\varepsilon^2}{B^2}}+\cdots+e^{-\frac{2n_t\varepsilon^2}{B^2}}\right) \tag{2.37}$$

定理 2.3　Hoeffding 进化算法能成功收敛于最优解的概率为 1。

证明： 设某个体集合 $P^+(n\times t)=(A(n\times t), B(n\times t), P(n\times t))$，其中 $A(n\times t)$是每隔 t 代由真实适应度函数计算后选择出的部分最优个体，$B(n\times t)$是由 Hoeffding 不等式估算后选择出的部分估计最优个体。依据状态转移规则（张文修等，2000），由种群 $P(n\times t)$产生下一代种群 $P((n+1)\times t)$时，$A((n+1)\times t)$是从 $n\times t$ 代个体和$(n+1)\times t$ 代个体中根据真实适应度函数计算后选择出的具有最大适应度的个体，即 $A((n+1)\times t)=\max\{A(n\times t), A^*\}$（$A^*$是 $B(n\times t)$和 $P(n\times t)$中适应度最大的个体）。

这样构造出的随机过程$\{P^+(n\times t), n\times t\geqslant 0\}$仍然是一个齐次 Markov 链。因此，$P^+(n\times t)=P^+(0)(\mathrm{R}^+)^{n\times t}$。

假设个体集合状态中含有最优解的状态为 I_0，则该随机过程的状态转移概率为

$$r_{ij}^+=0 \qquad (i\in I_0, j\notin I_0) \tag{2.38}$$

$$r_{ij}^+>0 \qquad (i\in I, j\in I_0) \tag{2.39}$$

也就是说，从任意状态向含有最优解的状态转移的概率大于 0，而从含有最优解的状态向不含有最优解的状态转移的概率等于 0。

此时，对于 $\forall i\in I, \forall j\notin I_0$，公式（2.40）和公式（2.41）都成立：

$$(r_{ij}^+)^t\to 0 \qquad (t\to\infty) \tag{2.40}$$

$$P_j^+(\infty)=0 \qquad (j\notin I_0) \tag{2.41}$$

也就是说，个体集合收敛于不含有最优解的状态的概率为 0。因此，Hoeffding 进化算法能够以概率 1 成功地找到最优解。

2.1.3　实验结果及讨论

1. 实验的建立

实验分为三部分。首先，讨论 HEA 框架下参数设置问题；其次，将 Hoeffding 进化算法与克隆选择算法相结合，展示了 Hoeffding-CLONALG（H-CLONALG）算法在关联分类中的应用；最后，将 Hoeffding 进化算法与遗传规划相结合，展示了 Hoeffding-GP（HGP）算法在符号回归中的应用。其中，参数设置以关联分类数据集为样本展开讨论。关联分类实验采用 UCI 机器学习的专业数据集（Newman et al.，1998）。

用于仿真实验的个人电脑配置如下：主频 3.0GHz、内存 512MB、操作系统 Microsoft Windows XP。

2. 实验一：参数设置

1）种群规模

在图 2.2 中，将数据集 Nursery 随机分割为训练样本集和测试样本集。其中，训练样本集有 8640 条记录，测试样本集有 4320 条记录。将 H-CLONALG 算法的可信度、支持度和覆盖度初始门限分别设置为 50%、10%和 98%。

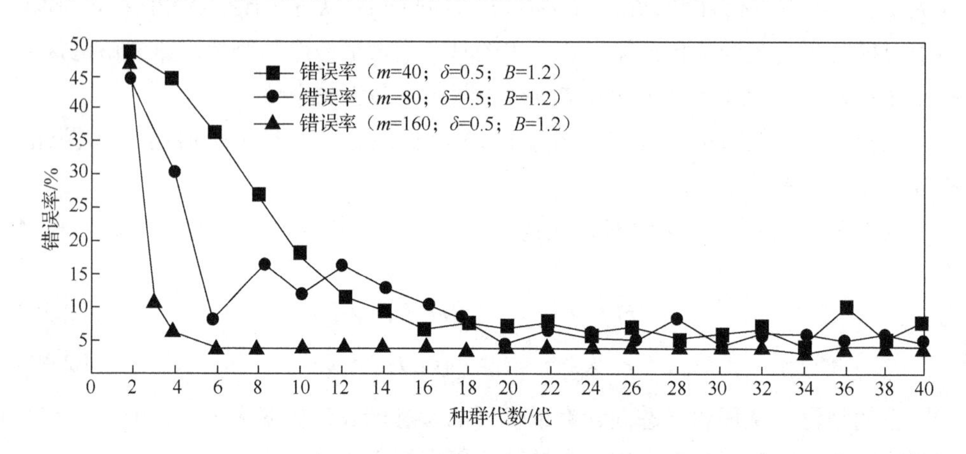

图 2.2　种群规模对 H-CLONALG 算法的影响

根据定理 2.1，随着种群规模 m 的增加，种群适应度正确性概率的下界 B 应该变小。然而，当只留下 Hoeffding 选择操作，并且固定参数 B、m 和 δ 时，从图 2.2 中可以看到，随着种群规模 m 的增加，H-CLONALG 算法能够更稳定、快速地找到最优解。这是什么原因呢？

事实上，概率 Pr_n 和概率 $\mathrm{Pr}_{\mathrm{selection}(j/m)}$ 的差距是很大的。Pr_n 表示在读入 n 个记录后，所有个体的平均适应度和真实平均适应度相差在 ε 范围内的概率；而 $\mathrm{Pr}_{\mathrm{selection}(j/m)}$ 表示在读入 n 个记录后，正确地选择 j 个最优个体的概率。一般来说，$\mathrm{Pr}_{\mathrm{selection}(j/m)}$ 是高于 Pr_n 的。定理 2.2 基于如下假设：算法能够根据估计适应度，从种群中正确地选择 j 个个体。然而，实际上，即使错误地计算了若干个个体的适应度，算法还是有可能正确地选择 j 个最优的个体。例如，10 个个体的真实适应度分别为{0, 1, ···, 9}。如果错误地计算了这些个体的适应度，分别得到{0, 1.2, 2.2, 3.2, 4.1, 5.1, 6.3, 7.4, 7.9, 9.2}，该算法仍然能够得到最优的前 5 个个体。而且，随着种群规模的增长，算法正确地选择前 5 个个体的概率在增加。

2）代间隔

从公式（2.32）中可以得到，随着代间隔 t 的不断增大，正确地选择 j 个最优个体的概率应该变小。然而，H-CLONALG 算法的优化效果是由参数 t、m、n 和 B 共同决定的，部分参数并不能单独决定算法的整体性能。例如，当 δ 较大时，$\Pr_{\text{selection}(j/m)}$ 就是一个较小的值。每次执行选择操作时，算法以一个较小的概率正确地选择 j 个最优个体。此时，如果提高参数 t 的值，算法将很难收敛到最优解。相反，当 δ 较小时，$\Pr_{\text{selection}(j/m)}$ 就是一个较大的值。每次执行选择操作时，算法以一个较大的概率正确地选择 j 个最优个体。这样，如果提高参数 t 的值，算法依然能够收敛到最优解，而且算法会以更快的速度收敛到最优解。

从图 2.3 中可以看到，当 δ=0.1、B=1.2、m=40 时，如果将 t 设置为较小的值 3，H-CLONALG 算法能够很快收敛到最优解。如果将 t 设置为 10，算法不能在给定的代数内收敛到最优解。当 δ=0.1、B=1.2、m=40 时，无论如何设置参数 t，算法都能收敛到最优解。

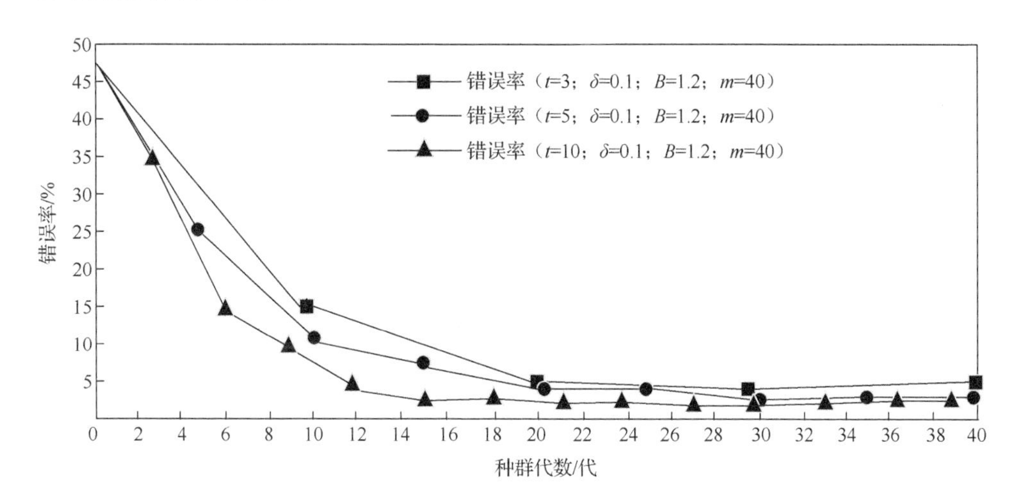

图 2.3　代间隔对 H-CLONALG 算法的影响

3）选择概率和样本数据集规模

定义 2.8（相对运行时间） 相对运行时间 $T_{\text{H-CLONALG/CLONALG}}$ 表示 H-CLONALG 算法和 CLONALG 算法在相同的进化代数内花费时间的比值。

在不同的样本数据集规模和参数设置 $1-\delta$ 的前提下，测试了 H-CLONALG 算法的性能。将数据集 Nursery 中的记录随机裁剪为 2160 条、4320 条、6480 条和 8640 条。表 2.1 列出了算法运行 10 次后最小、平均、最大分类精度和运行时间。一般认为，随着参数 $1-\delta$ 的提高，算法精度会降低。然而，从表 2.1 中发现，这两者之间似乎并没有相关性。

表 2.1　算法运行 10 次后最小、平均、最大分类精度和运行时间

算法与参数	记录数 N=2160		记录数 N=4320		记录数 N=6480		记录数 N=8640	
	误差	时间/s	误差	时间/s	误差	时间/s	误差	时间/s
CLONALG	[210,515,846]	29±0.5	[108,337,693]	58±0.5	[139,186,406]	143±1	[123,173,465]	308±4
H-CLONALG($1-\delta$=0.9)	[176,506,784]	41±1	[138,308,438]	82±3	[122,193,512]	156±6	[112,169,453]	294±9
H-CLONALG($1-\delta$=0.8)	[236,511,808]	40.5±0.5	[90,321,637]	77±3	[135,177,476]	143±4	[90,174,503]	258±7
H-CLONALG($1-\delta$=0.7)	[210,522,683]	39.5±0.5	[142,312,618]	76±1	[140,181,532]	123±3	[82,128,380]	218±8
H-CLONALG($1-\delta$=0.6)	[179,530,910]	38.5±0.5	[121,321,538]	58.5±2.5	[153,201,468]	98±5	[95,130,410]	203±7
H-CLONALG($1-\delta$=0.5)	[156,522,818]	35.5±0.5	[152,355,616]	55±2.5	[120,192,509]	92±6	[92,132,465]	202±8
H-CLONALG($1-\delta$=0.4)	[212,545,778]	32.5±0.5	[112,361,654]	49.5±2.5	[110,194,575]	87±6	[86,143,330]	198±11
H-CLONALG($1-\delta$=0.3)	[241,557,882]	31±0.5	[92,342,538]	47.5±3.5	[133,211,632]	84±4	[101,179,403]	177±9
H-CLONALG($1-\delta$=0.2)	[116,542,840]	27±0.5	[144,363,754]	43.5±4.5	[181,236,579]	75±8	[116,166,550]	167±12
H-CLONALG($1-\delta$=0.1)	[184,532,984]	21±0.5	[170,358,516]	39±3	[171,238,603]	76±6	[96,158,530]	141±10

事实上，克隆选择算法是受自然选择、适者生存原理启发而提出的一种寻优算法。每次从父代中选择子代个体时，算法会删除低质量的子代个体。当 $1-\delta$ 较大时，Hoeffding 选择操作能够以较高的概率正确选择子代个体。随着参数 $1-\delta$ 的增加，正确选择的概率在增加，但是会破坏种群的多样性，容易收敛于局部最优解。因此，分类器的分类精度不是由参数 $1-\delta$ 能够简单决定的。

从图 2.4 可见，随着样本数据集规模和参数 $1-\delta$ 的增加，算法运行时间的变化很明显。对于克隆选择算法，较大的样本数据集规模会导致更长的运行时间。但是，为什么随着样本数据集规模的增加，相对运行时间 $T_{\text{H-CLONALG/CLONALG}}$ 变得更小了呢？

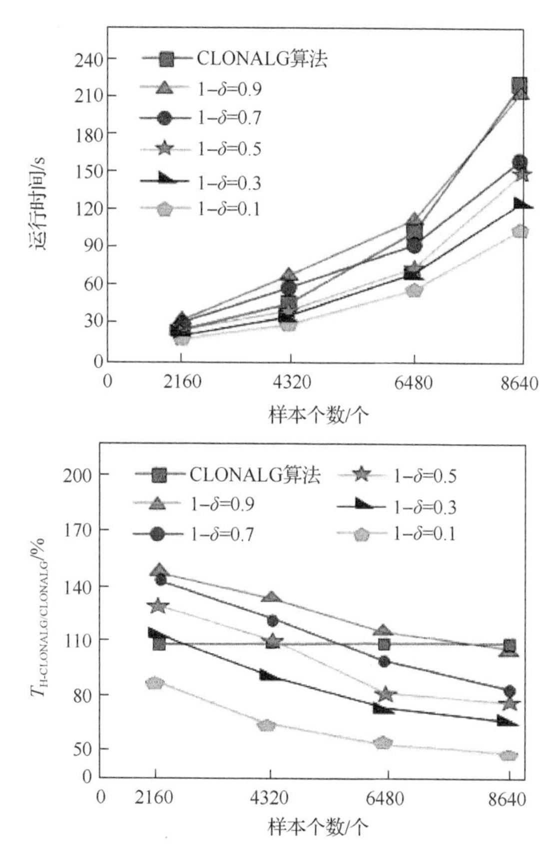

图 2.4　样本数据集规模对算法的影响（数据集 Nursery，代间隔 t=5）

从 2.1.2 小节中可以知道，Hoeffding 选择算法的终止条件是“$\Delta F > \varepsilon$”。根据公式（2.20），当参数 B 和 δ 固定时，参数 ε 主要由当前记录数 n 决定，而不是数据集规模 N。换句话说，Hoeffding 选择操作的运行时间与数据集规模 N 没有必然的关系。与之相对的，对于传统的选择操作，其运行时间主要由数据集规模 N

来决定。因此，随着 N 逐渐变大，相对运行时间 $T_{\text{H-CLONALG/CLONALG}}$ 将会变得越来越小。

3. 实验二：在关联分类中的应用

图 2.5 比较了 H-CLONALG 算法、AIS-AC 算法（Do et al.，2009）和 msCBA 算法（Liu et al.，2001，1998）。数据集 Adult 和 Digit 已经被分割为训练集和测试集，可直接使用。数据集 Letter 和 Nursery 没有被分割，可以随机地将其分割为训练集和测试集。msCBA 算法是基于 Apriori 算法的关联分类算法。在 AIS-AC 算法中，设置种群规模为 100，最大进化代数为 50，克隆率和多样性引入规模分别为 20%和 20，覆盖度门限为 98%。在 H-CLONALG 算法中，参数 t、m 和 $1-\delta$ 分别设置为 5、20 和 0.8，其他参数与 AIS-AC 算法相同。在 msCBA 算法中，最小可信度设置为 50%，最小支持度设置为 2%。

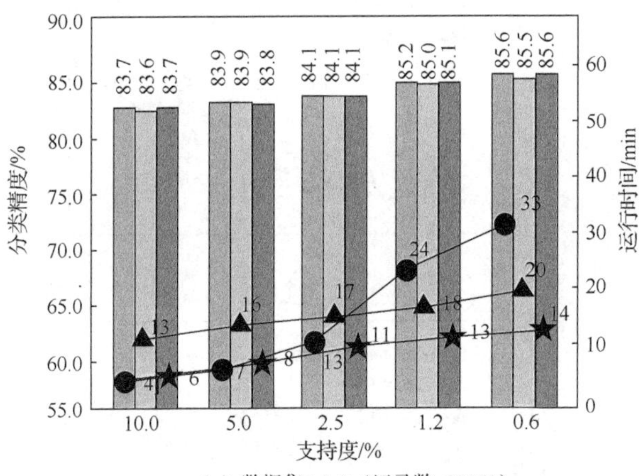

（a）数据集Adult（记录数=32561）

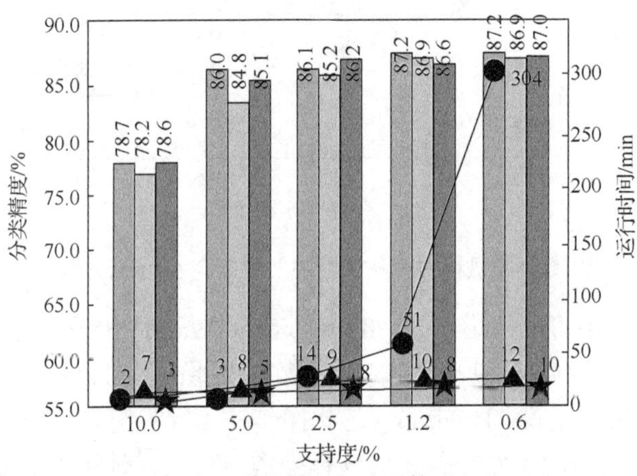

（b）数据集Digit（记录数=7494）

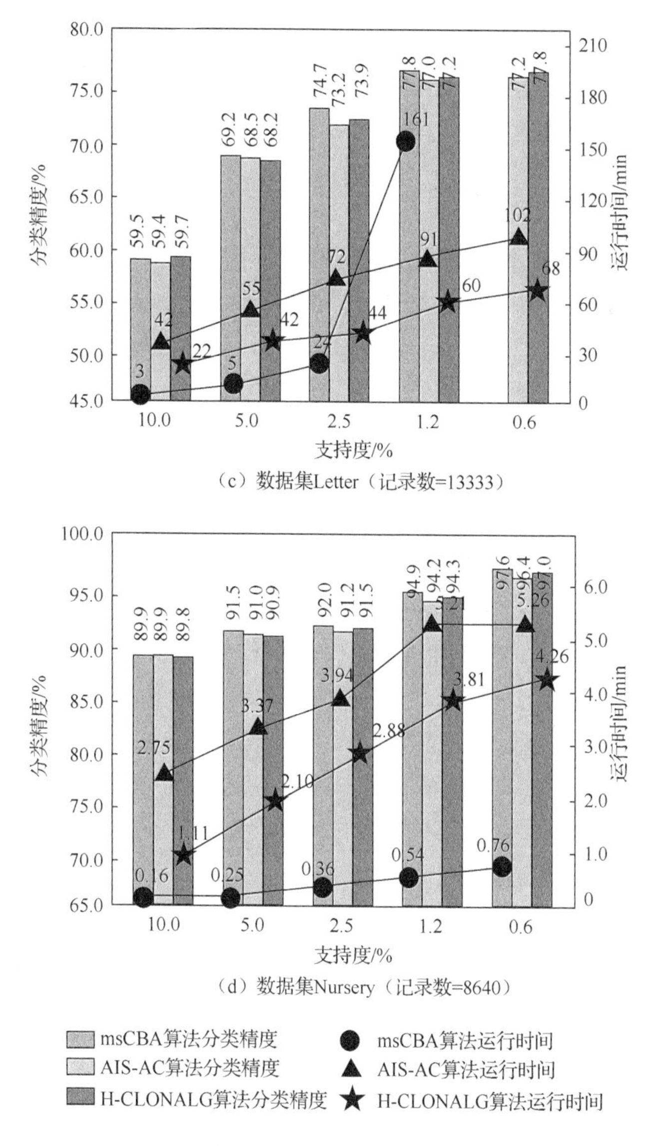

图 2.5 三种算法性能比较

从运行结果来看，当数据集规模较大时，H-CLONALG 算法的运行时间明显低于 AIS-AC 算法和 msCBA 算法的运行时间。理论上讲，H-CLONALG 算法和 AIS-AC 算法相对运行时间的极限为 $1/t$。然而，事实上，从上述 4 个数据集的比较可以看出，这两种算法的运行时间差距远没有理论分析的那么大。这是因为针对不同的数据集，随机变量的分布是不同的，相对运行时间的极限在实际中是不可能达到的，只能不断接近。一般来说，数据集规模越大，两种算法运行效率的差距就越明显。

从图 2.5 中可以看出，对不同的数据集，三种算法的分类精度略有不同。但是，总的来说，三种算法的分类精度非常相似。

4. 实验三：在符号回归中的应用

目前，许多建模方法已经用于构造回归模型，如线性回归、非线性回归、Kriging 法、径向基、神经网络、支持向量机（support vector machine，SVM）、遗传规划等（Smits et al.，2005；Johnson et al.，1988），这些方法也经常被结合在一起使用。当没有先验知识时，搜索空间由所有可能的符号模型组成一个巨大的空间，经典的数值优化方法将变得不再适用。此时，GP、SVM、神经网络往往比其他经典的基于统计的方法更加有效。如果想得到一个简单、可解释的表达模型时，GP 往往又比 SVM、神经网络更具有优势（Smits et al.，2006，2005）。

1）三种算法的性能比较

为了方便比较，引入 Sampling-GP（S-GP）算法，该算法利用随机抽样来计算个体适应度函数的值。在 HGP 算法中，利用样本数据集的子集来估计个体的适应度函数的值。

实验选取的样本函数的自变量范围、样本数量等详见表 2.2。其中，终端符集中的 X 表示自变量，R 表示随机变量，其分布范围为[−10,10]。GP 算法和 S-GP 算法的参数设置参见表 2.3，HGP 算法的参数设置参见表 2.4。GP 算法和 S-GP 算法选择算子采用锦标赛选择算子，HGP 算法使用 Hoeffding 选择算子，参数 50% 表示从种群中选择最优的前一半个体。样本集 1～3 中个体树最大节点数设置为 25；样本集 4～6 中个体树最大节点数设置为 50。所有测试样本中，都使用精英保留策略保留前 1%个体。运算中，定义绝对误差之和为适应度函数。

表 2.2　实验选取的样本函数

样本集名	样本函数	自变量范围	样本数量	函数集	终端符集
样本集 1	$f(x)=x^4+x^3+x^2+x$	$x\in[1,15]$	14000	+,−,*,/	X, “1.0” “2.0” “3.0”
样本集 2	$f(x)=\cos(2x)$	$x\in[-3.14,3.14]$	62800	+,−,*,/,sin,cos,sqr	X, “1.0” “2.0” “3.0”
样本集 3	$f(x)=e^{-(\sin 3x+2x)}$	$x\in[-1.57,1.57]$	31400	+,−,*,/,sin,cos,sqr,exp	X, “1.0” “2.0” “3.0”
样本集 4	$f(x)=\min\{2/x, \sin x+1\}$	$x\in[1,15]$	14000	+,−,*,/,exp	X, R
样本集 5	$f(x)=0.718x^2+3.1416x$	$x\in[-3.14,3.14]$	62800	+,−,*,/	X, R
样本集 6	$f(x)=\min\{\sin x,\cos x\}$	$x\in[-3.14,3.14]$	62800	+,−,*,/,sin,cos	X, R

表 2.3　GP 算法和 S-GP 算法的参数设置

参数	样本集 1		样本集 2		样本集 3		样本集 4		样本集 5		样本集 6	
	GP	S-GP	GP	S-GP	GP	S-GP	GP	S-GP	GP	S-GP	GP	S-GP
最大树宽	10	10	10	10	10	10	10	10	10	10	10	10
种群规模	600	600	600	600	100	100	500	500	500	500	600	600
进化代数	20	20	20	20	100	100	200	200	300	300	500	500
交叉率	0.96	0.96	0.96	0.96	0.96	0.96	0.96	0.96	0.96	0.96	0.96	0.96
变异率	0.25	0.25	0.25	0.25	0.25	0.25	0.25	0.25	0.25	0.25	0.25	0.25
抽样率	无	30%	无	30%	无	30%	无	30%	无	30%	无	30%
选择方法	锦标赛选择算子											

表 2.4　HGP 算法的参数设置

参数	样本集 1	样本集 2	样本集 3	样本集 4	样本集 5	样本集 6
代间隔 t	5	5	5	5	5	5
偏差上限 B	1000	1	2	2	40	2
概率 $1-\delta$	0.8	0.8	0.8	0.8	0.8	0.8
最大树宽	10	10	10	10	10	10
种群规模	600	600	100	500	500	600
进化代数	20	20	100	200	300	500
交叉率	0.96	0.96	0.96	0.96	0.96	0.96
变异率	0.25	0.25	0.25	0.25	0.25	0.25
选择方法	Hoeffding 选择算子(50%)					

表 2.5 中列出了三种算法得到的绝对误差之和（sum of absolute errors，SAE）、平均绝对误差（mean absolute error，MAE）、均方根误差（root mean square error，RMSE）和运行时间（TIME）。可以得到，在预先设置的相同代数内，GP 算法获得的最优解的精度在 SAE 和 MAE 两个指标下优于 S-GP 算法，但是其运行时间也高于 S-GP 算法。事实上，S-GP 算法的运行时间取决于抽样率。在相似的运行时间内，HGP 算法能够得到比 S-GP 算法更精确的解。这是因为：①S-GP 算法得到的样本点的分布不具有均衡性，而不均衡分布的样本点往往会影响回归模型的精度；②S-GP 算法中，小数量的抽样点导致了结构信息的丢失。

表 2.5　三种算法（GP、HGP、S-GP）的性能比较

参量		样本集 1	样本集 2	样本集 3	样本集 4	样本集 5	样本集 6
SAE	GP	289257	4437	7630	1370	4618	2562
	HGP	77065	8860	126	1173	25508	2468
	S-GP	145967	2366	2364	630	4623	2729

续表

参量		样本集 1	样本集 2	样本集 3	样本集 4	样本集 5	样本集 6
MAE	GP	20.668	0.0706	0.2430	0.0978	0.0735	0.0407
	HGP	5.504	0.1410	0.0040	0.0838	0.4061	0.0393
	S-GP	34.754	0.1256	0.2510	0.1525	0.3240	0.0624
RMSE	GP	38.733	0.0784	0.3983	0.1137	0.0803	0.0489
	HGP	9.168	0.1566	0.0066	0.1147	0.4847	0.0484
	S-GP	52.822	0.1892	0.6144	0.3138	0.4655	0.0802
TIME	GP	186s	903s	4126s	4408s	9532s	31250s
	HGP	78s	315s	1319s	1692s	2673s	10250s
	S-GP	72s	323s	1462s	1603s	3336s	12043s

2）Hoeffding 进化算法与非 Hoeffding 进化算法的性能对比

事实上，Hoeffding 进化算法是一个通用的框架，任何进化算法都可以嵌入其中。为了验证本章提出的 Hoeffding 进化算法的有效性，分别基于传统的 GP 算法、TAG3P 算法、GP+CSAW 算法构造了三种新算法：HGP 算法、HTAG3P 算法、HGP+CSAW 算法。其中，TAG3P 算法是由 Hoai 提出的树形语法导向的遗传规划算法（Hoai et al.，2004），GP+CSAW 算法是基于逐步调整权值（stepwise adaptation of weights，SAW）技术的遗传规划算法（Eggermont et al.，2001）。本节比较了三种新算法与三种传统算法，参数设置详见表 2.6。实验选取的样本数量、函数集、终端符集等参见表 2.7，表中样本函数结构从上而下逐渐趋于复杂。

表 2.6　GP、TAG3P、GP+CSAW、HGP、HTAG3P、HGP+CSAW 算法的参数设置

参数	GP	TAG3P	GP+CSAW	HGP	HTAG3P	HGP+CSAW
最大树宽	20	20	20	20	20	20
种群规模	100	100	100	100	100	100
进化代数	40(f_1~f_3)	40(f_1~f_3)	40(f_1~f_3)	40(f_1~f_3)	40(f_1~f_3)	40(f_1~f_3)
	200(f_4)	200(f_4)	200(f_4)	200(f_4)	200(f_4)	200(f_4)
交叉率	0.9	0.9	0.9	0.9	0.9	0.9
变异率	0.1	0.1	0.1	0.1	0.1	0.1
代间隔 t	—	—	—	5	5	5
概率 $1-\delta$	—	—	—	0.8	0.8	0.8
偏差上限 B	—	—	—	B(f_1)=2	B(f_1)=2	B(f_1)=2
	—	—	—	B(f_2)=3	B(f_2)=3	B(f_2)=3
	—	—	—	B(f_3)=4	B(f_3)=4	B(f_3)=4
	—	—	—	B(f_4)=5	B(f_4)=5	B(f_4)=5
选择方法	锦标赛选择算子			Hoeffding 选择算子(50%)		

表 2.7　实验中用到的样本函数

样本集名	样本函数	自变量范围	样本数量	函数集	终端符集
样本集 1	$f_1(x)=x^2+x$	$x\in[0,1]$	1000	+,−,*,/,sin,cos,sqr	X
样本集 2	$f_2(x)=x^3+x^2+x$	$x\in[0,1]$	1000	+,−,*,/,sin,cos,sqr	X
样本集 3	$f_3(x)=x^4+x^3+x^2+x$	$x\in[0,1]$	1000	+,−,*,/,sin,cos,sqr	X
样本集 4	$f_4(x)=x^5+x^4+x^3+x^2+x$	$x\in[0,1]$	1000	+,−,*,/,sin,cos,sqr	X

每种算法运行 50 次。如果算法所得函数与给定数据集中每个样本点之间的误差在 0.0001 之内，则认为该函数可完全拟合该样本集。算法成功概率是指完全拟合的样本点占所有样本点的比率。

图 2.6 展示了 Hoeffding 进化算法与非 Hoeffding 进化算法的对比结果。为了观察方便，图 2.6 的横坐标用运行时间代替进化代数。不难发现，随着四个数据集逐渐变得复杂，六种算法的成功概率逐渐下降。然而，Hoeffding 进化算法基础上的三种新算法 HGP、HTAG3P 和 HGP+CSAW 都分别比其传统算法提高了运行效率和算法成功概率。

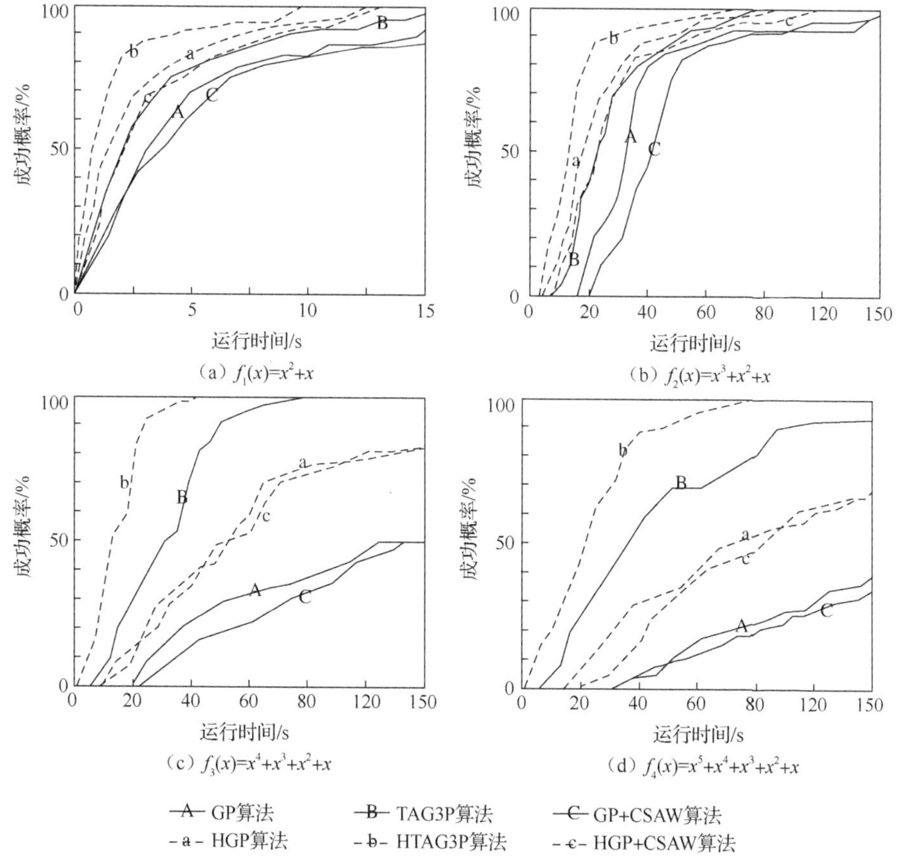

(a) $f_1(x)=x^2+x$

(b) $f_2(x)=x^3+x^2+x$

(c) $f_3(x)=x^4+x^3+x^2+x$

(d) $f_4(x)=x^5+x^4+x^3+x^2+x$

—A— GP算法　—B— TAG3P算法　—C— GP+CSAW算法

- a - HGP算法　- b - HTAG3P算法　- c - HGP+CSAW算法

图 2.6　Hoeffding 进化算法与非 Hoeffding 进化算法的对比结果

2.2 多生命周期进化算法

2.2.1 研究背景

一般来说，优化问题就是要找到一个自由变量 M 的值 $\bar{x} \in M$，使其在目标函数 $f: M \to R$ 的作用下，满足一定的质量评价标准。目标函数由实际问题给定，往往具有不同的复杂性。全局优化问题的解决方案就是发现一个合适的矢量 $\bar{x}$，$\forall \bar{x} \in M$ 且 $f\left(\bar{x}\right) \leqslant f\left(\bar{x}^*\right) = f^*$。该矢量受到约束条件函数 $g_j : M \in R$ 的限制，使得解集 $F = \{\bar{x} \in M \mid g_j\left(\bar{x}\right) \geqslant 0, \forall j\}$。

在很多工程应用中，不得不考虑具有复杂适应度函数的优化问题。在传统进化算法中，每一个个体都是一条染色体，它表达了特定问题的一个候选解决方案。每个解决方案的优劣，用其对应的适应度取值来测量或评估。根据适应度函数的特征，在优化问题中，需要大量计算时间的适应度函数，可以细分为不确定型、迭代型、异构型等。当计算适应度函数非常费时的时候，传统进化算法将会变得非常耗时。

例如，频繁项数据挖掘时，算法经常要计算某条规则的支持度或可信度。此时，若利用传统进化算法框架，计算每条规则的支持度或可信度，都至少扫描一次数据库中的所有记录。若需验证的知识或规则很多，并且数据库的记录数量很大时，这些记录就需要存储在外存储器上，不可能一次性读入内存。此时，反复读入读出的时间代价将非常大，限制了传统进化算法的应用。

此类条件下，目标函数 f 经常需要用迭代、累加的形式表达，并且受到约束条件的限制，计算不同个体适应度函数的复杂度、时间是不同的。此类适应度函数可采用如下形式函数表达：

$$F(x) = \sum_{m=1}^{M} f_m(x) p_m(x) \tag{2.42}$$

或

$$F(x) = \prod_{m=1}^{M} f_m(x) p_m(x) \tag{2.43}$$

2.2.2 算法描述及分析

1. 多生命周期进化算法

多生命周期进化算法（multiage evolutionary algorithm，MAEA)是一种从传统 EA 扩展而来的新的计算方法，其编码、解码、交叉、选择、变异等操作算子与标准 EA 类似，唯一的不同点就在于进化过程。在 MAEA 中，适应度函数不是通过一次运算直接得出，可以利用柔性的生命期（年龄）这个概念来表达计算适应度函数的过程。MAEA 中保留两代种群（当前父代种群和当前子代种群）的全部样本。多生命周期进化算法的计算步骤如下所述。

（1）初始化适应度分量计数器 $m=1$；初始化个体计数器 $n=1$；随机产生初始化种群：$\vec{X}(0)=(X_1(0),\cdots,X_N(0))\in S^N$。

（2）读入当前适应度的计算分量 $f_m(x)p_m(x)$。

（3）对于当前种群 $\vec{X}(k)$ 中第 n 个个体，计算读入 $f_m(x)p_m(x)$ 后的适应度阶段值：

$$F_m(x)=\sum_{mi=1}^{m} f_{mi}(x)p_{mi}(x) \tag{2.44}$$

同时，该个体年龄 age($X_n(k)$)加 1。

（4）判断第 n 个个体是否成熟，即年龄是否达到 M。若成熟，则转步骤（5）；若不成熟，则转步骤（6）。

（5）计算第 n 个个体 $X_n(k)$和其父代 $X_n(k-1)$的适应度 $F(X_n(k))$和 $F(X_n(k-1))$，选择较大者作为该个体的新父代 $X_n(k)$。

（6）第 n 个个体的新父代 $X_n(k)$，与其他个体此时的父代 $X_i(k-1)$进行交叉、变异操作，产生新的第 n 个个体的子代 $X_n(k)$。

（7）判断是否到达当前种群的最后一个个体。若否，则转步骤（3）；若是，则转步骤（8）。

（8）检验停止准则。若满足，则算法停止，否则 $m=m+1$，并返回步骤（2）。

该算法中，在计算每代个体的适应度时，每个适应度函数的分量只需被读入一次，每代个体需对 $f_m(x)p_m(x)$ 迭代 M 次。

如图 2.7 所示，计算适应度函数需要累加（或累乘）M 条分量记录(i)。该算法循环读入适应度函数的计算分量记录(i)，每个时刻读入一条记录(i)，种群中每个个体在该时刻分别累加（或累乘）各自的适应度，同时判断是否违背约束条件。若违背约束条件，则个体夭折，由该个体的父代分别和该时刻其他个体的父代交叉、变异产生一个新个体，并初始化该个体年龄为 0，开始新一代个体的成长。若符合约束条件，则该个体继续成长，并年龄加 1。当年龄积累到 M 时，该个体成熟，开始新的一轮进化过程。

由表 2.8 可知，MAEA 与 GA 具有相同的个体表达方式、操作算子（选择方式、交叉方式、变异方式）、终止条件和种群规模。它们唯一的不同在于计算适应度函数的方式：MAEA 更适合处理迭代型适应度函数。基于多智能体的 EA 也能够处理类似的问题，然而其负责的个体行为限制了其作为通用计算框架的应用范围。

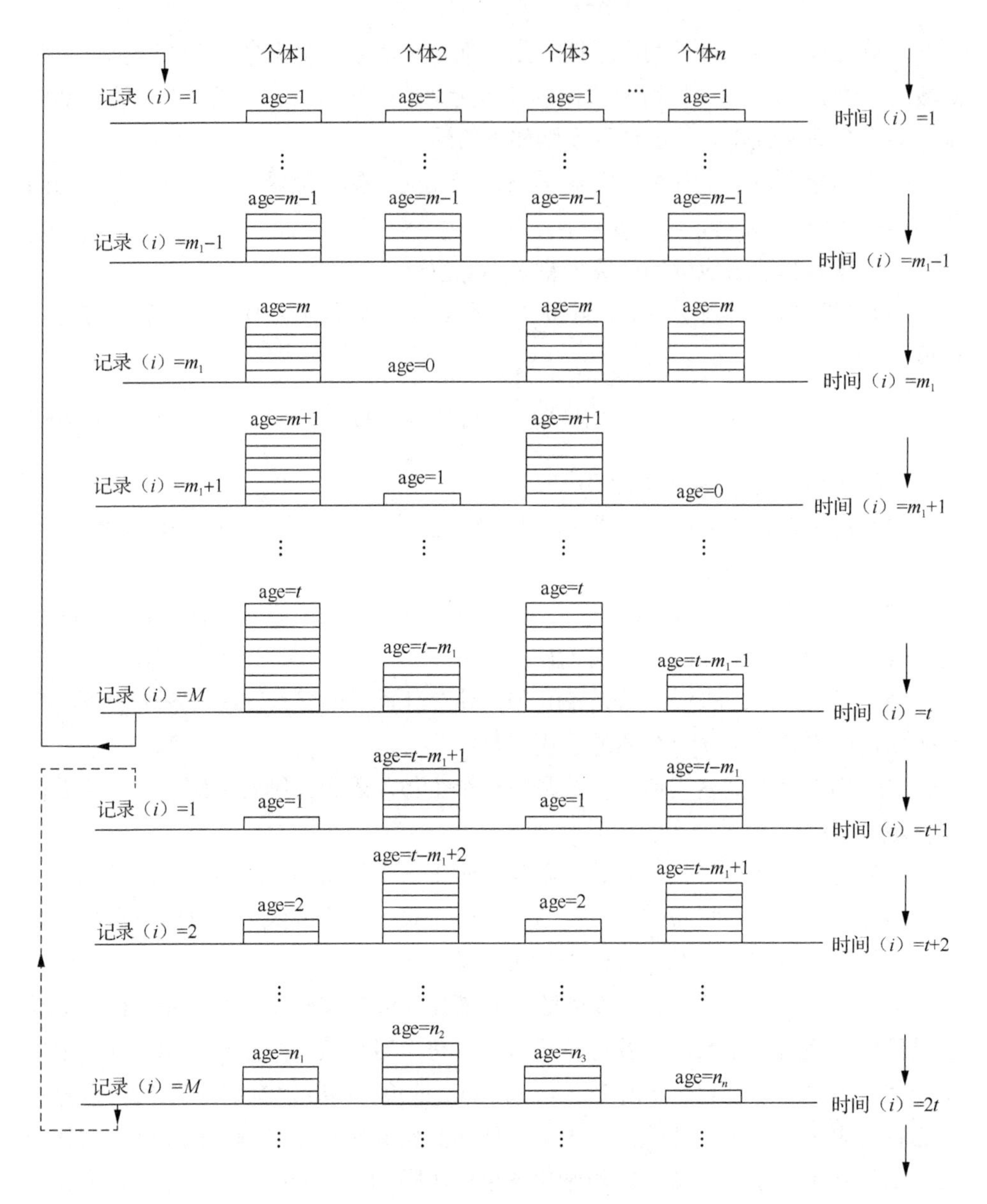

图 2.7　MAEA 框架

表 2.8　不同算法（GA、MAEA、EA）的比较

算法参数	GA	MAEA	EA
生命周期	一代	可变	可变
适应度函数	简单、直接	复杂、迭代	复杂、动态
个体繁殖	并行	串、并行混合	并行；串、并行混合

续表

算法参数	GA	MAEA	EA
个体结构	不变	不变	不变；可变
个体表达方式	标准	标准	非标准
选择方式	标准	标准	非标准
交叉方式	标准	标准	非标准
变异方式	标准	标准	非标准
种群规模	静态	静态	静态；可变
终止条件	标准	标准	标准；非标准
个体行为	无	无	有
通信	不通信	不通信	通信；不通信

2. 算法分析

定义 2.9（Markov 链） 设随机过程 $\{X(n), n\geqslant 0\}$ 只能取可列个值 $I=\{i_0, i_1, \cdots, i_n\}$，并且满足条件：对任意 n 及 i_0，i_1，…，i_n，如果

$$P\{X(0)=i_0, X(1)=i_1, \cdots, X(n)=i_n\}>0 \tag{2.45}$$

必有

$$\begin{aligned}&P\{X(n+1)=i_{n+1} \mid X(0)=i_0, X(1)=i_1, \cdots, X(n)=i_n\}\\&=P\{X(n+1)=i_{n+1} \mid X(n)=i_n\}\end{aligned} \tag{2.46}$$

则称 $\{X(n)$，$n\geqslant 0\}$ 为时间离散且状态离散的 Markov 链，简称 Markov 链。

定义 2.10（转移概率） 称概率 $P\{X(n)=j|X(m)=i$，$n>m\}$ 为某条 Markov 链的转移概率，记为 $P_{ij}(m, n)$。

$P_{ij}(m, n)$ 具有如下性质：

$$P_{ij}(m,n)\geqslant 0 \tag{2.47}$$

$$\sum_{j\in f} P_{ij}(m,n)=1 \tag{2.48}$$

定义 2.11（齐次 Markov 链） 如果 $P_{ij}(m, m+1)=P\{X(m+1)=j|X(m)=i\}=P_{ij}(i, j\in I)$，即从状态 i 出发转移到状态 j 的转移概率与时间起点 m 无关，则称这类 Markov 链为齐次 Markov 链。

定义 2.12（一步转移概率矩阵） 对于齐次 Markov 链，称 P_{ij} 为一步转移概率，全部 $P_{ij}(i, j\in I)$ 所组成的矩阵 $P=\{P_{ij}\}$ 称一步转移概率矩阵或随机矩阵。

遗传算法可以被描述为一个齐次 Markov 链 $P_t=\{P(t)$，$t\geqslant 0\}$。这是因为，基本的选择、交叉和变异操作都是独立随机进行的，新群体仅与其父代群体和遗传操

作算子有关，而与其父代群体之前的各代群体无关，并且各代群体之间的转移概率与时间起点无关（张文修等，2000）。

定理 2.4　多生命周期遗传算法成功收敛于最优解的概率为 1。

证明：设某个体集合 $P^{+}(t)=(A(t), P(t))$，其中，$A(t)$是当前时刻种群中成熟的个体集合，$P(t)$是当前时刻种群中未成熟的个体集合。某一时刻，若种群中有一个体成熟，则种群从某一状态 $i\in I$，经过选择、交叉、变异算子的连续作用而转变为状态 $j\in I$。三种遗传算子的转移概率分别为 s_{ij}、c_{ij} 和 m_{ij}，它们分别构成随机矩阵 $S=\{s_{ij}\}$、$C=\{c_{ij}\}$ 和 $M=\{m_{ij}\}$，则遗传算法的种群状态变换矩阵 $R=SCM=\{r_{ij}\}$，$r_{ij}>0$。

成熟个体的状态转移规则如下：

（1）依据 R，由 $A(t)$产生 $A(t+1)$。不成熟个体集合的状态不变。

（2）$P(t+1)=P(t)$。其中，$A(t+1)$是成熟个体的上一代个体和本代个体中挑选出的一个具有最大适应度的个体，即 $A(t+1)=\max\{A(t), A(t+1)^{*}\}$（$A(t+1)^{*}$是成熟个体产生的子代）。

这样构造出的随机过程$\{P^{+}(t)，t\geqslant 0\}$仍然是一个齐次 Markov 链。即有

$$P^{+}(t)=P^{+}(0)(\mathrm{R}^{+})^{t}$$

假设个体集合状态中含有最优解的状态为 I_0，则该随机过程的状态转移概率为

$$r_{ij}^{+}>0 \qquad (i\in I, j\in I_0) \tag{2.49}$$

$$r_{ij}^{+}=0 \qquad (i\in I_0, j\notin I_0) \tag{2.50}$$

也就是说，从任意状态向含有最优解的状态转移的概率大于 0，而从含有最优解的状态向不含有最优解的状态转移的概率等于 0。

此时，对于 $\forall i\in I, \forall j\notin I_0$，公式（2.51）和公式（2.52）都成立：

$$(r_{ij}^{+})^{t}\to 0 \qquad (t\to\infty) \tag{2.51}$$

$$P_j^{+}(\infty)=0 \qquad (j\notin I_0) \tag{2.52}$$

也就是说，个体集合收敛于不含有最优解的状态的概率为 0。因此，多生命周期遗传算法能够以概率 1 成功地找到最优解。

性质 2.1　带约束条件的多生命周期遗传算法的收敛速度不低于不带约束条件的多生命周期遗传算法。

证明：设某个体集合 $P^{+}(t)=(A(t), P(t))$，其中，$A(t)$是当前时刻种群中不符合约束条件的个体的集合，$P(t)$是当前时刻种群中符合约束条件的个体的集合。某一时刻，若种群中有一个体不符合约束条件，则该个体夭折。其父代经过选择、交叉、变异算子的连续作用重新产生一个新的子代。种群也相应地从某一状态 $i\in I$，转变为状态 $j\in I$。

夭折个体的适应度函数的计算时间为 Ty，而没有引入约束条件的多生命周期遗传算法的个体适应度函数的计算时间为 T_M（M 为数据集记录总数），显然 $Ty \leqslant T_M$。

2.2.3　实验结果及讨论

1. 种群规模和数据集规模

本节将比较 MAEA 与 GA。可信度门限设置为 100%。在图 2.8 中，数据集 Nursery 被分割为 100 片，每片包含 129 条记录。当数据集为 1 片（129 条记录）、2 片（258 条记录）、……、5 片（645 条记录）时，将种群规模分别设置为 200 和 150。记录算法各代的运行时间，并将其标注在柱状图和线状图上。

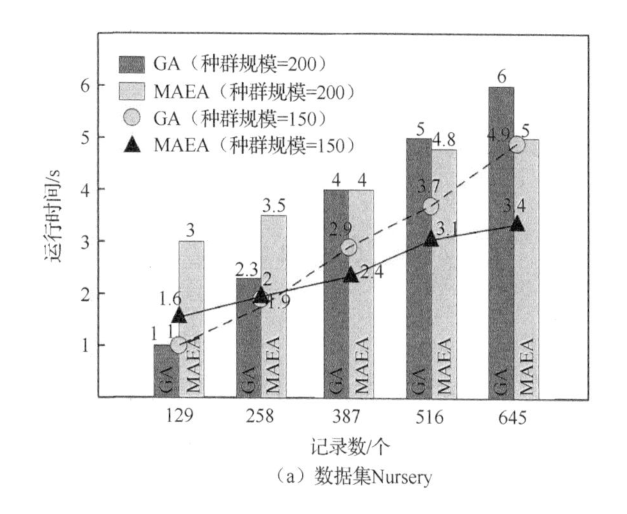

（a）数据集Nursery

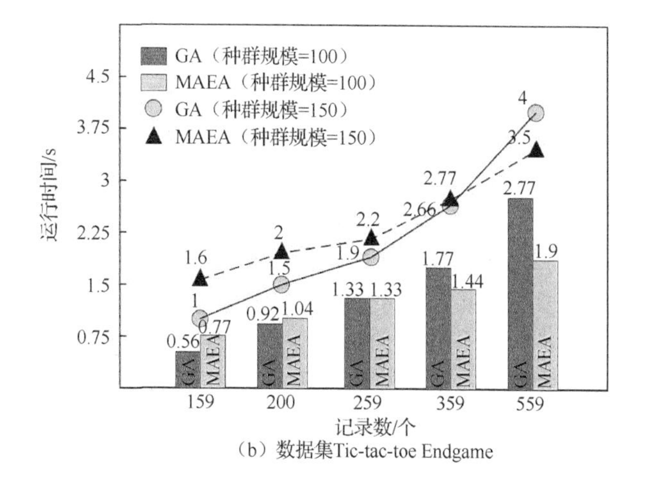

（b）数据集Tic-tac-toe Endgame

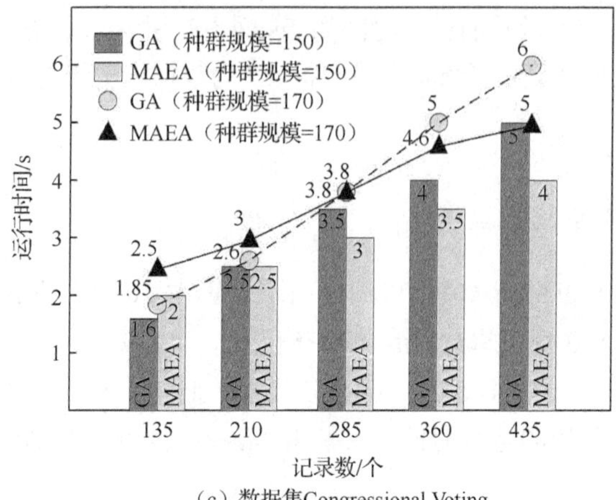

（c）数据集Congressional Voting

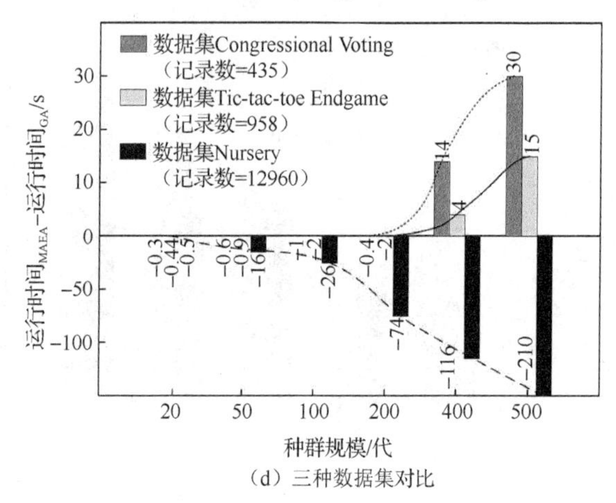

（d）三种数据集对比

图 2.8　MAEA 与 GA 的性能比较

由性能对比结果可见，随着数据集规模的扩大，两种算法每代种群的运行时间都不同程度地逐渐增长。但是，GA 的增长率明显高于 MAEA。两种算法的平衡点位置是由两个因素决定的：种群规模和数据集规模。当种群规模设置为 200 和 150 时，平衡点的位置分别为数据集 Nursery 规模约为 387 和 292 的位置。换句话说，如果设置种群规模为 200，当数据集规模超过 387 时，为了缩短算法运行时间，应该选择 MAEA。而且，随着种群规模的增长，平衡点的位置逐渐右移。从图 2.8 中的数据集 Tic-tac-toe Endgame 和数据集 Congressional Voting 也能够发现类似规律。

为了进一步显示种群规模和数据集规模的关系，本小节将三个数据集规模固定不变，对比两种算法的性能。由图 2.8（d）可知，当种群规模由 20 增加到 500 时，列出了 MAEA 和 GA 运行时间的差。对于数据集 Tic-tac-toe Endgame，其数据集规模为 958，两种算法的平衡点为 350；对于数据集 Congressional Voting，其数据集规模为 435，两种算法的平衡点接近 200。对比可知，随着种群规模的增长，两种算法的平衡点位置逐渐右移。对于数据集 Nursery，其数据集规模为 12960，两种算法的平衡点由于过于靠右而不能在此图中表达出来。

因此，相同种群规模条件下，当数据集规模远大于平衡点时，MAEA 比 GA 更加有效。或者说，对于相同的数据集规模，当种群规模小于平衡点处的种群规模时，MAEA 比 GA 更高效。此外，在平衡点处，算法的种群规模一般大于预先设置的种群规模。因此，在内存有限的情况下，认为 MAEA 比 GA 更加高效。

2. 运行时间

当种群规模在 10～50 变化时，图 2.9 展示了算法针对三个数据集寻优到最优解时的运行时间。可信度门限统一设置为 100%，支持度门限分别设置为 50.57%、9.5%和 33.3%。可以发现，MAEA 的运行时间总是小于 GA 的运行时间。一般来说，当数据集规模较大时，MAEA 的运行时间小于 GA 的运行时间。

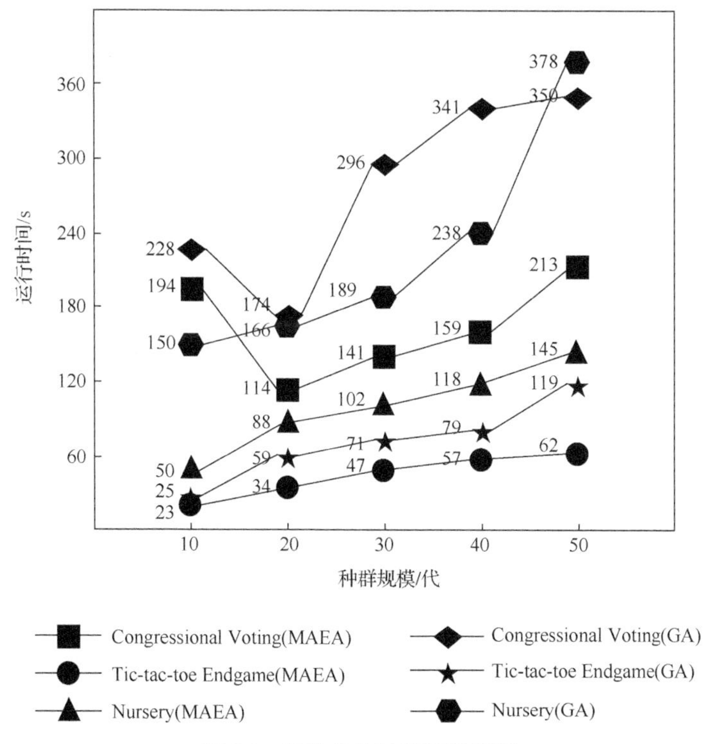

图 2.9　整体优化过程运行时间

随着种群规模的减小，在最优的种群规模出现前，运行时间是一直减小的。例如，数据集 Congressional Voting 的最优种群规模在 20 附近，其他点运行时间都高于此。对于数据集 Tic-tac-toe Endgame 和 Nursery，最优的种群规模接近 10。如果种群规模减小，在给定的周期内，这两种算法都不能得到最优解。

3. 约束条件

在本节中，针对三个数据集对比了 MAEA 在有约束条件和无约束条件下的运算性能。其获得最优解的平均运行时间如表 2.9 所示。

表 2.9 有约束条件和无约束条件下 MAEA 获得最优解的平均运行时间 （单位：s）

算法名称	数据集 Congressional Voting			数据集 Tic-tac-toe Endgame			数据集 Nursery		
	支持度>34.2%	支持度>44.8%	支持度>50.57%	支持度>4.8%	支持度>8.2%	支持度>9.5%	支持度>8.1%	支持度>11.1%	支持度>33.3%
MAEA-1 算法（无约束）	106	133	160	21	32	55	81	102	132
MAEA-2 算法（有约束）	66	101	114	20	24	34	59	71	88

由表 2.9 可知，当存在约束时，算法的平均运行时间会减少。这是因为，当约束存在时，一旦个体不满足约束条件，便会立即死亡，而不是等待变异。在实验中，设置可信度等于 100%为约束条件。

4. 算法比较

表 2.10 列出了 MAEA 和 GA 在不同数据集上的性能。优化的目标是，当可信度满足给定条件时，寻找最优的关联规则，该规则具有最大的支持度。优化过程中，两种算法可使用的内存统一限定为 100/10000 条记录（一个数据块）。种群规模设置为 20。对于数据集 Balance Scale，当设置可信度门限为 100%时，算法不能找到可行解，因此设置该数据集的可信度为 80%。需要强调的是，数据集的复杂性不仅是由记录和属性的个数决定的，条件属性和分类属性的数目也是决定数据集复杂程度的重要因素。因此，不同数据集的运行时间没有可比性。

表 2.10 MAEA 和 GA 在不同数据集上的性能

数据集	记录数	属性数	属性类型	支持度/%	可信度/%	记录块	MAEA 的运行时间/s	GA 的运行时间/s
Adult	32561	14	Categorical、Integer	2.4	100	10000	1422	2434
Balance Scale	625	4	Categorical	3.8	80	100	9	12
Car Evaluation	1728	6	Categorical	33.3	100	100	12.5	16
Chess	28056	6	Categorical、Integer	0.039	100	100	316	979

续表

数据集	记录数	属性数	属性类型	支持度/%	可信度/%	记录块	MAEA 的运行时间/s	GA 的运行时间/s
Congressional Voting	435	16	Categorical	50.57	100	100	114	174
Contraceptive Method Choice	1473	9	Integer、Real	1.4	100	100	72	91
Hayes-Roth	132	5	Categorical	9.8	100	100	4.3	2.2
Mushroom	8124	22	Categorical	21.66	100	100	301	350
Nursery	12960	8	Categorical	33.3	100	100	88	166
Poker Hand	25010	11	Categorical、Integer	0.56	100	10000	3661	7296
Tic-tac-toe Endgame	958	9	Categorical	9.5	100	100	34	59

除了数据集 Hayes-Roth 外，针对其他 11 个数据集，当数据集规模远大于种群规模时，MAEA 显示出良好的性能。这是因为优化的时间主要由两部分组成：计算时间和数据读入读出时间。对于一个大规模数据集，当主存受限时，算法的效率主要受数据读入读出时间制约，而对于一个小规模数据集，算法的效率主要取决于计算时间。和 GA 相比，MAEA 的读入读出时间较短，因此当数据集规模较大时，MAEA 比 GA 更有效。数据集 Hayes-Roth 的规模远小于其他数据集，因此 GA 的性能要好于 MAEA。

5. 结果讨论

在相同数据集、相同的软硬件环境下，MAEA 与 GA 的差距主要取决于数据集规模 M 和种群规模 N。在相同初始条件、相同优化参数下，平衡点的位置大约出现在 $k_1 \times M^2 = k_2 \times N^2$ 处，当 M 和 N 的值非常大时，可简单表示为 $M/N=k_3$，k_3 表示由特定条件决定的一个常数。例如，在图 2.8 中，数据集 Nursery 的平衡点 B1 出现在种群规模为 200、数据集规模为 387 的位置；平衡点 B2 出现在种群规模为 150、数据集规模为 292 的位置。因此，

$$k_{3\text{-Nursery}}(\mathrm{B1})=387/200=1.935$$

$$k_{3\text{-Nursery}}(\mathrm{B2})=292/150\approx 1.947$$

$$k_{3\text{-Nursery}}=(k_{3\text{-Nursery}}(\mathrm{B1})+k_{3\text{-Nursery}}(\mathrm{B2}))/2\approx 1.94$$

对于数据集 Tic-tac-toe Endgame，平衡点 B1 和 B2 出现在种群规模为 100 和 150 的位置，此时数据集规模分别为 259 和 400。因此，

$$k_{3\text{-Tic-tac-toe Endgame}}(\mathrm{B1})=259/100=2.59$$

$$k_{3\text{-Tic-tac-toe Endgame}}(\mathrm{B2})=400/150\approx 2.67$$

$$k_{3\text{-Tic-tac-toe Endgame}}=(k_{3\text{-Tic-tac-toe Endgame}}(\mathrm{B1})+k_{3\text{-Tic-tac-toe Endgame}}(\mathrm{B2}))/2\approx 2.63$$

对于数据集 Congressional Voting，平衡点 B1 和 B2 出现在种群规模为 150 和 170 的位置，此时数据集规模分别为 210 和 285。因此，

$$k_{3\text{-Congressional Voting}}(\mathrm{B1})=210/150=1.4$$

$$k_{3\text{-Congressional Voting}}(\mathrm{B2})=285/170\approx 1.7$$

$$k_{3\text{-Congressional Voting}}=(k_{3\text{-Congressional Voting}}(\mathrm{B1})+k_{3\text{-Congressional Voting}}(\mathrm{B2}))/2\approx 1.6$$

这样，根据 3 个常数 $k_{3\text{-Nursery}}$、$k_{3\text{-Tic-tac-toe Endgame}}$ 和 $k_{3\text{-Congressional Voting}}$，能够估计平衡点在图 2.8(d)中的位置。

数据集 Congressional Voting 在平衡点处的种群规模为 $435/k_{3\text{-Congressional Voting}}=435/1.5=290$。

数据集 Tic-tac-toe Endgame 在平衡点处的种群规模为 958/2.63≈364。

数据集 Nursery 在平衡点处的种群规模为 12960/1.94≈6680。

事实上，常数 k_3 是由数据集规模、计算机配置和算法本身决定的。人们总是试图寻找能够在最短的时间内搜索最优解的最优算法。大多数情况下，真实的数据集规模远大于平衡点处的数据集规模。因此，一般情况下，可以认为 MAEA 比 GA 更有效。

约束是另一个必须考虑的因素。当约束存在时，个体在成长的初期可能被淘汰。淘汰加速了 MAEA 的优化过程。对于迭代型适应度函数，如果主存容量足够大，能够容纳整个数据集或所有记录，则 MAEA 的效率要低于 GA 的效率。相反，如果主存容量很小，而数据集规模相对很大，MAEA 将显示其优越性。

2.3 混龄遗传规划算法

2.3.1 研究背景

Daida 等在其系列论文中详细介绍了遗传规划中因个体树形表达、交叉操作而导致的遗传规划难问题，其本质就是因为异构型个体表达导致适应度函数失去指导进化的能力（Daida et al.，2003a，2003b）。如图 2.10 所示，Daida 等给出了树结构的四个搜索空间范围。对于大多数 GP 算法能够找到的解，其结构变化范围都位于范围 I_a 内。若最优解落在该范围内，则 GP 算法通常能够发现该问题的最优解。然而，如果最优解的结构变化范围落在范围 II_a 和 II_b 内，GP 算法就很难搜索到最优解。对于具有过宽或过窄树结构的个体树（落入范围 III_a 和 III_b 内），GP 算法则无法寻找到最优解。当然，在范围 IV_a 和 IV_b 内，不可能存在符合该结构要求的个体表达方式。通常，寻找分布在不同范围内最优解的难度不尽相同，这是因为树形表达方式和结构化操作算子的步长不同。

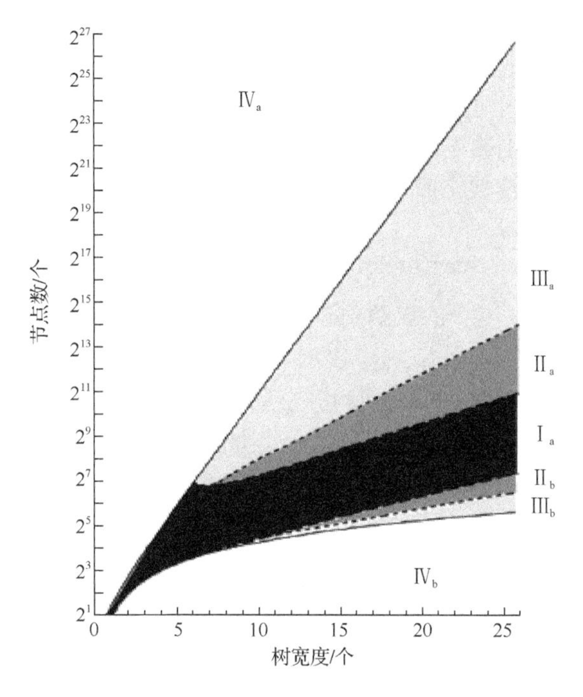

图 2.10　树结构的四个搜索空间范围

GP 算法中的子树交叉、变异操作是高度结构化、不连续的操作算子。在选择操作的压力下，GP 算法在探索范围 II_a、II_b、III_a 和 III_b 内最优解的概率将变得很低。为了验证这一点，Hoai 等（2006，2004）基于自然语言的形式化处理机制设计了能够克服 GP 难问题的新结构化算子，并提出了树形连接语法，大大提高了 GP 算法在搜索范围 II_a、II_b、III_a 和 III_b 内最优解的寻优能力。

符号回归是一个经常存在异构型适应度函数的领域。例如，给定一组观察样本点 $\{(x_1, y_1), (x_2, y_2),\cdots, (x_n, y_n)\}$，当利用 GP 算法求解满足该样本点的函数表示式 $f(x)$ 时，若某代种群 $\{f_1(x), f_2(x), \cdots, f_n(x)\}$ 中的个体 $f_1(x)=x^4+x^3+x^2+x$，$f_2(x)=e^{-(\sin 3x+2x)}$ 和 $f_3(x)=\cos(2x)$。那么，该种群中的个体是否可以按适应度函数的值进行选择操作呢？事实上，由于个体的结构不同，其适应度函数值根本不具备可比性。若强制性地对该种群中的个体进行选择操作，则有可能将某个极具发展前景的个体过早删除，导致其不能再产生有发展潜力的个体，从而不可能找到最优解。

2.3.2　算法描述及分析

1. 算法描述

在本章提出的混龄遗传规划（mixed age genetic programming，MGP）算法中，维持了一种串并行混合的进化过程，其中决策树被看作不同年龄（树规模）的个体。每代个体按年龄被分成不同的组，随着年龄的增长，个体的适应度变得越来越大。具有相同年龄的组用适应度函数的值来区分优秀个体。不同个体之间的竞争只允许在相同的组内进行。这样选择压力就被限制在特定组内，而且交叉和变异算子也不会破坏进化的连续性。

定义 2.13（组）种群中的个体按年龄 age 被分割为不同的组 group_g，每个组内年龄的跨度可表示为

$$\text{Span}(\text{group}_g) = [\text{age} \times (g-1), \text{age} \times g] \tag{2.53}$$

定义 2.14（年龄）树 i 的年龄 age_i 表示树中包含的终端符个数。

定义 2.15（适应度）令 $N_{\text{correct}(i)}$ 表示个体 i 正确分类样本的个数，N_{total} 表示训练样本的总个数，则个体 i 的适应度可表示为

$$\text{Fitness}(i) = N_{\text{correct}(i)} / [\log(\text{age}_i) \times N_{\text{total}}] \tag{2.54}$$

本节提出的 MGP 算法流程如图 2.11 所示，其步骤如下所述。

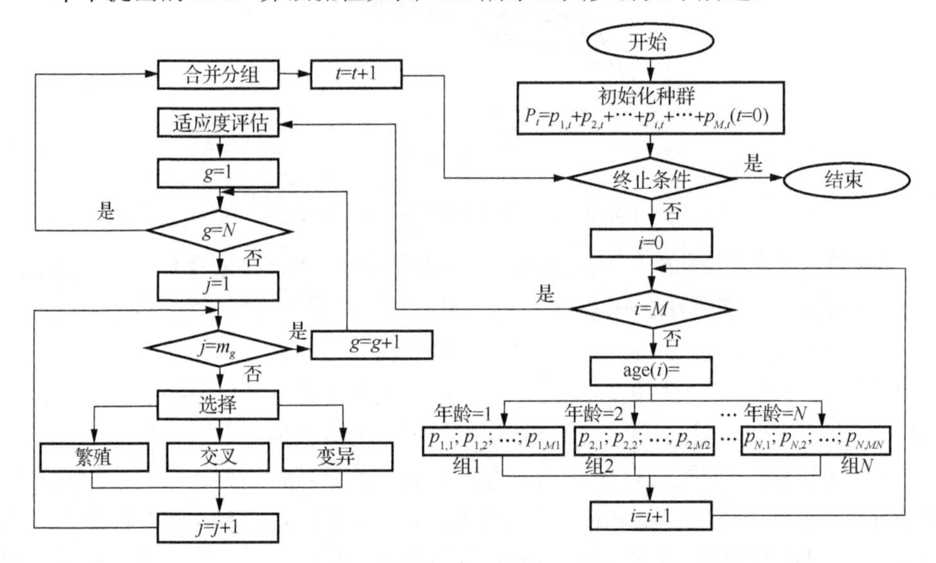

图 2.11 MGP 算法流程图

步骤 1：随机初始化种群 P_t，令 $P_t=p_{1,t}+p_{2,t}+\cdots+p_{M,t}(t=0)$，其中每个个体 $p_{i,t}(i=1, 2, \cdots, M)$表示一个决策树。

步骤 2：在种群 P_t 中将个体分成不同的组 $\text{group}_{g,t}$。相同组内的每个个体 $p_{i,t}$ 具有相同的年龄，即树的规模。

步骤 3：计算不同组内个体 $p_{i,t}$ 的适应度。

步骤 4：在同一组内执行标准的选择操作(T_s)、交叉操作(T_c)、变异操作(T_m)和繁殖操作。

步骤 5：将不同组 $\text{group}_{g,t}$ 内的个体 $p_{i,t}$ 整合为一个种群 $P_{t+1}=p_{1,t+1}+p_{2,t+1}+\cdots+p_{M,t+1}$。

步骤 6：终止条件设置为分类精度超过给定门限或进化代数达到预设最大代数。如果满足终止条件，则算法停止；否则，$t=t+1$，并转步骤 2。

2. 算法分析

遗传规划算法能够用 Markov 链 $P_t=\{P(t), t\geqslant 0\}$来表示，选择、交叉、变异操作可表示为独立的随机过程。新产生的代只与其父代相关，而与父代以前的代无关（张文修等，2000）。

定义 2.16（满意解集合） 当解 $X(X\notin B)$和 $Y(Y\notin B)$，且 $f(X)>f(Y)$时，称解集 B 为满意解集合。

定理 2.5 若 P 表示种群空间 S^N 的转移概率，$\left\{\overrightarrow{X}(n)\right\}$ 表示一条 Markov 链，B 表示满意解集合。令

$$\alpha_n^B = P\left\{\overrightarrow{X}(n+1)\cap B = \frac{\varnothing}{\overrightarrow{X}(n)}\cap B \neq \varnothing\right\} \tag{2.55}$$

$$\beta_n^B = P\left\{\overrightarrow{X}(n+1)\cap B = \frac{\varnothing}{\overrightarrow{X}(n)}\cap B = \varnothing\right\} \tag{2.56}$$

若

$$\sum_{n=1}^{\infty}(1-\beta_n^B) = \infty \tag{2.57}$$

$$\lim_{n\to\infty}\frac{\alpha_n^B}{1-\beta_n^B} = 0 \tag{2.58}$$

则 $\lim\limits_{x\to\infty} P\left\{\overrightarrow{X}(n)\cap B \neq \varnothing\right\}$。

也就是说，若条件公式（2.57）和公式（2.58）为真，则$\left\{\overrightarrow{X}(n)\right\}$收敛到全局最优解集 M 的概率为 1。

证明： $P_0(n) = P\left\{\overrightarrow{X}(n)\cap B = \varnothing\right\}$

根据贝叶斯公式，得到

$$\begin{aligned} P_0(n+1) &= P\left\{\overrightarrow{X}(n+1)\cap B = \varnothing\right\} = P\left\{\overrightarrow{X}(n+1)\cap B = \frac{\varnothing}{\overrightarrow{X}(n)}\cap B \neq \varnothing\right\} \\ &\cdot P\left\{\overrightarrow{X}(n)\cap B \neq \varnothing\right\} + P\left\{\overrightarrow{X}(n+1)\cap B = \frac{\varnothing}{\overrightarrow{X}(n)}\cap B = \varnothing\right\} \\ &\cdot P\left\{\overrightarrow{X}(n)\cap B = \varnothing\right\} \leqslant \alpha_n^B + \beta_n^B P_0(n) \end{aligned} \tag{2.59}$$

根据公式（2.58），得到

$$\frac{\alpha_n^B}{1-\beta_n^B} \leqslant \frac{\varepsilon}{2} \qquad (\varepsilon > 0,\ n \geqslant N_1) \tag{2.60}$$

根据公式（2.59），得到

$$(P_0(n+1)-\varepsilon/2)-\beta_n^B(P_0(n)-\varepsilon/2)\leqslant P_0(n+1)-\beta_n^B(P_0(n)-\alpha_n^B)\leqslant 0 \quad (2.61)$$

因此

$$P_0(n+1)-\frac{\varepsilon}{2}\leqslant\beta_n^B\left(P_0(n)-\frac{\varepsilon}{2}\right) \quad (2.62)$$

$$P_0(n+1)\leqslant\frac{\varepsilon}{2}+\prod_{k=1}^{n}\beta_n^B\left(P_0(n)-\frac{\varepsilon}{2}\right) \quad (2.63)$$

条件公式（2.57）等同于 $\prod_{k=1}^{n}\beta_n^B=0$，于是

$$\prod_{k=1}^{n}\beta_n^B\leqslant\frac{\varepsilon}{2},\quad 当\ n\geqslant N_2 \quad (2.64)$$

相应地，

$$P_0(n+1)\leqslant\varepsilon,\quad 当\ n\geqslant\max(N_1,N_2) \quad (2.65)$$

$$\lim_{n\to\infty}P\left\{\overrightarrow{X}(n)\cap B=\varnothing\right\}=\lim_{n\to\infty}P_0(n)=0 \quad (2.66)$$

因此，

$$\lim_{n\to\infty}P\left\{\overrightarrow{X}(n)\cap B\neq\varnothing\right\}=1 \quad (2.67)$$

定理 2.6 对于每个满意解集合 B，若

$$P\left\{\overrightarrow{X}(n+1)\cap B=\varnothing/\overrightarrow{X}(n)=\overrightarrow{X}\right\}\leqslant a_n\quad(\overrightarrow{X}\cap B\neq\varnothing) \quad (2.68)$$

$$P\left\{\overrightarrow{X}(n+1)\cap B=\varnothing/\overrightarrow{X}(n)=\overrightarrow{X}\right\}\leqslant b_n\quad(\overrightarrow{X}\cap B\neq\varnothing) \quad (2.69)$$

$$\sum_{n=1}^{\infty}(1-b_n)=\infty \quad (2.70)$$

$$a_n/(1-b_n)\to 0 \quad (2.71)$$

那么，$\left\{\overrightarrow{X}(n)\right\}$ 收敛到全局最优解集 M 的概率为 1。

证明：

$$\alpha_n^B=P\left\{\overrightarrow{X}(n+1)\cap B=\frac{\varnothing}{\overrightarrow{X}(n)}\cap B\neq\varnothing\right\}=\frac{P\left\{\overrightarrow{X}(n+1)\cap B=\varnothing,\overrightarrow{X}(n)\cap B\neq\varnothing\right\}}{P\left\{\overrightarrow{X}(n)\cap B\neq\varnothing\right\}}$$

$$=\frac{\sum\limits_{\overrightarrow{X}\cap B\neq\varnothing}P\left\{\overrightarrow{X}(n+1)\cap B=\frac{\varnothing}{\overrightarrow{X}(n)}=\overrightarrow{X}\right\}P\left\{\overrightarrow{X}(n)=\overrightarrow{X}\right\}}{P\left\{\overrightarrow{X}(n)\cap B\neq\varnothing\right\}}$$

$$\leqslant a_n\frac{\sum\limits_{\overrightarrow{X}\cap B\neq\varnothing}P\left\{\overrightarrow{X}(n)=\overrightarrow{X}\right\}}{P\left\{\overrightarrow{X}(n)\cap B\neq\varnothing\right\}}=a_n$$

$$(2.72)$$

同理，$\beta_n^B \leqslant b_n$，由定理 2.5，可证。

定理 2.7　当种群 $\left\{\overrightarrow{X}(n)\right\}$ 满足如下条件时，

$$P\left\{\overrightarrow{X}(n+1)\cap B\neq\varnothing / \overrightarrow{X}(n)=\overrightarrow{X}\right\}=1,\quad 当\ \overrightarrow{X}\cap B\neq\varnothing \tag{2.73}$$

$$P\left\{\overrightarrow{X}(n+1)\cap B\neq\varnothing / \overrightarrow{X}(n)=\overrightarrow{X}\right\}\geqslant\delta,\quad 当\ \overrightarrow{X}\cap B\neq\varnothing \tag{2.74}$$

其收敛到全局最优解集 M 的概率为 1。

证明：

$a_n=0$，$b_n=1-\delta$

由定理 2.6，可证。

定理 2.8　MGP 算法收敛到全局最优解的概率为 1。

证明：

使用精英保留策略，可得

$$P\left\{\overrightarrow{X}(n+1)\cap B\neq\varnothing / \overrightarrow{X}(n)=\overrightarrow{X}\right\}=1,\quad 当\ \overrightarrow{X}\cap B\neq\varnothing \tag{2.75}$$

则转移概率可表示为

$$P\left\{\mathrm{T_m}\cdot\mathrm{T_c}\cdot\mathrm{T_s}\left(\overrightarrow{X}\right)=Y\right\} \tag{2.76}$$

$$P\left\{\mathrm{T_m}\cdot\mathrm{T_c}\cdot\mathrm{T_s}\left(\overrightarrow{X}\right)=Y\right\}=\sum_{X\in S}P\left\{\mathrm{T_m}\left(X\right)=Y\right\}\cdot P\left\{\mathrm{T_c}\cdot\mathrm{T_s}\left(\overrightarrow{X}\right)=X\right\} \tag{2.77}$$

$$P\left\{\mathrm{T_c}\cdot\mathrm{T_s}\left(\overrightarrow{X}\right)=X_i\right\}\geqslant P\left\{\mathrm{T_c}\left(X_i,X_i\right)=X_i\right\}\cdot P\left\{\mathrm{T_s}\left(\overrightarrow{X}\right)=\left(X_i,X_i\right)\right\} \tag{2.78}$$

由算法步骤 4 可知，使用单点交叉操作有

$$P\left\{\mathrm{T_s}\left(\overrightarrow{X}\right)=\left(X_i,X_i\right)\right\}=\left(f(X_i)/\sum_{k=1}^{N}f(X_k)\right)^2>0 \tag{2.79}$$

$$P\left\{\mathrm{T_c}\left(X_i,X_i\right)=X_i\right\}=1 \tag{2.80}$$

$$P\left\{\mathrm{T_c}\cdot\mathrm{T_s}\left(\overrightarrow{X}\right)=X_i\right\}>0 \tag{2.81}$$

变异概率 $P_{\mathrm{m}}>0$，有

$$P\left\{\mathrm{T_m}\left(X\right)=Y\right\}>0 \tag{2.82}$$

$$P\left\{\mathrm{T_m}\cdot\mathrm{T_c}\cdot\mathrm{T_s}\left(\overrightarrow{X}\right)=Y\right\}>0 \tag{2.83}$$

因此，

$$P\left\{\overrightarrow{X}(n+1)\cap B\neq\varnothing / \overrightarrow{X}(n)=\overrightarrow{X}\right\}\geqslant\delta>0,\quad 当\ \overrightarrow{X}\cap B\neq\varnothing \tag{2.84}$$

2.3.3　实验结果及讨论

1. 年龄跨度对算法的影响

对于 MGP 算法，Δage 表示两个连续的分组之间的年龄跨度。到底需要分成

多少个组为好呢？这是算法使用前首先要回答的一个问题。

本节比较了年龄跨度Δage 对 MGP 算法的影响。实验使用的数据集为 Pima Indians，共 768 条记录，8 个属性，2 个类。可以随机地将该数据集分割成 2 部分：训练集（614 条记录）和测试集（154 条记录）。图 2.12 展示了年龄跨度对算法的影响。由图 2.12 可知，对于相同的数据集，若设置参数Δage 为一个较大值（Δage=4），在 250 代内，MGP 算法并没有找到最优解。起初，相对于年龄跨度较小的进程（Δage=1），年龄跨度较大的进程得到的最优个体的适应度上升非常快。然而，随着进化过程的不断推进，年龄跨度较大的进程最终往往不能收敛到最优解。这是因为当设置Δage 为一个较大值时，同一组内不同年龄的个体被允许相互竞争，从而导致来自选择的进化压力远大于来自交叉和变异的进化压力，进而使算法收敛到局部最优解。

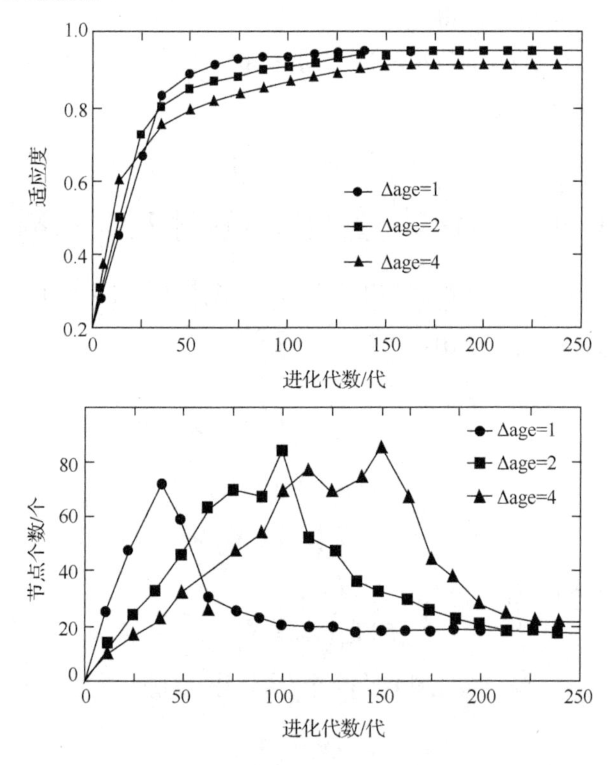

图 2.12　年龄跨度对算法的影响

进化过程中存在两个阶段。前一阶段，个体之间的竞争促进了个体适应度的增加，导致树规模的上升；后一阶段，由于使用了组合的适应度函数，树规模持续下降。MGP 算法中，个体之间的竞争被限制在小范围内，因此参数Δage 为较小值的进程收敛得要比较大值快。

2. 分组限制对算法的影响

MGP 算法中，选择、交叉、变异操作被限定在特定的组内。事实上，将选择操作限定在相同的组内是恰当的，这会将选择压力限制在较小的范围内。但是，对于交叉和变异操作，完全没有必要限定在同一组内。

通过实验分别验证了限制性操作和非限制性操作对算法性能的影响，结果如图 2.13 所示。图 2.13（a）表示将选择操作限制在同一组内（限制性选择）和不限制在同一组内（非限制性选择）MGP 算法的性能。明显地，基于限制性选择的 MGP 算法在给定的进化代数内找到了最优解，相反，基于非限制性选择的 MGP 算法没有收敛到最优解。这是因为，在通常情况下，树规模较大的个体比树规模较小的个体具有更高的适应性。然而，这并不意味着树规模较大的个体比树规模较小的个体优秀。这是因为随着进化过程向前发展，树规模增长后，将来树规模较小的个体有可能成长为最优个体。如果将选择操作限制在整个种群，树规模较小的个体有可能过早地失去长大的机会，导致算法不能收敛到全局最优解。

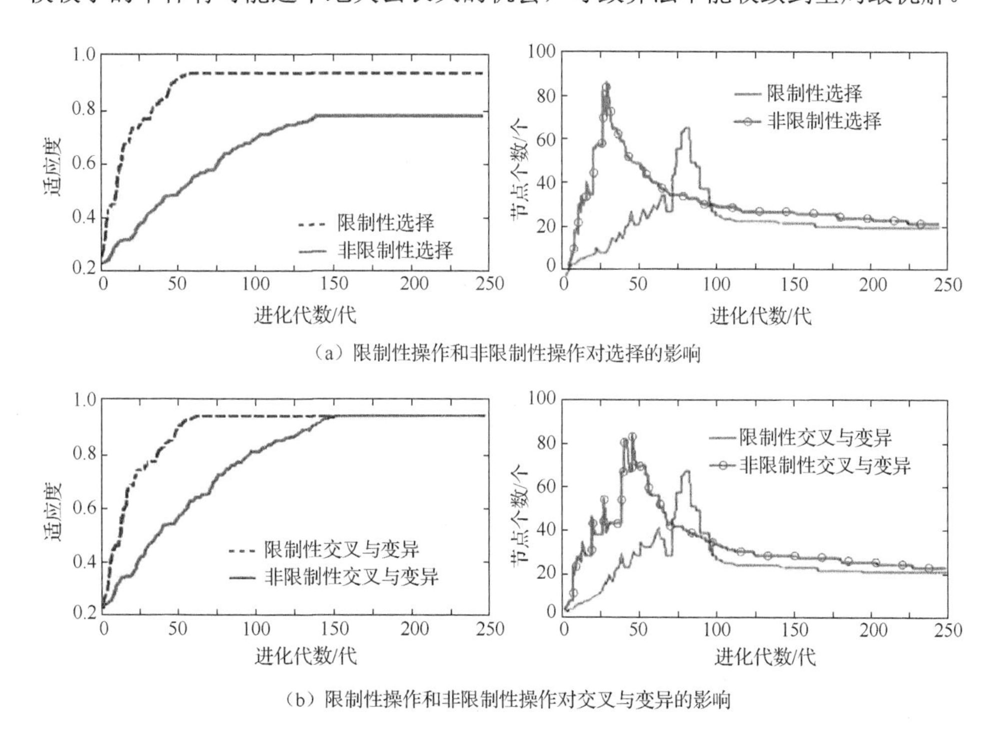

（a）限制性操作和非限制性操作对选择的影响

（b）限制性操作和非限制性操作对交叉与变异的影响

图 2.13 限制性操作和非限制性操作对算法性能的影响

此外，还验证了限制性操作和非限制性操作对交叉和变异的影响。从图 2.13（b）看到，在给定的最大进化代数内，两种算法都能找到最优解。但是，加入限制性操作后，算法花费的时间相对短一些，而且发现的树规模也相应地小一些。这是因为限制性操作限制了交叉和变异操作对进化连续性的破坏。

3. 求解树形结构个体优化问题

2003 年，Daida 等（2003b）提出了树形结构个体的优化问题。该问题只有两个函数和终端符，如公式（2.85）所示：

$$\text{Fitness}_{\text{raw}}(\text{tree}) = \text{Metric}_{\text{depth}} + \text{Metric}_{\text{term}} \tag{2.85}$$

式中，$\text{Metric}_{\text{depth}}$ 和 $\text{Metric}_{\text{term}}$ 分别被定义为

$$\text{Metric}_{\text{depth}} = W_{\text{depth}} \times \left(1 - \frac{|d_{\text{target}} - d_{\text{actual}}|}{d_{\text{target}}}\right) \tag{2.86}$$

$$\text{Metric}_{\text{term}} = \begin{cases} W_{\text{term}} \times \left(1 - \dfrac{|t_{\text{target}} - t_{\text{actual}}|}{t_{\text{target}}}\right), & \text{Metric}_{\text{depth}} = W_{\text{depth}} \\ 0, & \text{Metric}_{\text{depth}} \neq W_{\text{depth}} \end{cases} \tag{2.87}$$

当 d_{target} 和 t_{target} 分别表示目标解的宽度和叶节点的数量，d_{actual} 和 t_{actual} 分别表示个体的宽度和叶节点的数量时，树形结构个体优化问题中的树规模可由公式（2.88）表示：

$$S=2\times t_{\text{target}} - 1 \tag{2.88}$$

在本节中，利用文献（Daida et al.，2003b）中的两个测试问题来验证 MGP 算法和 GP 算法的性能。在第一个问题中，设置 t_{target} 为 256，d_{target} 变动范围为 8～255。在第二个问题中，设置 d_{target} 为 15，t_{target} 变动范围为 16～4000。实验结果如图 2.14 所示。

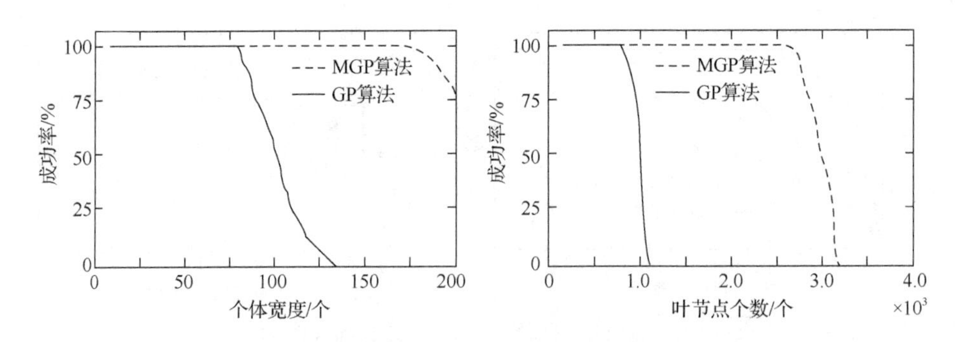

图 2.14　树形结构个体优化问题中两种算法的性能对比结果

运行 10000 代以后，结果显示 GP 算法不能有效地发现目标解，而 MGP 算法则有效得多。这是因为在 GP 算法中，交叉和变异操作是两个高度非连续的结构

化操作，但 GP 算法的表达方式又会导致个体表达的不连续性，这将使算法很难设计出合适步长的操作算子。然而，对于 MGP 算法，由于个体按年龄分为不同的组，交叉和变异操作是随着年龄的变化而改变的，这赋予了 MGP 算法良好的处理不连续问题的能力。

4. 求解多种数据集

在本节中，利用不同的数据集对比了 GP 算法、DTiGP 算法（König et al.，2010）和 MGP 算法的性能。运行时间、分类精度、属性个数、记录数和分类个数分别列在表 2.11 中。在数据集 Breast Cancer 与 Wine 中，删除了属性不全的记录。这里选取了不同数据集作为实验样本：分类个数变化范围为 2～7，属性个数变化范围为 4～56。在三种算法中，最大代数、种群规模、最大变异率分别设置为 100、100、10%。GP 算法的函数集由=、≠、>、<、≤、≥组成，针对每个数据集，删除完成 10 次独立交叉验证。算法运行 50 代，计算分类精度和运行时间的平均值，并将其列于表 2.11 中。

表 2.11　四种算法在不同数据集上的性能对比

数据集名称	属性个数	记录数	分类个数	C4.5 算法	GP 算法		DTiGP 算法		MGP 算法	
				分类精度/%	分类精度/%	运行时间/s	分类精度/%	运行时间/s	分类精度/%	运行时间/s
Lung cancer	56	32	3	45.3±22.4	55.8±12.6	8	58.8±11.8	9	72.4±3.4	8
Zoo	17	101	7	88.6±3.8	92.6±4.7	26	93.3±3.8	29	93.9±4.9	27
Iris	4	150	3	94.1±4.7	94.9±4.8	55	95.1±3.8	63	96.4±2.6	56
Wine	14	178	3	90.9±7.1	92.6±5.6	84	93.4±4.2	91	95.8±1.8	85
Glass	9	214	7	65.5±5.8	65.0±7.6	206	68.0±4.7	246	71.6±6.8	194
Heart Disease	13	270	2	74.5±8.2	78.8±6.8	103	78.2±4.8	116	79.9±5.2	94
Ionosphere	34	351	2	92.0±7.9	91.2±3.5	155	92.8±2.8	181	95.4±3.4	138
Balance Scale	4	625	3	77.8±6.2	98.6±0.8	288	98.8±0.6	326	100±0.0	204
Breast Cancer	9	683	2	95.1±1.3	95.9±1.6	326	97.2±1.0	384	97.8±1.2	263
Pima Indians	8	768	2	73.9±5.7	70.2±4.2	299	70.0±3.8	346	68.9±3.4	243
Car Evaluation	6	1748	4	87.0±3.5	91.0±1.5	624	93.0±0.6	719	94.6±1.7	552
Waveform	21	5000	3	75.2±1.6	77.2±2.0	2702	82.5±3.6	3911	92.5±2.0	1782

在表 2.11 中，还给出了 C4.5 算法的分类精度，作为算法的性能基准。由表 2.11 可知，除了数据集 Pima Indians（C4.5 算法超过 GP 算法和 MGP 算法）以外，MGP 算法比其他算法取得了更高的分类精度。并且，提高的分类精度不是来

源于计算过程的额外花费，而是来源于 MGP 算法中限制性算子操作。然而，随着记录数的增加，和 GP 和 DTiGP 两种算法相比，MGP 算法的时间代价越来越小。例如，对于数据集 Zoo、Iris、Wine，MGP 算法的运行时间略多于 GP 算法。然而，对于其他的大规模数据集，MGP 算法的运行时间远少于 GP 算法和 DTiGP 算法，原因主要是限制性操作的时间开销不同。当记录数为较大值时，限制性操作带来的效率远大于限制性操作本身的时间开销，此时 GP 算法的运行时间多于 MGP 算法的运行时间。对于 DTiGP 算法，其分类精度也基本高于 GP 算法，但是，其花费的运行时间多于 GP 算法。

第3章　化学反应优化算法

3.1　引　　言

3.1.1　化学反应优化算法概述

化学反应优化算法是由香港大学Lam和Li于2010年提出的一种元启发式优化算法（Lam et al.，2012a，2012b，2010；Alatas，2011；Xu et al.，2011a）。该算法融合了模拟退火和遗传算法的思想，其灵感来源于大自然中的化学反应现象，模拟密闭容器中化学分子的微观运动以寻求最小系统势能的过程。作者将势能作为目标函数，当势能达到最低时，算法就找到了最优解。该算法的特点是演化群体规模动态变化、个体之间信息交互方式多样化。

化学反应优化算法是基于化学反应过程中分子之间相互碰撞和能量守恒的元启发式算法，不仅具有化学反应的特点，而且遵守能量守恒定律。化学反应优化算法具有四个算子：分解（decomposition）算子、合成（synthesis）算子、与容器壁无效碰撞（on-wall ineffective collision）算子和分子之间无效碰撞（inter-molecular ineffective collision）算子。

1. 基本思想

容器中的分子不仅参与合成反应、分解反应、氧化反应和置换反应，而且每个分子都具有动能（kinetic energy，KE）和势能（potential energy，PE）以保持能量守恒。当分子的动能和势能降低，分子的能量会转移到容器（buffer）的能量中，能量既不能凭空增加也不能凭空消失，而是从一种形式转换为另一种形式。例如，当势能转换为动能后，系统将会变成一种无序的状态，即分子的动能增加，分子移动更快。从而，系统的稳定状态被打破。当系统倾向于稳定状态时，势能达到最小。在化学反应优化算法中，将势能作为目标函数。化学反应过程是将势能转换为动能，并逐渐将化学分子的能量转移到周围环境中。

2. 算法描述

化学反应优化算法通过分子动能和势能的驱动，使整个化学反应系统中的分子进行合成反应、分解反应、氧化反应和置换反应，是系统从一种不稳定的状态经历一系列反应之后达到稳定状态的过程。化学反应过程中，具有不同环境条件的分子，发生不同的基本反应，但每一种反应都有不同形式的能量转换。化学反应优化算法中，与容器壁无效碰撞算子对应的物理意义是氧化反应，分子之间无效碰撞算子对应的物理意义是置换反应，分解算子对应的物理意义是分解反应，合成算子对应的物理意义是合成反应。这四个算子在化学反应优化算法中扮演着演化算法中的演化算子角色，共同推动算法朝着最优解的方向搜索。

依据化学反应中分子参与的个数，化学反应优化算法的四个算子可分为两类：一类是单分子操作，包括与容器壁无效碰撞算子和分解算子；另一类是多分子操作，包括合成算子和分子之间无效碰撞算子。

合成算子和分解算子属于剧烈的反应算子，因为它们的反应将导致分子的结构发生变化。合成算子和分解算子是为了搜索距离当前解较远的分子而执行的全局勘探操作，而与容器壁无效碰撞算子和分子之间无效碰撞算子是为了在当前解附近搜索而执行的局部开采操作。

化学反应优化算法不仅执行化学反应的四个算子的操作，还需要保持系统能量的守恒。化学反应过程中合成算子和分解算子变化剧烈，导致势能变化较大，而与容器壁无效碰撞算子和分子之间无效碰撞算子变化相对不剧烈，因此势能变化也较小。化学反应优化算法通过能量守恒来实现分子平衡全局勘探和局部开采的能力。其基本算子的具体操作如下。

1）与容器壁无效碰撞算子

与容器壁无效碰撞算子是模拟分子与容器壁碰撞并且反弹回去，对应的数学定义为决策空间中的点在当前解附近搜索，该算子执行的是局部开采。该过程的数学表述如下所示：

$$w(i) \to w'(i) \tag{3.1}$$

式中，w 表示化学反应系统中的一个分子。在优化问题中，w 表示决策空间中的一个解。该算子的具体操作是在分子 w 的邻域搜索 $w'(i)$=Neighborhood($w(i)$)。根据问题的特点，该算子有选择地使用高斯变异或者柯西变异。

化学反应优化算法不同于其他启发式算法，除了分子参与运算外，还模拟能量守恒系统。在此算子执行过程中，分子的动能改变驱动势能改变，其动能变化如公式（3.2）所示：

$$\mathrm{KE}_{w'} = (\mathrm{PE}_w - \mathrm{PE}_{w'} + \mathrm{KE}_w) \times \alpha \tag{3.2}$$

式中，α 表示在[KELossRate,1]的随机选择，KELossRate 表示化学反应优化算法动能的损失参数。无效碰撞发生的条件是 $\mathrm{PE}_w+\mathrm{KE}_w \geqslant \mathrm{PE}_{w'}$，该算子执行完成后更新分子 $w = w'$，$\mathrm{PE}_w = \mathrm{PE}_{w'}$，$\mathrm{KE}_w = \mathrm{KE}_{w'}$，$\mathrm{Buffer} = \mathrm{Buffer} + \left(\mathrm{PE}_w + \mathrm{KE}_w - \mathrm{PE}_{w'}\right) \cdot (1-\alpha)$。

2）分解算子

分解算子是指分子与容器壁碰撞后，一个分子分解为两个分子或者更多的分子。与容器壁无效碰撞算子相比，分解算子反应更加剧烈且分解前和分解后的分子结构发生了很大的改变。搜索空间中，该算子能够在距离当前解较远的空间内进行搜索，从而执行全局搜索。分子 w 通过分解算子执行以后，一个分子 w 分解为两个分子 w_1' 和 w_2'。若当前分子能量很大，则可以执行分解算子。分解算子执行条件如公式（3.3）所示：

$$\mathrm{PE}_w + \mathrm{KE}_w \geqslant \mathrm{PE}_{w_1'} + \mathrm{PE}_{w_2'} \text{ 或者 Buffer} \geqslant \mathrm{PE}_{w_1'} + \mathrm{PE}_{w_2'} - (\mathrm{PE}_w + \mathrm{KE}_w) \tag{3.3}$$

计算化学反应中分解算子产生新分子的动能，如公式（3.4）和公式（3.5）所示：

$$\mathrm{KE}_{w_1'} = (\mathrm{PE}_w + \mathrm{KE}_w - \mathrm{PE}_{w_1'} + \mathrm{PE}_{w_2'}) \times k \tag{3.4}$$

$$\mathrm{KE}_{w_2'} = (\mathrm{PE}_w + \mathrm{KE}_w - \mathrm{PE}_{w_1'} + \mathrm{PE}_{w_2'}) \times (1-k) \tag{3.5}$$

式中，k 为[0,1]随机产生的一个随机数。

3）分子之间无效碰撞算子

分子之间无效碰撞算子和与容器壁无效碰撞算子类似，它是模拟分子之间碰撞后反弹回去的现象。该算子是分子在其搜索空间的周围搜索，从而执行局部搜索。分子之间无效碰撞算子的能量变化较小。因此，容器中的能量不参与运算，分子 w_1 和 w_2 通过碰撞之后变成 w_1' 和 w_2'。发生碰撞的条件如公式（3.6）所示：

$$\mathrm{PE}_w + \mathrm{KE}_w + \mathrm{PE}_{w_1} + \mathrm{PE}_{w_2} \geqslant \mathrm{PE}_{w_1'} + \mathrm{PE}_{w_2'} \tag{3.6}$$

反应后分子的动能变化如公式（3.7）和公式（3.8）所示：

$$\mathrm{KE}_{w_1'} = [\mathrm{PE}_{w_1} + \mathrm{KE}_{w_1} + \mathrm{PE}_{w_2} + \mathrm{KE}_{w_2} - (\mathrm{PE}_{w_1'} + \mathrm{PE}_{w_2'})] \times p \tag{3.7}$$

$$\mathrm{KE}_{w_2'} = [\mathrm{PE}_{w_1} + \mathrm{KE}_{w_1} + \mathrm{PE}_{w_2} + \mathrm{KE}_{w_2} - (\mathrm{PE}_{w_1'} + \mathrm{PE}_{w_2'})] \times (1-p) \tag{3.8}$$

4）合成算子

合成算子是分解算子的反向操作。当多个分子发生碰撞后，多个分子合成为一个分子，这种操作称为合成算子，即分子 w_1 和 w_2 合成为一个分子 w。w_1 和 w_2 将会搜索到距离当前解较远的个体，从而执行全局搜索。合成算子使得演化群体的个数减少，而分解算子使得演化群体的个数增加。因此，化学反应算法中的群体规模是随演化算子的执行而不断变化的。合成算子发生的条件如公式（3.9）所示：

$$\mathrm{KE}_{w_1} + \mathrm{KE}_{w_2} + \mathrm{PE}_{w_1} + \mathrm{PE}_{w_2} \geqslant \mathrm{PE}_{w'} \tag{3.9}$$

合成后分子的势能变化为

$$\mathrm{KE}_{w'} = \mathrm{KE}_{w_1} + \mathrm{KE}_{w_2} + \mathrm{PE}_{w_1} + \mathrm{PE}_{w_2} \tag{3.10}$$

化学反应优化算法流程图如图 3.1 所示。

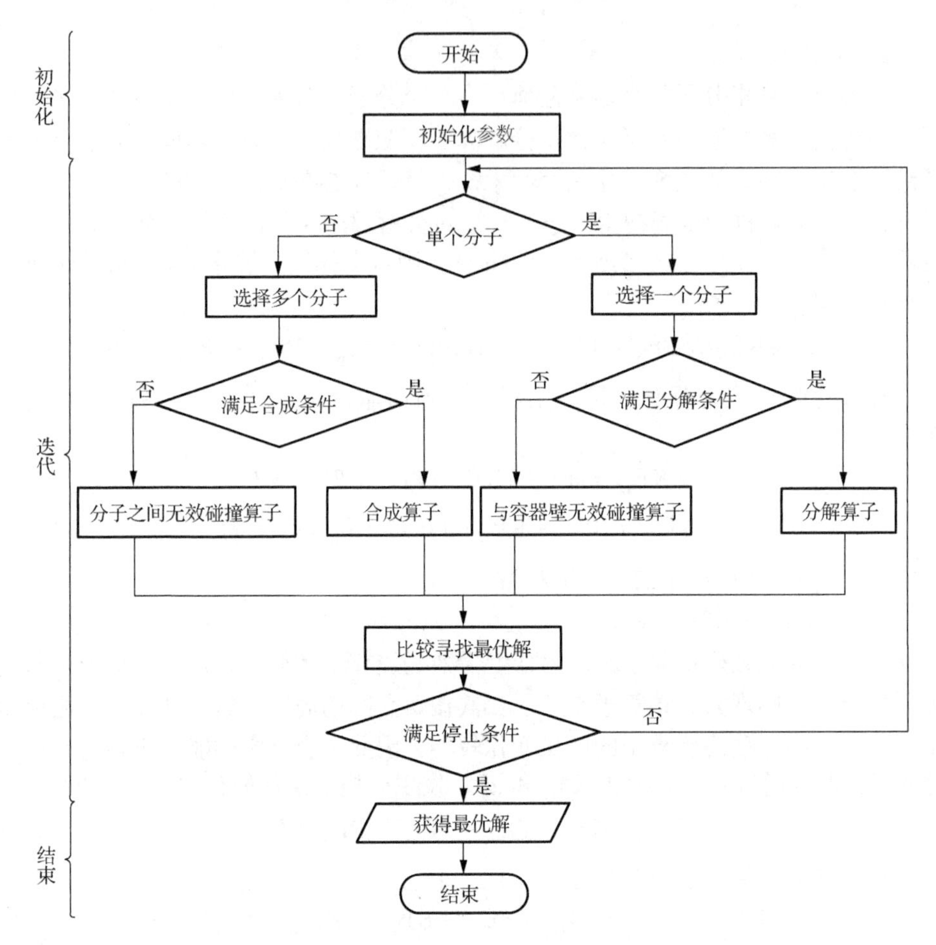

图 3.1　化学反应优化算法流程图

3.1.2　化学反应优化算法研究现状

目前，化学反应优化算法已经被广泛应用于求解离散和连续的复杂优化问题，并且算法在解决二次分配问题、神经网络训练、多模连续优化问题和多目标优化问题上表现出显著优势。

化学反应优化算法由 Lam 和 Li 于 2010 年提出，该算法首先作为离散的元启发式随机优化方法求解二次分配问题。同年，作者又提出连续的化学反应优化算法，用于求解单目标连续实值优化问题。

Truong 等（2013）提出具有贪婪策略的化学反应优化（chemical reaction optimization with greedy strategy，CROGS）算法，将该算法用于求解 0-1 背包问题，并解释了 CROGS 算法的算子设计和参数修改方法。结合贪婪策略和随机选择策略，选择新的修复函数达到修复不可行解的效果。实验结果证明，与遗传算法、蚁群优化算法和量子启发演化算法相比，CROGS 算法具有显著的性能优势。

Duan 等（2014）首次将化学反应算法用于求解多目标优化问题，并提出一种正交化学反应优化算法，用于求解实际的无刷直流电机设计问题。该算法是一种基于非支配排序的方法，在初始化阶段，作者设计了一种正交实验初始化方法，以改进算法的搜索性能。由实验结果可知，该算法在解决无刷直流电机设计问题时更具有竞争力。

Li 等（2015a）提出一种正交化学反应优化算法，用于解决单目标全局实值优化问题。作者指出，该算法在整个目标空间的搜索行为是一种随机搜索，这将会限制算法的搜索性能。正交实验设计是一种鲁棒的方法，它能够利用正交阵列的少量实验样本获得不同因素的最佳组合，从而拥有合理的系统搜索能力。同时，作者还提出一种混合机制来产生新的分子，通过局部搜索算子和量子正交交叉算子，使得算法能够快速有效地搜索到全局最优解。

Bechikh 等（2015）提出一种有效的化学反应优化算法，用于求解多目标优化问题。作者指出，化学反应优化算法是受化学反应过程中分子碰撞而启发，继承了其他元启发式算法（模拟退火和粒子群优化算法等）的一些特征。在处理多目标优化问题时，其最大的贡献是提出一种新准线性平均时间复杂度的快速非支配排序算法，使得化学反应优化算法能够有效地解决多目标优化问题。

Li 等（2015b）提出一种混合的粒子群和化学反应优化算法，用于解决单目标优化问题，其思路综合了化学反应优化算法的多样性和粒子群优化算法的快速收敛性优势。作者设计平衡化学反应优化算法和粒子群优化算法中算子的局部探索和全局开发能力，从而避免算法出现早熟收敛，并有效地增加算法多样性。此外，作者还修改了化学反应优化算法算子，并将新产生的分子保存到外部群体中，以增加演化群体的多样性。

Chang 等（2017）提出一种双重表征的化学反应优化（dual-representation chemical reaction optimization, DCRO）算法用于解决复杂网络检测。双重表征是指对解的编码采用两种表示，一种是基于局部的表示；另一种是基于向量的表示。前者确保解的有效性，后者便于强化搜索。这两种表示的结合使得 DCRO 算法能够在全局勘探和局部开采之间取得良好的平衡。实验仿真表明，DCRO 算法搜索到的社区结构更加接近实际社区网络结构。

3.2　基于分解的多目标化学反应优化算法

3.2.1　算法描述及分析

1. 基于分解的多目标化学反应优化算法

社会经济、城市供应、生态、教育等复杂系统存在着大量决策者很难决断的多目标优化问题，而演化算法具有并行特征，且一次搜索能够获得一组 Pareto 解集。因此，使用演化多目标算法解决此类问题具有重要意义。

本节采用基于分解的多目标演化算法作为优化框架（MOEA/D），将化学反应优化算法作为优化算子。本节提出一种基于分解的多目标化学反应优化算法，将一个多目标优化问题分解为多个单目标优化子问题（每个分子作为一个子问题，具有记录其自身能量、碰撞次数等属性）。每一个子问题具有邻域知识，使用化学反应优化算法将当前分子与其邻域的分子进行演化，寻找最优解。图 3.2 表示使用基于分解的多目标化学反应优化算法 MOCRO/D 分解一个两目标优化问题，图中每个分子有 8 个邻域，其中，函数 $\min g(x \mid \lambda^i)$ 对应 Pareto 最优解。当化学反应优化算法采用支配的方法解决多目标优化问题时，由于 KE 和 Buffer 要与 PE 参与运算，KE 和 Buffer 必须被转换为多维形式才可以将该算法用于解决多目标优化问题，以此方式求解多目标优化问题会使问题变得复杂。

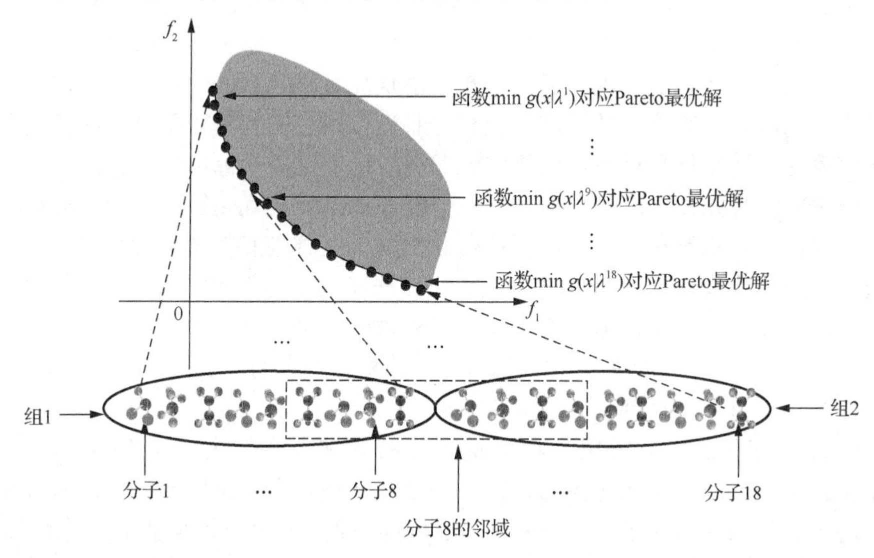

图 3.2　一个两目标优化问题的 MOCRO/D 的分解图

总而言之，综合化学反应优化算法和多目标优化问题的共同特点，使用化学反应优化算法解决多目标优化问题主要有两种思路，一种是修改化学反应优化算法，使其能够更契合多目标优化的特点而使用支配的方法解决；另一种是将多目标优化问题（multi-objective optimization problem，MOP）转换为单目标优化问题，使用化学反应优化算法来同时优化这些单目标问题。第一种思路需要修改化学反应优化算法的参数结构。例如，将 PE、KE 和 Buffer 等修改为多维形式。第二种方法相对比较简单，只需要将多目标优化问题分解为单目标优化问题，使用化学反应优化算法同时优化这些单目标子问题，而无须修改化学反应优化算法本身的结构。因此，本节采用第二种方法，即化学反应优化算法解决多目标优化问题。

化学反应优化算法的基本流程和工作原理在 3.1 节中已经给出。基于分解的多目标化学反应优化算法首先是将多目标优化问题分解为一系列单目标优化子问题。然后通过基本的化学反应优化算法同时优化这些子问题。本章采用切比雪夫分解的方法。切比雪夫方法初始化一组权重，每个子问题沿着权重方向搜索。每个子问题都有一个邻域 H。与容器壁无效碰撞算子和分子之间无效碰撞算子在子问题邻域周围搜索，即执行局部开采。分解算子和合成算子执行全局勘探。本节采用一种能量守恒原理来平衡各算子之间的勘探和开采能力，提高算法的搜索效率。在每一代中，由 N 个分子组成演化群体，在演化群体中使用化学反应优化算法，MOCRO/D 算法的伪代码如算法 3.1 所示，算法流程如图 3.3 所示。

算法 3.1　MOCRO/D 算法

1:	**Step 1：初始化**
2:	**Step1.1：**计算任意两个权重向量的欧氏距离，并找到每一个权重向量最近的 T 个权重向量。对于分子 $i = 1,\cdots, N$，设置每一个分子的邻域 $B(i) = \{i_1,\cdots, i_T\}$，其中 $\lambda^{i_1},\cdots,\lambda^{i_T}$ 是 λ^i 的最近权重
3:	**Step1.2：**产生初始化种群 N 个点 $\{x_1,\cdots,x_N\}$，并评价每个个体 $F(x_1),\cdots,F(x_N)$
4:	**Step1.3：**初始化参考点 $z^* = (z_1^*,\cdots,z_k^*)$，其中，$z_i^* = \min\{f_i(x) \mid x \in \mathrm{SD}\}$，对于 $i = 1,\cdots,K$
5:	**Step1.4：**计算 $\mathrm{FV}^1,\cdots, \mathrm{FV}^N$，其中 FV^i 是 x^i 的 F 值。例如，对于每一个分子 $i = 1,\cdots, N$，$\mathrm{FV}^i = F(x^i)$
6:	**Step 2：更新**
7:	**Step 2.1：**选择匹配或更新范围: 随机产生[0, 1]的一个随机数。设置 $P=\begin{cases}B(i), & \text{rand} < \delta \\ \{i=1,\cdots,N\}, & \text{其他}\end{cases}$
8:	**Step2.2：**选择参与运算分子的个数: 随机产生[0, 1]的随机数
9:	**if** 随机数 rand 小于分子碰撞次数 MoleColl 或者被选择的分子个数为 1
10:	**if** (子问题 i 的碰撞次数−子问题 j 的碰撞次数)>decThres
11:	执行分解算子 **Decomposition**(subproblems(i));
12:	计数器累加 count=count+2;
13:	**else**
14:	执行与容器壁无效碰撞算子 **On-wall**(subproblems (i));

15: 计数器累加 count=count+1；
16: **end if**
17: **else**
18: 选择两个子问题，从子问题 i 的邻域选择子问题 j；
19: **if** (subproblems (i).KE< SynThres) && (subproblems(j).KE< SynThres)
20: 执行合成算子 **Synthesis**(subproblems (i), subproblems (j))；
21: 计数器累加 count=count+1；
22: **else**
23: 执行分子之间无效碰撞算子 **InterMolecular**(subproblems (i), subproblems (j))；
24: 计数器累加 count=count+2；
25: **end if**
26: **end if**
27: **修改**：修改子问题 subproblems(i)和子问题 subproblems(j)的邻域
28: **更新**：对于每一个目标 $j(j=1,\cdots,m)$
29: **if** $z_j>f_j(y)$
30: 设置 $z_j=f_j(y)$；
31: **end if**
32: **更新解**: 设置计数器 count = 0 并继续执行如下操作：
33: **if** count = PopNum 或者子问题的个数为 0
34: 执行 **Step3**；
35: **else**
36: 随机从子问题解集中选择一个索引 j；
37: **end if**
38: **if** $g(y|\lambda^j,z)<g(x^i|\lambda^j,z)$
39: $x^j=y$, $FV^j=F(y)$；
40: **end if**
41: **Step 3**：停止标准
42: **if** count > PopNum
43: 设置迭代次数增加一次并且算法跳转到 **Step 2**；
44: **end if**

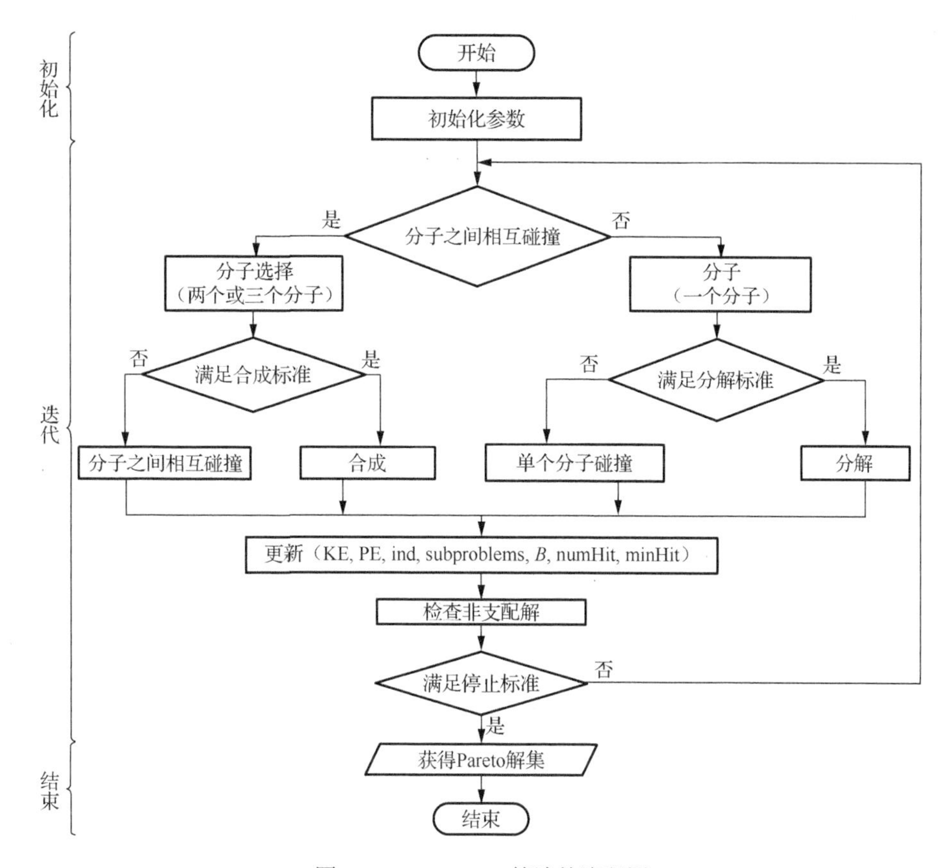

图 3.3　MOCRO/D 算法的流程图

2. 多目标扩展化学反应优化算法

多目标扩展化学反应优化（expanded chemical reaction optimization，ECRO）算法使用三个分子参与运算，使得更多分子之间进行信息交互，算法描述如下。

1）分解算子

原始解的 $n/2$ 个变量使用多项式变异来创建新的解，其中，n 是问题的决策变量个数。从一个解分解为两个解的伪代码，如算法 3.2 所示。

算法 3.2　多目标扩展化学反应优化算法的分解算子

1:　**输入：** 一个分子 w
2:　复制 w 到 w_1'、w_2'
3:　**for** change = 1 to $n/2$ **do**
4:　　随机地从集合$\{1, 2, \cdots, n\}$中选择变异位置 i 和 j
5:　　对分子 $w_1'(i)$和 $w_2'(i)$使用多项式变异

6:　**end for**

7:　**输出：**w_1' 和 w_2'

2）分子之间无效碰撞算子

多目标扩展化学反应优化算法的分子之间无效碰撞算子有三个分子参与运算。三个分子相互碰撞并反弹回去。分子 w_1、w_2 和 w_3 经历碰撞算子后变成分子 w_1'、w_2' 和 w_3'。分子之间的碰撞操作如公式（3.11）～公式（3.13）所示：

$$w_1' = w_1 + \text{rand} \times (w_2 - w_3) \tag{3.11}$$

$$w_2' = w_2 + \text{rand} \times (w_1 - w_3) \tag{3.12}$$

$$w_3' = w_3 + \text{rand} \times (w_1 - w_2) \tag{3.13}$$

实际的化学反应不仅是一个或者两个分子反应，而往往是有多个分子同时参与的复杂化学反应。例如，$4Fe(OH)_2+2H_2O+O_2 = 4Fe(OH)_3$ 为合成反应；$11P+15CuSO_4+24H_2O = 5Cu_3P+6H_3PO_4+15H_2SO_4$ 为置换反应。受到这种现象启发，设计了多目标扩展化学反应优化算法，使得更多分子参与其中，增加信息的交互。分子之间无效碰撞算子如算法 3.3 所示。

算法 3.3　多目标扩展化学反应优化算法的分子之间无效碰撞算子

1:　**输入：**分子 M_1、M_2、M_3

2:　复制 w_1、w_2、w_3 到 w_1'、w_2'、w_3'

3:　$w_1' = w_1 + \text{rand} \times (w_2 - w_3)$

4:　$w_2' = w_2 + \text{rand} \times (w_1 - w_3)$

5:　$w_3' = w_3 + \text{rand} \times (w_1 - w_2)$

6:　**输出：**w_1'、w_2' 和 w_3'

3）合成算子

多目标扩展化学反应优化算法的合成算子使用三个分子通过碰撞合成一个分子。这一反应通常是剧烈的，w_1、w_2 和 w_3 通过改进的合成算子重新合成为一个分子 w'。首先从演化群体中选择三个分子 $w_i (1 \leqslant i \leqslant 3)$，合成算子执行公式（3.14）～公式（3.16）：

$$k = \frac{\sum_{i=1}^{3} w_i}{3} \tag{3.14}$$

$$t_i = 2k - w_i \tag{3.15}$$

$$w' = (1-\alpha)w + \alpha t_i \tag{3.16}$$

式中，k 为三个分子的质心；t_i 为每个分子合成之前围绕质心的一个虚拟映射；$\alpha=2r-0.5$，r 为一个随机数；w'为三个分子合成的分子。本节改进合成算子的思想来源于参考文献（Corne et al.，2001，2000）。

3. 算法分析

为了讨论 MOECRO/D 算法的收敛性，首先回顾一下单目标演化算法的收敛性。假设 x 为决策变量，I 为决策变量空间，F 为适应度函数，t 为演化代数。当满足条件：

（1）存在 x，$y \in I$，y 为 x 通过演化操作所得到（即可达性）；

（2）群体演化序列 $P(0)$，$P(1)$，…，是单调的，即

$$\forall t: \min\{F(x(t+1) \mid x(t+1) \in P(t)) \leqslant \min\{F(x(t) \mid x(t) \in P(t))\}\} \tag{3.17}$$

学者已经证明了单目标演化算法将以概率 1 收敛到全局最优解，而在多目标情况下，以上两个条件都不合适。一是，单目标优化时可行解集是全序的，而多目标优化时可行解集是偏序的；二是，基于 Pareto 支配方法的目标函数计算不同于单目标优化的目标函数值，它在不同的演化代时可能具有不同的值；三是，多目标演化的解个体是一个向量，而且演化结束时获得一组解集。

MOECRO/D 的收敛过程是通过算法获得的 Pareto 前沿不断逼近真实的 Pareto 前沿实现的。为了描述不同演化代之间的关系，下面给出了相关的定理。

定理 3.1 在 MOECRO/D 算法中，演化群体的更新机制使得算法能够以概率 1 收敛到真实 Pareto 最优解集。

证明： 当经历演化算子后分子需要更新，其数学表达式是 $P(t+1) = M_f(P(t+1) \cup P(t), \prec)$。假设在 $P(t)$中的一个分子 $x \in F^*$，它将会被放到 $P(t+1)$中。在 $P(t)$中被支配的分子将会被删除，同时在搜索空间中任意一个 x 将满足 $p(P(t)) \geqslant \varepsilon$，$0<\varepsilon<1$。因此，若存在任意一个 $x^* \in F^*$，则

$$p(x^* \in P(t)) = 1 - \prod_{i=1}^{t}(1 - p(x^* \in P(i))) \geqslant 1 - (1-\varepsilon)^t \tag{3.18}$$

那么 $\lim\limits_{t \to \infty} p(x^* \in P(t)) \geqslant \lim\limits_{t \to \infty}(1 - (1-\varepsilon)^t) = 1$。

因此，当 $t \to \infty$时，存在任意一个 $x^* \in F^*$，$p(x^* \in P(t)) \to 1$。同时，随着 $t \to \infty$时，$P(t)$中被支配解的个数将趋近于 0。因此，MOECRO/D 算法能够以概率 1 收敛到真实 Pareto 最优解集。

3.2.2 实验结果及讨论

1. 实验设置

在本节的实验中，设置 MOCRO/D 和 MOECRO/D 算法的参数：initKE=10000，initBuffer=100，decThres=800，SynThres=15，lossRate=0.1，collRate=0.2。其中，initKE 控制分子的动能，initBuffer 控制容器中总能量，decThres 是执行分解算子的阈值，SynThres 是执行合成算子的阈值，collRate 是分子之间是否碰撞的阈值。在 MOCRO/D、NSGA-Ⅱ、NNIA、SMPSO 和 NCRO 算法中，使用多项式变异，

变异率是 1/D，其中 D 为决策变量的维数。对于两目标的 ZDT 测试系列，演化群体规模 N 设置为 100；对于三个目标的 DTLZ 测试系列，演化群体规模 N 设置为 300，所有算法的函数评价次数用 Max_FES 表示。对于 ZDT1、ZDT2、ZDT3 和 ZDT6，Max_FES 设置为 10000，对于测试函数 ZDT4，Max_FES 设置为 30000，维数 D 设置为 10。其他测试函数维数 D 设置为 30。对于三个目标的 DTLZ 测试函数，最大函数评价次数设置为 50000。针对变量相关的复杂测试函数 CEC 2009，最大函数评价次数设置为 300000，邻域规模 $T = 0.1 \cdot N$ 。

所有的实验测试在配置为 Inter(R) Core(TM) i7-3770 CPU @ 3.40GHz 以及 4.00 GB 的台式电脑运行完成，测试软件为 Windows 7 操作系统下的 Matlab 2015。Max_FES 作为所有比较算法的终止条件。为了减少随机误差，在每个测试函数上，每种对比算法独立运行 20 次，记录每种算法每次运行的评价性能指标。

2. 结果及讨论

1）变量不相关测试问题的实验结果及分析

为了验证 MOECRO/D 和 MOCRO/D 算法的性能，将提出的算法与 NCRO、MOEA/D-DE、NSGA-Ⅱ、NNIA、MOEA/D-DRA、IBEA、SMPSO 和 IM-MOEA 算法在 ZDT 和 DTLZ 测试集上进行比较，采用反世代距离（inverted generational distance，IGD）性能指标评价算法的性能。表 3.1 给出了十种算法在测试集 ZDT 和 DTLZ 上获得的实验结果。表中数值为每个算法在 ZDT 和 DTLZ 测试函数上 IGD 性能指标的均值和方差，其中括号内的数值表示方差，加粗且添加灰色背景部分表示该算法在 IGD 性能指标上均优于其他算法。

从表 3.1 中前五列的实验结果可以看出，MOECRO/D 较 MOCRO/D 总体上具有明显的性能优势。具体而言，MOECRO/D 在 ZDT1～ZDT4、ZDT6 测试问题上均优于 MOCRO/D。其优异的结果主要得益于改进的算子，该算子使得基于分解的扩展化学反应优化算法能够加强分子的局部开发和全局勘探能力，从而引导演化群体加快搜索，并提高算法的收敛性。

从表 3.1 中后五行的实验结果可以看出，MOECRO/D 较 MOCRO/D 总体上具有明显的性能优势。具体而言，MOECRO/D 在非凸 Pareto 前沿的 DTLZ1 和 DTLZ4 测试问题上均优于 MOCRO/D 和其他对比算法，仅在 DTLZ2、DTLZ3 和 DTLZ6 测试问题上分别劣于 NCRO、MOEA/D-DE 和 NSGA-Ⅱ算法。其优异的结果主要得益于扩展多目标化学反应优化算法采用三个分子参与运算，使得算法更好地增加信息之间的交互。

2）变量相关测试问题的实验结果及分析

为了进一步验证所提出算法的性能，本节使用变量相关的 CEC 2009 测试函数验证算法的搜索性能。表 3.2 列出了经过 20 次运行之后所得的十种算法在测试

表 3.1　十种算法在测试集 ZDT 和 DTLZ 上 IGD 性能指标的均值和方差

测试函数	MOECRO/D	MOCRO/D	NCRO	MOEA/D-DE	NSGA-Ⅱ	NNIA	MOEA/D-DRA	IBEA	SMPSO	IM-MOEA
ZDT1	4.269E-3 (6.780E-6)	4.270E-3 (5.884E-4)	6.240E-3 (2.822E-3)	3.653E-3 (2.103E-6)	4.696E-3 (1.435E-4)	5.372E-3 (1.884E-3)	3.706E-3 (6.355E-6)	8.870E-3 (4.862E-3)	1.055E-1 (1.256E-1)	**3.330E-3** (4.483E-4)
ZDT2	3.505E-3 (4.143E-6)	4.060E-3 (5.501E-6)	4.911E-3 (1.003E-3)	3.777E-3 (3.094E-7)	4.724E-3 (1.390E-4)	4.221E-3 (9.720E-3)	3.806E-3 (4.679E-6)	1.528E-1 (1.358E-1)	9.407E-2 (1.170E-1)	**2.560E-3** (1.344E-4)
ZDT3	1.063E-2 (1.274E-5)	1.285E-2 (3.434E-5)	1.044E-2 (1.671E-3)	4.123E-1 (4.544E-7)	4.724E-3 (1.788E-4)	4.375E-3 (5.285E-5)	4.123E-1 (9.740E-6)	3.100E-2 (3.747E-4)	1.537E-1 (5.102E-2)	**3.88 E-3** (1.861E-4)
ZDT4	4.068E-3 (6.661E-4)	4.697E-3 (7.119E-3)	6.654E-1 (2.679E-2)	3.592E-3 (6.125E-6)	4.880E-3 (7.713E-4)	6.735E-3 (3.187E-3)	3.752E-3 (1.101E-4)	1.2147E-1 (6.329E-1)	3.768E-3 (5.909E-5)	**2.833E-3** (6.598E-5)
ZDT6	1.278E-2 (1.047E-4)	2.350E-2 (7.559E-5)	3.927E-1 (9.298E-3)	**2.715E-3** (8.819E-6)	4.261E-2 (6.549E-5)	5.213E-2 (3.245E-4)	2.739E-3 (4.436E-6)	1.280E+0 (7.652E-1)	9.760E-1 (3.286E-1)	2.731E-3 (1.194E-4)
DTLZ1	**1.618E-2** (1.318E-5)	2.083E-2 (7.318E-5)	1.760E-2 (3.020E-3)	1.653E-2 (1.439E-4)	3.982E-2 (1.121E-3)	2.793E-2 (3.370E-4)	1.658E-2 (3.302E-4)	1.472E-1 (2.439E-2)	2. 646E-2 (7.679E-4)	3.876E-1 (2.465E-1)
DTLZ2	4.153E-2 (3.378E-4)	4.457E-2 (4.391E-4)	**3.865E-2** (7.157E-4)	4.155E-2 (4.312E-4)	4.696E-2 (1.435E-3)	4.569E-2 (3.164E-3)	4.280E-2 (8.601E-4)	9.952E-2 (1.022E-2)	7.242E-2 (3.563E-3)	3.876E-1 (2.465E-1)
DTLZ3	4.354E-2 (1.980E-3)	8.441E-2 (3.237E-3)	6.243E-1 (4.754E-1)	**4.229E-2** (2.856E-4)	8.741E-2 (5.430E-2)	6.921E-2 (8.540E-3)	4.426E-2 (5.166E-4)	5.874E-1 (5.194E-3)	7.231E-2 (3.998E-3)	3.876E-1 (2.465E-1)
DTLZ4	**2.267E-2** (3.417E-4)	4.617E-2 (1.938E-3)	4.048E-2 (3.754E-4)	4.222E-2 (1.729E-4)	3.951E-2 (1.365E-3)	2.762E-2 (1.118E-3)	4.340E-2 (2.935E-4)	2.203E-1 (2.241E-1)	7.205E-2 (1.150E-3)	3.876E-1 (2.465E-1)
DTLZ6	6.175E-2 (1.525E-3)	6.340E-1 (2.324E-3)	6.428E-1 (9.017E-1)	4.331E-1 (2.123E-3)	**4.156E-2** (1.483E-3)	7.193E-2 (1.991E-3)	4.323E-1 (1.772E-3)	3.692E+0 (9.544E-3)	3.695E+0 (1.258E-5)	3.876E-1 (2.465E-1)

表 3.2　十种算法在测试集 CEC 2009 上 IGD 性能指标的均值和方差

测试函数	MOECRO/D	MOCRO/D	NCRO	MOEA/D-DE	NSGA-Ⅱ	NNIA	MOEA/D-DRA	IBEA	SMPSO	IM-MOEA
UF1	4.798E-3	5.855E-2	4.765E-1	2.787E-2	9.473E-2	1.040E-1	**4.351E-3**	9.297E-2	3.397E-2	4.346E-2
	(1.433E-3)	(1.419E-2)	(5.041E-1)	(1.038E-2)	(3.249E-3)	(1.817E-2)	(2.978E-4)	(1.188E-2)	(1.719E-2)	(1.365E-1)
UF2	**5.007E-3**	1.676E-2	2.412E-2	2.500E-2	3.5071E-2	3.389E-2	6.517E-3	3.431E-2	1.603E-2	1.477E-2
	(1.019E-3)	(4.009E-3)	(2.904E-3)	(1.513E-2)	(1.479E-3)	(1.005E-2)	(1.82 E-3)	(3.935E-3)	(5.186E-3)	(5.252E-3)
UF3	**1.890E-2**	3.045E-2	2.582E-1	1.807E-1	9.082E-2	1.918E-1	7.896E-2	3.056E-1	3.162E-2	6.138E-2
	(4.859E-2)	(3.523E-2)	(6.870E-2)	(3.416E-2)	(1.682E-2)	(5.151E-2)	(7.896E-2)	(1.251E-2)	(8.793E-3)	(1.283E-2)
UF4	**3.547E-2**	5.542E-2	4.378E-2	3.934E-2	8.074E-2	4.933E-2	6.385E-2	6.187E-2	4.845E-2	4.196E-2
	(2.181E-3)	(2.538E-3)	(1.939E-4)	(4.898E-3)	(2.809E-3)	(3.469E-3)	(5.341E-3)	(5.572E-3)	(2.699E-3)	(2.126E-3)
UF5	3.014E-1	**1.694E-1**	5.331E-1	4.494E-1	2.201E-1	4.215E-1	1.807E-1	2.815E-1	1.285	2.234E-1
	(2.225E-2)	(3.136E-2)	(1.871E-1)	(1.382E-1)	(5.162E-2)	(1.514E-1)	(6.811E-2)	(4.128E-2)	(2.395E-1)	(5.160E-2)
UF6	1.763E-1	2.439E-1	1.777E-1	2.664E-1	8.073E-2	3.498E-1	**5.870E-3**	3.895E-1	3.305E-1	1.836E-1
	(6.829E-2)	(1.159E-1)	(8.327E-2)	(9.155E-2)	(6.460E-3)	(1.978E-1)	(1.713E-3)	(1.771E-1)	(1.987E-1)	(6.163E-2)
UF7	**4.358E-3**	1.291E-1	3.562E-1	8.366E-3	4.898E-2	1.619E-1	4.442E-3	9.063E-2	1.245E-2	1.412E-2
	(1.845E-4)	(1.142E-1)	(1.816E-2)	(3.399E-3)	(1.959E-3)	(2.194E-1)	(1.173E-3)	(1.081E-1)	(3.334E-3)	(2.641E-3)
UF8	5.889E-2	1.169E-1	5.769E-1	6.155E-2	1.132E-1	2.639E-1	**5.840E-2**	4.383E-1	2.060E-1	1.539E-1
	(3.876E-3)	(3.542E-2)	(6.778E-2)	(4.685E-3)	(2.742E-3)	(5.353E-2)	(4.215E-3)	(8.587E-4)	(5.325E-2)	(1.564E-2)
UF9	**4.332E-2**	1.239E-1	2.615E-1	6.933E-2	1.070E-1	4.437E-1	4.970E-1	2.604E-1	3.976E-1	9.605E-2
	(3.563E-3)	(5.772E-2)	(8.357E-2)	(5.409E-2)	(6.810E-4)	(1.088E-1)	(3.809E-2)	(6.205E-3)	(5.606E-2)	(3.624E-2)
UF10	**2.353E-1**	4.073E-1	6.912E-1	2.686E-1	2.599E-1	9.938E-1	4.741E-1	4.646E-1	3.860E-1	3.407E-1
	(6.311E-2)	(1.753E-1)	(7.235E-1)	(7.655E-2)	(1.254E-2)	(2.612E-1)	(7.360E-1)	(1.949E-2)	(3.746E-2)	(6.147E-2)

集 CEC 2009 上 IGD 性能指标的均值和方差。从实验结果可以看出，MOECRO/D 算法在测试函数 UF2、UF3、UF4、UF7、UF9 和 UF10 上表现出较其他对比算法具有更显著的 IGD 性能指标。附录 A 中给出了各个对比算法在 UF 测试函数上获得的 Pareto 最优前沿。针对具有非凸 Pareto 最优前沿的 UF1～UF7 测试函数，从附录 A 和表 3.2 的结果可以看出，MOECRO/D 算法较其他对比算法具有更好的性能指标、收敛性和多样性。针对测试函数 UF5，MOECRO/D 表现出比 NCRO、MOEA/D-DE、NNIA 和 SMPSO 更好的 IGD 性能指标。针对三个目标测试函数 UF8～UF10，MOECRO/D 算法在 UF9 和 UF10 测试函数上具有较其他对比算法更好的 IGD 性能指标。在 UF8 测试函数上，劣于 MOEA/D-DRA 算法。

总而言之，针对变量相关的多目标测试系列 UF，MOECRO/D 算法总体上较其他对比算法具有更好的性能指标。MOCRO/D 算法在求解复杂的变量相关测试问题时，IGD 性能指标的均值和方差表现出不显著的特性。实验结果可知，基于分解的多目标扩展化学反应优化算法 MOECRO/D 改进了基本化学反应优化算法 MOCRO/D 的性能，它采用了更多的分子参与交互，促进算法全局勘探和局部开发，通过化学反应系统的内部调节达到全局勘探和局部开发的平衡。

3.3　基于自组织映射的混合化学反应优化算法

3.3.1　算法描述

1. 算法基础

1）自组织映射

自组织映射（self-organizing map，SOM）是一种基于竞争性学习的无监督系统（Kohonen，1998）。输出神经元之间通过竞争激活一个优胜者，这种竞争通过神经元之间横向抑制连接（负反馈路径）的方式来实现，导致神经元被迫进行自身的重新组合。

SOM 的主要目标是将任意维度的输入信号模式转换为一维或二维离散映射，并以拓扑有序的方式自适应地执行这种变换。也就是通过训练数据找到每个神经元的表征向量 w^u，从而进行特征识别。它使用邻域函数保存数据的拓扑结构，二维 SOM 的拓扑图如图 3.4 所示。

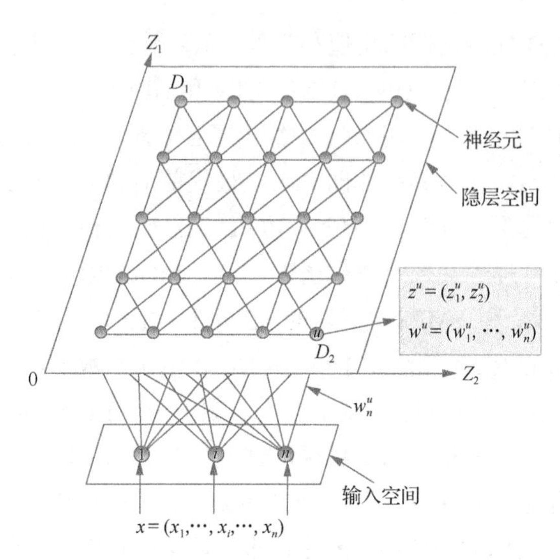

图 3.4　二维 SOM 的拓扑图

SOM 的过程主要包括两个阶段。①学习阶段。SOM 利用对所选数据点的权向量距离最近的训练数据点不断地更新迭代，通过学习数据中的显著特性，以便为将来的特征识别做准备。②聚类阶段。SOM 根据权向量将输入数据映射到隐层空间的神经元上，将输入数据的拓扑结构保持在隐层空间的神经网络中，基于此结构进行输入数据的划分聚类。

SOM 框架如算法 3.4 所示。在算法 3.4 中，G、σ_0 和 τ_0 分别表示最大迭代次数、初始邻域半径和初始学习率。

算法 3.4　SOM 框架

1: 初始化：每一个神经元的权重向量作为训练数据集并且将其作为一个训练点的权向量

2: S 为训练数据集

3: **for** $g=1, \cdots, G$ **do**

4: 　　调节邻域半径 σ 和学习率 τ

5: 　　更新邻域半径和学习率 $\sigma=\sigma_0\times\left(1-\dfrac{g}{G}\right)$，$\tau=\tau_0\times\left(1-\dfrac{g}{G}\right)$

6: 　　从 S 随机选择一个训练点 $x\in s$

7: 　　找到距离训练点最近的神经元：$u'=\arg\min\limits_{1\leqslant u\leqslant D}\left\|x-w^u\right\|_2$

8: 　　确定邻近神经元 $U=\left\{u|1\leqslant u\leqslant N\wedge\left\|z^u-z^{u'}\right\|_2<\sigma\right\}$

9: 　　更新所有的邻近神经元（$u\in U$）的权向量 $w^u=w^u+\tau\cdot\exp\left(-\left\|z^u-z^{u'}\right\|\right)\cdot(x-w^u)$

10:	**end for**
11:	返回权向量和对应的输入点 w^u（u=1,⋯, N）

2）粒子群优化算法

PSO 算法是一种基于种群的多点搜索算法。在一个 D 维的搜索空间中，一组没有质量和体积的粒子随机地分布在搜索空间中，每个粒子有两个属性，即位置向量和速度向量。速度向量的更新是根据个体历史最优点 pbest 和全局历史最优点 gbest 更新的。起初，每个粒子随机地分布在解空间中，通过个体向自我认知（pbest）和社会认知（gbest）学习，最后收敛到一个最优解。具体操作过程如算法 3.5 所示。

算法 3.5　PSO 算法

1:	**Step 1:** 初始化种群
2:	**Step 2:** 评价每个粒子的目标函数值并且记录个体最优解和全局最优解
3:	**Step 3:** 更新每一个粒子的速度向量和位置向量
4:	**Step 4:** 评价所有粒子的速度向量和位置向量
5:	**Step 5:** 更新个体历史最优点 pbest 和全局历史最优点 gbest
6:	**for** i=1: N
7:	**if** $f(x_i)$< pbest_i
8:	$\text{pbest}_i=f(x_i)$;
9:	**end if**
10:	**if** $f(x_i)$<gbest
11:	gbest=$f(x_i)$;
12:	**end if**
13:	**end for**
14:	**Step 6:** 如果满足预先定义的停止标准，那么算法停止，并输出最优解集；否则返回到 **Step 3**

在本节中，粒子 i 的位置向量表示为 $x_i=(x_{i1},\cdots,x_{id},\cdots,x_{iD})$，速度向量表示为 $v_i=(v_{i1},\cdots,v_{id},\cdots,v_{iD})$。基本的 PSO 算法位置向量和速度向量更新描述分别如公式（3.19）和公式（3.20）所示：

速度向量更新公式为

$$v_{i,d}^{k+1}=w\times v_{i,d}^{k}+c_1\times r_1^k\times(p_{i,d}^{k+1}-x_{i,d}^{k})+c_2\times r_2^k\times(p_{g,d}^{k+1}-x_{i,d}^{k}) \tag{3.19}$$

位置向量更新公式为

$$x_{i,d}^{k+1}=x_{i,d}^{k}+v_{i,d}^{k+1} \tag{3.20}$$

式中，$1 \leqslant i \leqslant N$，$N$ 为种群规模；$1 \leqslant d \leqslant D$，$D$ 为决策变量个数；k 为迭代次数；c_1 影响粒子向个体历史最优解靠近；c_2 影响粒子向全局历史最优解附近靠近；r_1、r_2 为两个随机系数，是为了避免粒子在搜索过程中飞出搜索空间而增加的，随机系数的范围在[0,1]，这样保证了把粒子运动限制在一定范围之内；$p_{i,d}^{k+1}$ 为粒子 i 在第 k+1 次迭代中第 d 维的个体最好值；$p_{g,d}^{k+1}$ 为粒子 i 在第 k+1 次迭代中第 d 维的全局最好值。PSO 算法的主要特点是收敛速度快，但易陷入局部最优。

2. 混合化学反应优化算法描述

本节提出基于自组织映射的混合化学反应优化和粒子群优化（SMHPCRO）算法。算法使用了自组织映射发现种群的分布信息，个体的全局最优解从演化群体中选择，个体 i 的局部最优从其邻域中选择。为克服 PSO 算法容易早熟收敛的缺点，使用了混合化学反应优化和粒子群优化算法提高算法的性能。

1）环境选择

在演化算法中，环境选择的作用很重要，其目的是选择优良个体进入下一代。在本节介绍环境选择之前先介绍适应值赋予，具体操作流程如算法 3.6 所示。本节采用如下的适应值赋予方法，在演化群体 Q 中个体 i 的适应值 $F(i)$是支配个体 i 的个体数量，其定义如下：

$$F(i)=|\{j \in Q \mid j \prec i\}| \tag{3.21}$$

式中，$|\cdot|$表示个体 i 被支配的解所组成的解个数。这种计算适应值的方法简单并且计算有效。当一个个体 e 进入精英种群解集 $\overline{P}$ 中时，使用支配的方法对 e 和演化群体 P 中个体 i 进行比较。外部档案 A 通过具有最低适应度的个体填充，当 A 中解的个数小于种群规模 N 时，就从演化群体 P 中选出 N 个精英个体；当 A 中个体数量等于 N 时，演化群体中的精英个体由外部档案中的所有个体构成；当外部档案中个体数量大于种群规模 N 时，用一个截断算子将多余的个体删除，直到外部档案中的个体数为 N 时，停止截断算子，然后将外部档案的个体复制到精英种群 $\overline{P}$ 中。

算法 3.6　适应值赋予

1: **输入:** 初始化演化群体 P
2: 　设置 $A=\varnothing$，$\overline{P}=\varnothing$，Q 中的每个个体赋予一个适应值
3: 　**for** i=1: $|Q|$
4: 　　**if** $F(i)$<1
5: 　　　从种群 P 中复制 x_i 到外部档案 A 中
6: 　　**end if**

7:　**end for**
8:　**if** $|A|<N$
9:　　依照适应值的排序，从种群 P 中复制前 N 个体到精英种群 $\overline{P}$ 中
10:　**else**
11:　　**if** $|A|==N$
12:　　　设置 $\overline{P}:=A$
13:　　**else**
14:　　　通过一个截断算子将外部档案中大于 N 的个体删除，复制外部档案 A 中 N 个个体到 $\overline{P}$ 中
15:　　**end if**
16:　**end if**
17:　**输出:** A(外部档案)，$\overline{P}$ (N 个精英解)

2）混合化学反应优化和粒子群优化算法

CRO 算法具有较好的多样性搜索特性，PSO 算法具有较好的快速收敛特性。因此，将两种算法相结合，可以弥补各自的缺点，具体操作流程如算法 3.7 所示。然而，在使用 PSO 算法解决多目标优化问题时，会遇到 gbest 和 pbest 的选择问题。这是因为，解决多目标优化问题与单目标优化问题不同的是，多目标优化问题的最优解是一组 Pareto 最优解集，而单目标优化问题的最优解是一个极值点。在单目标优化中，通过比较函数值的大小，能够找到唯一的 gbest 和 pbest。然而，在解决多目标优化问题时，pbest 或者 gbest 可能存在多个解。若当前解在 A 点时，则搜索方向朝着靠近最优 Pareto 前沿方向搜索，如图 3.5（a）所示；若当前解在 B 点时，则搜索方向朝着靠近最优搜索方向的反方向搜索，如图 3.5（b）所示；若当前解在 C 点时，则搜索方向朝着靠近最优搜索方向的反方向搜索，如图 3.5（c）所示；若当前解在 D 点时，则搜索方向朝着最优 Pareto 前沿方向搜索，如图 3.5（d）所示。针对 pbest 和 gbest 随机选择导致算法有可能朝着反方向搜索的问题，本节提出一种基于混合化学反应优化和粒子群优化算法。

算法 3.7　混合化学反应优化和粒子群优化算法

1:　**输入**: 演化群体为 P
2:　**if** 分子或者粒子满足 PSO 算法更新条件
3:　　执行 PSO 算法更新公式（3.19）和公式（3.20）
4:　**else**
5:　　执行 CRO 算法的两个算子，与容器壁无效碰撞算子和合成算子

6:　**end if**

7:　**输出**: 最小极值点

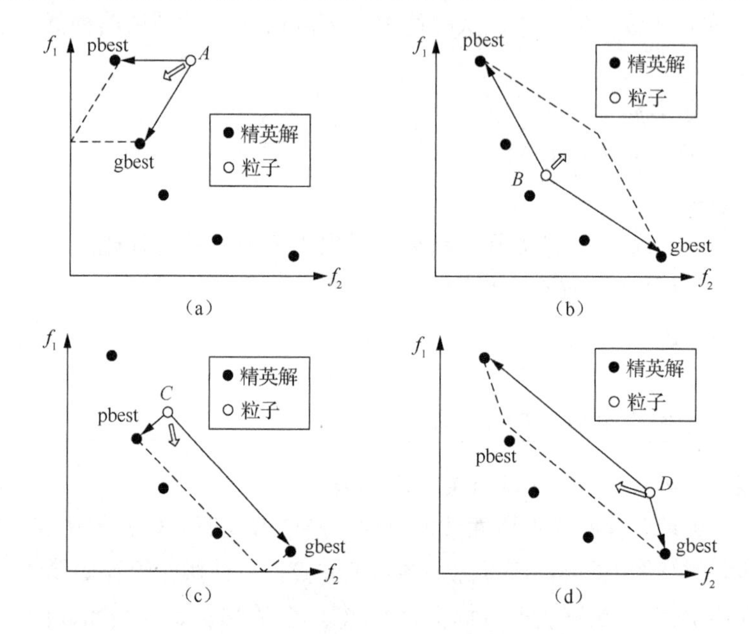

图 3.5　粒子移动方向的可能性分析

针对 PSO 算法在解决多目标优化问题时表现出的弱势，本节首先提出一种新的搜索模式。在 SMHPCRO 算法中，速度向量更新公式被定义如公式（3.22），位置向量更新公式不变，同公式（3.20）：

$$\begin{cases} v_i(t+1) = wv_i(t) + c_i r_3 (x_{\text{pbest}_i} - x_i(t)), & r_3 < \sigma \\ v_i(t+1) = wv_i(t) + c_1 r_3 (x_{\text{gbest}_i} - x_i(t)), & r_3 \geqslant \sigma \end{cases} \tag{3.22}$$

式中，r_3 表示[0,1]的随机数；σ 表示进行全局引导或局部引导的参数，其范围在[0.5,0.9]。

本节提出的混合化学反应优化和粒子群优化算法，能够增加算法的多样性。在混合算法中，化学反应优化算法的与容器壁无效碰撞算子和合成算子增强演化搜索的多样性。混合化学反应优化和粒子群优化算法的流程如图 3.6 所示。

3）演化群体更新

在 SMHPCRO 算法中，演化群体的更新包括参与算子操作的群体 P 和外部档案 A。演化群体 P 中产生新的解 y，P 的更新是用 y 替代 P 中较差的解，而外部档案 A 的更新是使用 y 更新非支配解集。首先更新 P，假如 y 不等于 P 中的个体 x_i，则根据支配关系更新 y。其次，y 又与 P 中其他个体做比较，假如 y 支配 x_i，则 x_i 的适应值将增加 1。相反，如果 x_i 支配 y，那么 y 的适应值加 1。在演化群体 P 中最差的解具有最大的适应值。假如演化群体 P 中解的个体数大于 1，则从外部档案中随机选择一个解。假如 y 比选择个体的适应值好，那么 y 将替代掉被选择的个体。假如 y 不能支配 P 中任何一个解，则外部档案 A 将更新，更新的方式是依据适应值的大小更新。

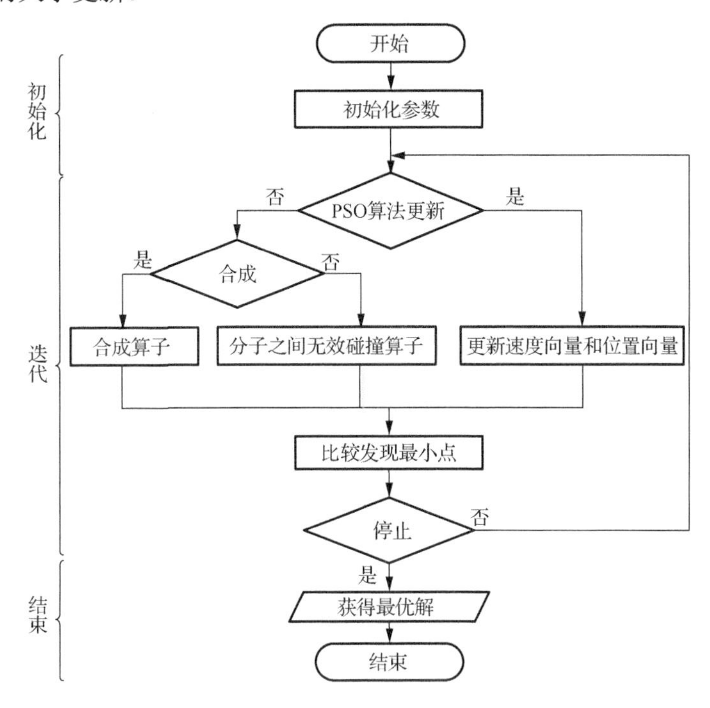

图 3.6　混合化学反应优化和粒子群优化算法的流程图

4）算法框架

环境选择、混合化学反应优化和粒子群优化算法、演化群体更新，这些是 SMHPCRO 的组成成分。SMHPCRO 算法的框架，如算法 3.8 所示。

算法包括 6 个参数，其定义如下。① $N = N_1 \times \cdots \times N_{m-1}$：既表示神经元的个数，也表示演化群体的规模；② τ_0：初始化 SOM 的学习率；③ $\sigma_0 = \frac{1}{2}\sqrt{\frac{\sum_{i=1}^{m-1} N_i^2}{m-1}}$：初始化邻域半径以便更新神经元的权重向量；④$H$：演化池中每个个体的领域大小；⑤$\beta$：与领域运算的概率；⑥$T$：最大代数。

算法 3.8　SMHPCRO 算法的框架

1:　随机初始化演化群体 $P=\{x^1,\cdots,x^N\}$。初始化训练集 $S=P$，初始化神经元的权重向量$\{w^1,\cdots, w^N\}=P$。令 u^k 是在隐层空间中距离神经元 u 最近的第 k 个神经元

2: **for** $t = 1, \cdots, T$ **do**

3: **for** each $x^s \in S$ ， $s = 1, \cdots, |S|$ **do**

4: 更新训练参数： $\sigma = \sigma_0 \times \left(1 - \frac{(t-1)N + s}{TN}\right)$， $\tau = \tau_0 \times \left(1 - \frac{(t-1)N + s}{TN}\right)$

5: 找到距离 x^s 最近的神经元： $u' = \arg\min_{1 \leqslant u \leqslant N} \left\| x - w^u \right\|_2$

6: 定位神经元的邻域： $U = \left\{ u \mid 1 \leqslant u \leqslant N \wedge \left\| z^u - z^{u'} \right\|_2 < \sigma \right\}$

7: 更新所有的邻近神经元 $(u \in U)$ 的权向量 $w^u = w^u + \tau \cdot \exp\left(-\left\| z^u - z^{u'} \right\|_2\right)$ $(x - w^u)$

8: **end for**

9: 设置 A=P，U=$\{1, \cdots, N\}$

10: **while** $A \neq \Phi$ **do**

11: 随机选择 $x \in A$ & $A \setminus \{x\}$

12: 设置 x^u=x，其中， $u = \arg\min_{u'} \left\| x - w^u \right\|_2$

13: 设置 U=$U \setminus \{u\}$

14: **end while**

15: 设置 A=P

16: **for** each $u \in \{1, \cdots, N\}$ **do**

17: 设置演化池 Q，x^u 演化如下

$$Q = \begin{cases} U_{k=1}^{H} \{x^{u^k}\}, & \text{rand}() < \beta \\ P, & \text{rand}() \geqslant \beta \end{cases}$$

18: 产生一个新解 y=SMHPCRO (Q, x^u)

19: 更新种群：P=select (P, y)

20: **end for**

21: 更新训练数据集：S=$P \setminus A$

22: **end for**

23: 返回更新演化群体 P

SMHPCRO 算法的流程图如图 3.7 所示。首先，初始化一个演化群体 P 和通过环境选择之后的外部档案 A。在每一次循环开始时，SMHPCRO 算法使用 SOM 的方法将初始种群划分为一个有组织的低维特征种群，低维特征种群的每个解具有一个权重向量，每个解由其邻域组成一个子群体。演化这一有组织的低维特征种群，通过本节提出的混合化学反应优化和粒子群优化算法进行优化。

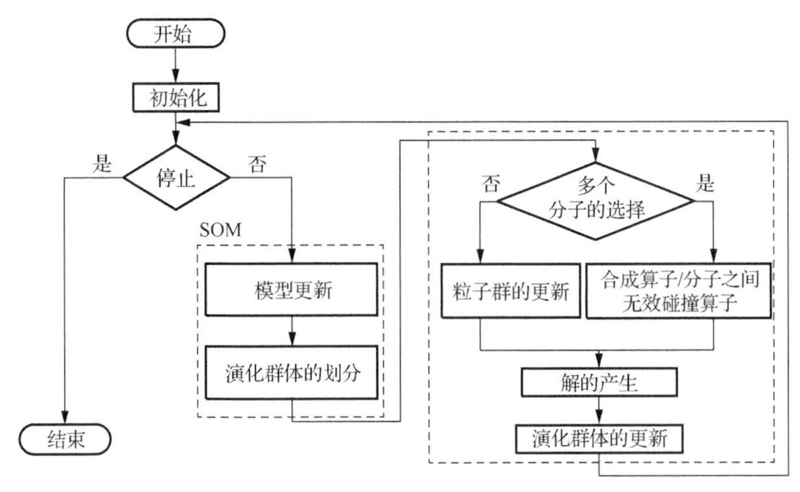

图 3.7　SMHPCRO 算法的流程图

本节使用自组织映射构建了一个演化群体，演化群体被 SOM 划分为有组织的结构，并且每个分子或者粒子有一个邻域。全局最优引导粒子从外部档案中选择，局部最优引导粒子从当前解的邻域中选择，以此方式通过全局和局部的引导提高算法的搜索性能，提出的 SMHPCRO 算法可以归纳为以下几点：

（1）使用 SOM 构建一种有组织的结构并且每个分子或者粒子有一个邻域知识。

（2）粒子群优化算法的历史最优值是使用粒子的邻域最好位置选取的。

（3）使用一种改进的 PSO 算法，用于混合化学反应优化算法解决复杂多目标优化问题。

3.3.2　实验结果及讨论

1．实验设置

1）MOP 标准测试集

为了有效地测试多目标演化算法的性能，许多学者提出了多种测试集，包括 Zitzler 等（2000）提出的 ZDT 测试集、Deb 等（2005）提出的 DTLZ 测试集、Huband 等（2005）提出的 WFG 测试集、Zhang 等（2008）提出的 CEC 2009 测试集、Li 等（2009）提出的 LZ 测试集、Gu 等（2012）提出的 GLT 测试集等。这些测试问题，难易程度和侧重点不尽相同。

2）参数设置

为了验证 SMHPCRO 算法的性能，将它与其他 13 种不同的多目标演化算法进行 IGD 性能指标的比较。对比算法包括多目标粒子群算法、多目标化学反应优化算法和其他的多目标演化算法。其中，NSGA-Ⅱ算法使用一种基于支配的方法和精英保存的方法，该算法是一种经典的基于支配的多目标演化算法（Deb et al.，2002）。MOEA/D-DE 算法使用分解的方法将 MOP 分解为 N 个单目标优化子问题，使用 DE 算法优化，其特点是能够有效地解决非凸 Pareto 前沿的多目标优化问题（郑金华等，2017）。MOECRO/D 算法使用 MOEA/D 的框架将 MOP 分解为一系列单目标优化子问题，并且使用原始的化学反应优化算法和扩展的化学反应优化算法优化这一系列子问题。NCRO 算法是一种基于拟线性平均时间复杂度的快速非支配排序方法，其具有较低的时间复杂度（Bechikh et al.，2015）。MOGOA 使用蝗虫优化算法，并且使用外部档案和目标选择技术引入到算法中估计 Pareto 最优前沿（Mirjalili et al.，2018）。IM-MOEA 通过从目标空间到决策空间建立一个映射集合，使用高斯逆模型去产生子代（Cheng et al.，2015）。SMEA 使用自组织映射构建一个有组织的演化群体结构，将演化群体聚成若干类，以较大的概率选择该类中的个体产生子代，以较小的概率从该类以外的群体中选择个体产生子代（Zhang et al.，2016）。这种方法根据问题的属性分类，从而降低了优化问题的复杂度，使用演化算法解决复杂的不规则的优化问题时，取得了显著的效果。SMSEMOA 是基于 S 指标选择的演化目标优化算法（Beume et al.，2007）。OMOPSO 算法通过 Pareto 支配和拥挤度因子来选出领导者粒子的名单（Sierra et al.，2005），还采用了不同的扰动因子作用于不同的子区域，最后使用 ε 的概念产生非支配解集。DMOPSO 算法基于分解的方法将多目标优化问题分解为单目标优化子问题，使用 PSO 算法去优化（Martínez et al.，2011）。SMPSO 算法的特征在于使用策略来限制粒子的速度，在速度变得过高的情况下产生新的有效粒子位置（Nebro et al.，2009）。在粒子运动中嵌入速度构造程序，防止“群体爆炸”效应。SMPSO 算法还包括使用多项式变异作为扰动因子和外部档案，来存储搜索期间发现的非支配解决方案。MMOPSO 算法采用多策略更新每个粒子的速度，从而有能力处理复杂的多目标优化问题（Lin et al.，2015）。使用分解的方法将 MOP 算法分解为一系列聚合问题，每一个粒子依照聚合函数被赋予。使用两种搜索策略更新粒子的速度，设计两种策略分别加速算法的收敛速度和保持演化群体的多样性。AgMOPSO 算法是利用分解的方法将多目标优化问题分解为一系列优化子问题，每个粒子被赋予一个子问题（Zhu et al.，2017）。AgMOPSO 算法使用一个外部档案引导的速度向量更新方式，除此之外 AgMOPSO 算法还使用了基于免疫的演化算法来加速算法的收敛速度。

13 种对比算法的参数设置列在表 3.3 中。所有算法在解决两目标测试问题时，演化群体规模 N=100。在解决三目标测试问题时，演化群体规模 N=300。算法在解决测试问题 GLT1～GLT6、CEC 2009 和 WFG1～WFG9 时，决策变量 n=30。算法在解决测试问题 DTLZ1、DTLZ3 和 ZDT4 时，决策变量 n=10。对于所有的测试函数，对比算法的终止条件为 $\text{Max\_FES} = n \cdot 10000$。

表 3.3　13 种对比算法的参数设置

对比算法	参数设置
SMEA	SOM 结构：针对两目标优化问题，SOM 结构是 1×100 的一维向量；针对三目标优化问题，SOM 结构是一个二维矩阵； 初始化学习率：$\tau_0=0.7$，邻域匹配规模：H=5，DE 的控制参数：F=0.9，CR=1； 多项式变异概率：$p_{\rm m}=1/n$, 领域规模：$\eta_{\rm m}=20$
MOEA/D-DE	邻域规模：NS=0.1N；$n_r=0.01N$；从邻域中选择父代的概率：β=0.9；F=0.5，CR=1.0； 多项式变异的控制参数：$p_{\rm m}=1/n$，邻域规模：$\eta_{\rm m}=20$
IM-MOEA	参考向量的个数：K=10，建立模型的规模：L=3
NSGA-Ⅱ	模拟二进制交叉（SBX）的概率：$p_{\rm c}=1.0$，变异率：$\eta_{\rm m}=1/n$
MOECRO/D	邻域规模：NS=5；从邻域中选择父代的概率：β=0.9；F=0.9，CR=0.8； 多项式变异的控制参数：$p_{\rm m}=1/n$，邻域规模：$\eta_{\rm m}=20$； initKE=1000，initBuffer=1000，lossRate=0.1，decThres=15000
NCRO	交叉率：0.9；变异率：1/n； 模拟二进制交叉（SBX）的分布指标：20； initKE=10000，lossRate=0.6，MoleColl=0.7，decThres=15，SynThres=10
SMSEMOA	DE 的控制参数：F=0.5，CR=1； 多项式变异的概率：$p_{\rm m}=1/n$
SMHPCRO	SOM 结构：针对两目标优化问题，SOM 结构是 1×100 的一维向量；针对三目标优化问题，SOM 结构是一个二维矩阵； initKE=1000，initBuffer=1000，lossRate=0.1，decThres=15000
OMOPSO	$0.1<w<0.5$，$1.5<C_1<2.0$，$1.5<C_2<2.0$，r_1、$r_2\in[0,1]$
DMOPSO	$p_{\rm c}=0.9$，$p_{\rm m}=1/n$，$\eta_{\rm m}=20$，$\eta_{\rm c}=20$，$w\in[0.1,0.5]$，$c_1\in[1.5,2.0]$，$c_2\in[1.5,2.0]$
SMPSO	$w=0.1$，$1.5<C_1<2.5$，$1.5<C_2<2.5$
MMOPSO	$p_{\rm c}=0.9$，$p_{\rm m}=1/n$，$\eta_{\rm m}=20$，$\eta_{\rm c}=20$，$w\in[0.1,0.5]$，$c_1\in[1.5,2.0]$，$c_2\in[1.5,2.0]$，$\delta=0.9$
AgMOPSO	$p_{\rm c}=0.9$，$p_{\rm m}=1/n$，$\eta_{\rm m}=20$，$\eta_{\rm c}=20$，$w\in[0.1,0.5]$，$F_2=0.5$，T=20

2. 讨论及结果

1）实验结果

表 3.4 列出了部分算法独立运行 30 次得到的 Pareto 解集的 IGD 性能指标的均值和方差。采用秩和检验的方法比较本节提出的算法与对比算法的显著性程度，其中“+”“−”和“≈”分别表示 SMHPCRO 算法与对比算法相比结果更好，SMHPCRO 算法与对比算法相比结果更差，SMHPCRO 算法与对比算法相比结果相似。表中数值表示不同算法在测试函数上获得的 IGD 性能指标的均值和方差，其中括号内的数值表示方差。加粗且添加灰色背景表示该算法在该测试函数上的数据结果较其他对比算法具有显著性，表 3.5、表 3.6、表 3.7 中也采用相同的表示方法。

表 3.4 部分算法获得的 IGD 性能指标的均值和方差

测试函数	OMOPSO	DMOPSO	SMPSO	MMOPSO	AgMOPSO	MOECRO/D	NCRO	SMHPCRO
ZDT1	5.712E−3+ (7.572E−3)	3.867E−3+ (2.347E−4)	3.644E−3+ (6.892E−4)	3.688E−3+ (2.482E−5)	1.847E−3+ (1.509E−3)	4.269E−3+ (6.780E−6)	5.240E−3+ (2.822E−3)	**1.007E−3** (1.337E−5)
Rank_zdt1	8	5	3	4	2	6	7	1
ZDT2	7.857E−3+ (1.514E−4)	6.438E−3+ (1.877E−3)	5.783E−3+ (2.067E−3)	3.793E−3+ (2.791E−5)	1.974E−3+ (1.506E−3)	3.505E−3+ (4.143E−6)	4.911E−3+ (1.003E−3)	**1.321E−3** (5.065E−5)
Rank_zdt2	8	7	6	4	2	3	5	1
ZDT3	3.508E−2+ (7.572E−3)	1.065E−2+ (4.224E−4)	4.179E−3+ (4.824E−3)	4.304E−3+ (4.426E−2)	**2.225E−3**− (1.706E−3)	1.063E−2+ (1.274E−5)	1.044E−2+ (1.671E−3)	3.182E−3 (2.051E−4)
Rank_zdt3	8	7	3	4	1	6	5	2
ZDT4	8.383E+0+ (3.786E−2)	4.480E−1+ (0.938E−2)	3.668E−3+ (6.202E−3)	3.666E−3+ (1.328E−1)	2.038E−3+ (1.559E−3)	4.068E−3+ (6.661E−4)	3.654E−1+ (2.679E−2)	**1.069E−3** (1.272E−3)
Rank_zdt4	8	7	4	3	2	5	6	1
ZDT6	4.472E−2+ (3.028E−4)	3.537E−2+ (2.816E−3)	2.378E−3+ (3.446E−5)	2.379E−3+ (2.656E−4)	1.487E−3+ (1.137E−3)	1.278E−2+ (1.047E−4)	3.227E−2+ (9.298E−3)	**1.193E−3** (5.774E−6)
Rank_zdt6	8	7	3	4	2	5	6	1
DTLZ1	9.999E+0+ (6.057E−4)	2.178E−1+ (1.408E−3)	3.599E−2+ (1.378E−3)	7.107E+0+ (1.770E−4)	2.064E−2+ (4.337E−2)	1.618E−2+ (1.318E−5)	1.760E−2+ (3.020E−3)	**1.308E−2** (7.937E−5)
Rank_dtlz1	8	6	5	7	4	2	3	1
DTLZ2	3.613E−1+ (5.300E−2)	5.359E−1+ (4.693E−3)	4.023E−2+ (4.135E−2)	4.000E−2+ (2.213E−1)	2.740E−2+ (2.092E−2)	4.153E−2+ (3.378E−4)	3.865E−2+ (7.157E−4)	**2.228E−2** (8.950E−4)
Rank_dtlz2	7	8	5	4	2	6	3	1

续表

测试函数	OMOPSO	DMOPSO	SMPSO	MMOPSO	AgMOPSO	MOECRO/D	NCRO	SMHPCRO
DTLZ3	1.004E+0+ (2.271E−3)	4.305E+0+ (4.691E−4)	4.374E−1+ (5.513E−3)	3.596E+0+ (3.541E−2)	4.913E+0+ (5.562E+0)	4.354E−2+ (1.980E−3)	6.243E−1+ (4.754E−1)	**3.959E−2** (3.866E−4)
Rank_dtlz3	5	7	3	6	8	2	4	1
DTLZ4	7.542E−2+ (4.543E−2)	1.819E−1+ (3.285E−3)	4.142E−2+ (6.892E−1)	4.194E−2+ (3.098E−3)	2.856E−2+ (2.181E−2)	2.267E−2≈ (3.417E−4)	4.048E−2+ (3.754E−4)	**2.239E−2** (5.772E−4)
Rank_dtlz4	7	8	5	6	3	2	4	1
DTLZ6	8.172E−2+ (6.814E−3)	8.275E−2+ (3.755E−1)	4.590E−2+ (2.756E−2)	7.352E−2+ (3.984E−3)	3.952E−2+ (3.034E−2)	6.175E−2+ (1.525E−3)	6.428E−2+ (9.017E−1)	**3.028E−2** (5.953E−4)
Rank_dtlz6	7	8	3	6	2	4	5	1
WFG1	1.696E+0+ (3.110E−1)	2.675E+0+ (3.732E−3)	4.035E−1+ (2.825E−1)	1.461E−1+ (6.205E−2)	1.333E−1+ (7.132E−2)	1.402E+0+ (3.704E−4)	2.342E+0+ (4.321E−2)	**1.085E−1** (2.797E−2)
Rank_wfg1	6	8	4	3	2	5	7	1
WFG2	5.451E−2+ (5.598E−4)	4.281E−2+ (1.948E−3)	9.953E−2+ (1.059E−4)	3.782E−2+ (3.102E−2)	4.974E−2+ (3.815E−2)	2.863E−2+ (4.023E−4)	9.881E−2+ (2.548E−2)	**1.666E−2** (5.253E−5)
Rank_wfg2	6	4	8	3	5	2	7	1
WFG3	3.297E−1+ (2.488E−3)	1.736E−1+ (2.728E−2)	1.126E−1+ (1.412E−3)	1.125E−2≈ (1.551E−4)	5.662E−2+ (4.324E−2)	2.016E−2+ (2.990E−4)	8.537E−1+ (3.785E−1)	**1.108E−2** (5.564E−5)
Rank_wfg3	7	6	5	2	4	3	8	1
WFG4	4.089E−2+ (1.244E−1)	2.472E−2+ (1.559E−2)	1.231E−2+ (3.178E−3)	1.051E−2≈ (3.878E−2)	5.355E−2+ (4.091E−3)	3.878E−2+ (5.867E−4)	5.965E−2+ (3.691E−3)	**1.032E−2** (2.637E−3)
Rank_wfg4	6	4	3	2	7	5	8	1

续表

测试函数	OMOPSO	DMOPSO	SMPSO	MMOPSO	AgMOPSO	MOECRO/D	NCRO	SMHPCRO
WFG5	7.188E−2+ (1.866E−2)	6.702E−2+ (1.169E−3)	6.611E−2+ (3.532E−2)	6.159E−2+ (4.654E−2)	3.399E−2+ (2.613E−2)	6.031E−2+ (9.195E−4)	5.477E−2+ (8.672E−1)	**2.766E−2** (6.909E−4)
Rank_wfg5	8	7	6	5	2	4	3	1
WFG6	2.942E−1+ (4.976E−1)	1.850E−1+ (3.507E−2)	1.256E−1+ (7.631E−2)	1.243E−1+ (2.327E−1)	6.224E−1+ (4.762E−3)	2.227E−1+ (4.096E−4)	3.453E−1+ (5.664E−1)	**1.065E−1** (1.375E−2)
Rank_wfg6	6	4	3	2	8	5	7	1
WFG7	6.034E−2+ (4.354E−2)	5.938E−2+ (2.338E−3)	3.751E−2+ (2.472E−2)	1.189E−2+ (7.57E−4)	5.956E−2+ (4.545E−3)	5.310E−2+ (2.505E−4)	3.561E−2+ (5.787E−2)	**1.133E−2** (7.986E−5)
Rank_wfg7	8	6	4	2	7	5	3	1
WFG8	1.486E−1+ (6.221−3)	8.624E−2+ (3.971E−3)	3.770E−2+ (1.765E−2)	9.448E−2+ (5.430E−3)	6.785E−2+ (6.068E−2)	2.339E−2+ (9158E−4)	1.130E−1+ (4.557E−2)	**2.144E−2** (4.337E−4)
Rank_wfg8	8	5	3	6	4	2	7	1
WFG9	5.675E−1+ (3.732E−3)	5.598E−1+ (7.95E−4)	1.203E−1+ (2.119E−2)	1.191E−1+ (6.981E−3)	6.646E−1+ (5.146E−3)	3.190E−1+ (8.762E−4)	4.731E−1+ (6.381E−1)	**1.036E−1** (3.326E−5)
Rank_wfg9	7	6	3	2	8	4	5	1
Sum_Rank	136	120	79	75	75	76	103	20
Rank	7	6	4	2	2	3	5	1
+/−/≈	19/0/0	19/0/0	19/0/0	17/0/2	18/1/0	18/0/1	19/0/0	

（1）SMHPCRO 算法与多目标粒子群优化算法和多目标化学反应优化算法在 19 个不同测试函数上 IGD 性能指标的比较。

表 3.4 列出了 SMHPCRO 算法与多目标化学反应优化算法（MOECRO/D 和 NCRO）和多目标粒子群优化算法（OMOPSO、DMOPSO、SMPSO、MMOPSO 和 AgMOPSO）在 ZDT、DTLZ 和 WFG 系列测试函数上的相关实验结果。

根据表 3.4 的统计结果，可以看出，除 ZDT3 函数以外，SMHPCRO 算法在其余 18 个测试函数上的性能均优于其他 7 个对比算法。其表现优异的原因主要是该算法使用多目标粒子群优化算法全局和局部学习引导，使得算法具有较高的收敛性，采用自组织映射分类和化学反应优化算子增加了算法的多样性，使得算法能够均匀且近似逼近到整个 Pareto 前沿上。由表 3.4 中的排名结果可得，SMHPCRO 算法排名第一，其余排名依次为 AgMOPSO、MMOPSO、MOECRO/D、SMPSO、NCRO、DMOPSO 和 OMOPSO 算法。

为了更加直观地比较算法的收敛效果，图 3.8 给出了 SMHPCRO 算法和对比算法在 DTLZ1 测试函数上获得最佳 IGD 的 Pareto 前沿，图中 Real PF 表示真实的 Pareto 前沿。依据仿真实验结果可以看出，SMHPCRO 算法获得的 Pareto 前沿比其他 6 个对比算法更加均匀且靠近理想 Pareto 前沿，主要原因是 SMHPCRO 算法使用了粒子群优化算法的全局粒子的引导，使得算法能够快速收敛，从而导致演化群体出现早熟现象。

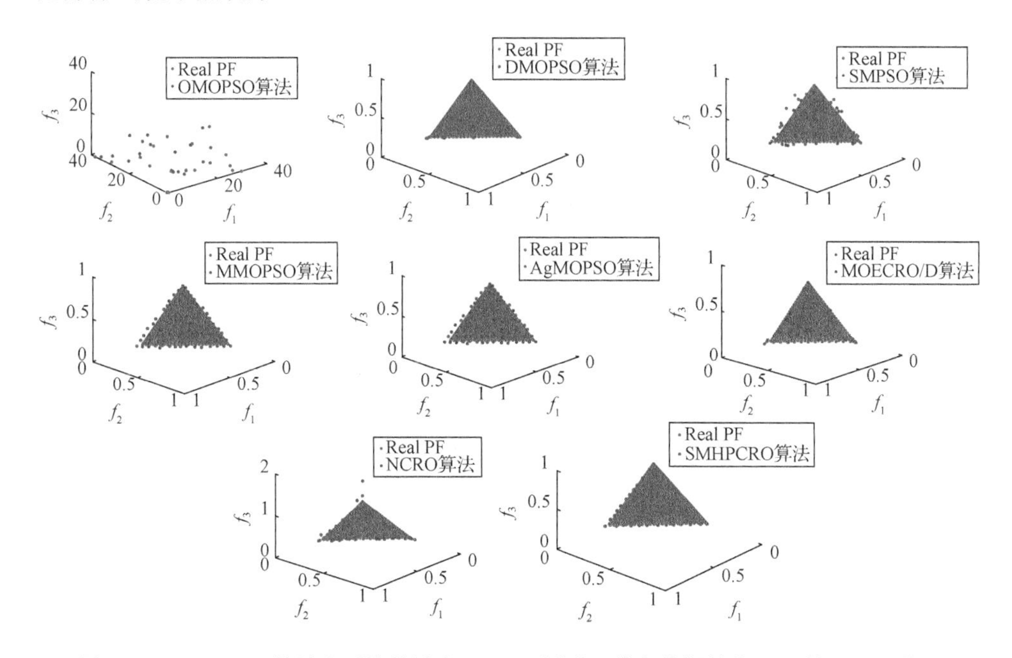

图 3.8　SMHPCRO 算法和对比算法在 DTLZ1 测试函数上获得最佳 IGD 的 Pareto 前沿

针对此问题，SMHPCRO 算法采用 SOM 方法将演化群体划分为多个子群体之后，通过每一个子群体的全局最优解集作为 PSO 算法的局部最优解，从而增加演化群体的多样性。此外，在演化进行的后期，为了保证算法能够在子群体中具有多样性，SMHPCRO 算法采用 CRO 算法的局部开采算子来提高算法的多样性。因此，SMHPCRO 算法相对于对比算法具有显著的性能。

（2）SMHPCRO 算法与基于支配、基于指标和基于分解的多目标优化算法在 19 个不同的测试函数上 IGD 性能指标的比较。

为了评估 SMHPCRO 算法的性能，SMHPCRO 算法与 6 个基于支配、基于指标和基于分解的多目标优化算法（NSGA-Ⅱ、SMSEMOA、MOEA/D-DE、IM-MOEA、MOGOA 和 SMEA）进行对比。根据表 3.5 的统计结果，可以看出，除 DTLZ3 函数以外，SMHPCRO 算法在其余 18 个测试函数上的性能均优于其他 6 个对比算法。其表现优异的原因主要是使用多目标粒子群优化算法全局和局部学习引导，使得算法具有较高的收敛性，采用自组织映射分类和化学反应优化算子增加了算法的多样性，使得算法能够均匀且近似逼近到整个 Pareto 前沿上。从 DTLZ3 测试函数上的性能指标比较结果中可以看出，SMHPCRO 算法劣于 IM-MOEA 算法获得的 IGD 性能指标。由表 3.5 中的排名结果可得，SMHPCRO 算法排名第一，其余排名依次为 IM-MOEA、SMEA、MOEA/D-DE、MOGOA、SMSEMOA 和 NSGA-Ⅱ算法。

表 3.5　NSGA-Ⅱ、SMSEMOA、MOEA/D-DE、IM-MOEA、MOGOA、SMEA 和 SMHPCRO 算法获得的 IGD 性能指标的均值和方差

测试函数	NSGA-Ⅱ	SMSEMOA	MOEA/D-DE	IM-MOEA	MOGOA	SMEA	SMHPCRO
ZDT1	4.696E−3+ (1.435E−4)	3.814E−3+ (2.041E−5)	3.706E−3+ (6.355E−6)	3.330E−3+ (4.483E−4)	4.600E−3+ (2.470E−2)	3.617E−3+ (2.082E−5)	**1.007E−3** (1.337E−5)
Rank_zdt1	7	5	4	2	6	3	1
ZDT2	4.724E−3+ (1.390E−4)	4.389E−3+ (2.865E−5)	3.806E−3+ (4.679E−6)	2.560E−3+ (1.344E−4)	4.900E−3+ (9.000E−3)	4.357E−3+ (8.145E−5)	**1.321E−3** (5.065E−5)
Rank_zdt2	6	5	3	2	7	4	1
ZDT3	4.724E−3+ (1.788E−4)	4.683E−3+ (2.224E−4)	4.623E−3+ (9.740E−6)	3.880E−3+ (1.861E−4)	3.230E−3+ (3.400E−3)	4.441E−3+ (8.544E−5)	**3.182E−3** (2.051E−4)
Rank_zdt3	7	6	5	3	2	4	1
ZDT4	4.880E−3+ (7.713E−4)	8.261E−3+ (9.947E−3)	3.752E−3+ (1.101E−4)	2.833E−3+ (6.598E−5)	5.036E−2+ (4.728E−3)	6.623E−3+ (2.169E−2)	**1.069E−3** (1.272E−3)
Rank_zdt4	4	6	3	2	7	5	1
ZDT6	4.261E−3+ (6.549E−5)	4.402E−3+ (6.526E−4)	2.739E−3+ (4.436E−6)	2.731E−3+ (1.194E−4)	1.576E−3+ (1.260E−3)	2.247E−3+ (1.002E−4)	**1.193E−3** (5.774E−6)
Rank_zdt6	6	7	5	4	2	3	1

续表

测试函数	NSGA-Ⅱ	SMSEMOA	MOEA/D-DE	IM-MOEA	MOGOA	SMEA	SMHPCRO
DTLZ1	3.982E−2+ (1.121E−3)	1.918E−2+ (3.025E−3)	1.658E−2+ (3.302E−4)	3.876E−2+ (2.465E−1)	7.880E−2+ (1.260E−3)	1.319E−2≈ (9.001E−5)	**1.308E−2** (7.937E−5)
Rank_dtlz1	6	4	3	5	7	2	1
DTLZ2	7.696E−2+ (1.435E−3)	6.022E−2+ (2.571E−2)	4.280E−2+ (8.601E−4)	3.876E−2+ (2.465E−1)	4.728E−2+ (6.304 E−2)	5.301E−2+ (1.464E−4)	**2.228E−2** (8.950E−4)
Rank_dtlz2	7	6	3	2	4	5	1
DTLZ3	8.741E−2+ (5.430E−2)	7.143E−2+ (3.216E−3)	4.426E−2+ (5.166E−4)	**3.876E−2−** (2.465E−1)	6.304E−2+ (1.418E−1)	4.991E−2+ (4.600E−4)	3.959E−2 (3.866E−4)
Rank_dtlz3	7	6	3	1	5	4	2
DTLZ4	5.951E−2+ (1.365E−3)	7.232E−2+ (3.368E−2)	4.340E−2+ (2.935E−4)	3.876E−2+ (2.465E−1)	4.571E−2+ (1.785E−1)	3.934E−2+ (2.357E−4)	**2.239E−2** (5.772E−4)
Rank_dtlz4	6	7	4	2	5	3	1
DTLZ6	4.156E−1+ (1.483E−3)	3.678E−1+ (2.056E−2)	4.323E−1+ (1.772E−3)	3.876E−1+ (2.465E−1)	3.214E−1+ (1.785E−2)	4.712E−2+ (6.004E−4)	**3.028E−2** (5.953E−4)
Rank_dtlz6	6	4	7	5	3	2	1
WFG1	1.516E−1+ (6.329E−2)	1.523E−1+ (6.413E−2)	1.418E−1+ (6.522E−2)	1.421E−1+ (4.384E−4)	1.671E−1+ (2.499E−1)	1.521E−1+ (9.483E−2)	**1.085E−1** (2.797E−2)
Rank_wfg1	4	6	2	3	7	5	1
WFG2	2.342E−1+ (7.035E−4)	1.465E−1+ (6.942E−4)	3.676E−2+ (1.136E−4)	1.491E−1+ (1.233E−4)	1.938E−1+ (1.661E−2)	2.333E−2+ (2.424E−3)	**1.666E−2** (5.253E−5)
Rank_wfg2	7	4	3	5	6	2	1
WFG3	1.392E−1+ (7.297E−4)	1.406E−1+ (2.192E−4)	1.271E−2≈ (4.973E−5)	1.929E−2+ (1.996E−4)	1.071E−1+ (7.139E−3)	1.416E−2+ (5.141E−4)	**1.108E−2** (5.564E−5)
Rank_wfg3	6	7	2	4	5	3	1
WFG4	5.834E−1+ (5.286E−3)	4.651E−1+ (8.776E−5)	2.264E−1+ (3.301E−3)	2.753E−1+ (6.783E−5)	3.569E−1+ (2.379E−2)	9.865E−2+ (3.934E−3)	**1.032E−2** (2.637E−3)
Rank_wfg4	7	6	3	4	5	2	1
WFG5	6.8581E−1+ (3.619E−4)	6.713E−1+ (1.695E−2)	1.708E−1+ (5.972E−5)	7.976E−2+ (1.258E−4)	5.949E−1+ (1.071E−1)	6.665E−2+ (2.048E−4)	**2.766E−2** (6.909E−4)
Rank_wfg5	7	6	4	3	5	2	1
WFG6	3.423E−1+ (1.155E−2)	3.376E−1+ (2.790E−4)	3.475E−1+ (3.391E−2)	1.513E−1+ (2.465E−1)	2.379E−1+ (1.918E−2)	3.456E−1+ (1.774E−2)	**1.065E−1** (1.375E−2)
Rank_wfg6	5	4	7	2	3	6	1
WFG7	4.931E−1+ (1.389E−3)	1.253E−2≈ (2.790E−4)	1.633E−2+ (4.193E−5)	4.088E−2+ (2.668E−3)	1.189E−1+ (3.837E−2)	1.369E−2+ (5.854E−4)	**1.133E−2** (7.986E−5)
Rank_wfg7	7	2	4	5	6	3	1

续表

测试函数	NSGA-Ⅱ	SMSEMOA	MOEA/D-DE	IM-MOEA	MOGOA	SMEA	SMHPCRO
WFG8	1.104E−1+ (6.841E−3)	5.618E−2+ (6.438E−3)	3.309E−2+ (1.448E−2)	2.943E−2+ (8.327E−2)	9.592E−2+ (1.376E−2)	3.689E−2+ (6.502E−3)	**2.144E−2** (4.337E−4)
Rank_wfg8	7	5	3	2	6	4	1
WFG9	2.782E−1+ (1.057E−2)	2.879E−1+ (1.618E−2)	2.028E−1+ (2.616E−4)	2.521E−1+ (7.168E−3)	2.871E−1+ (3.931E−2)	2.302E−1+ (4.479E−5)	**1.036E−1** (3.326E−5)
Rank_wfg9	5	7	2	4	6	3	1
Sum_Rank	117	103	70	60	97	65	20
Rank	7	6	4	2	5	3	1
+/−/≈	19/0/0	18/0/1	18/0/1	18/1/0	19/0/0	18/0/1	

为了更加直观地看到算法的收敛性能和均匀性能的效果，图 3.9 给出了 SMHPCRO 算法和对比算法在 DTLZ1 测试函数上获得的 Pareto 前沿。对比算法包括 NSGA-Ⅱ、SMSEMOA、MOEA/D-DE、IM-MOEA、MOGOA、SMEA 和 SMHPCRO 算法。依据仿真实验结果可以看出，SMHPCRO 算法获得的 Pareto 前沿比其他 6 个对比算法更加均匀且靠近理想 Pareto 前沿。这主要是因为 SMHPCRO 算法使用了粒子群优化算法的全局粒子的引导，使得算法能够提高收敛速度。在演化后期，为了保证算法能够在子群体中具有多样性，SMHPCRO 算法采用 CRO 算法的局部开采算子来提高算法的多样性。

（3）SMHPCRO 算法与多目标粒子群算法和多目标化学反应优化算法在具有变量相关的 16 个测试函数上 IGD 性能指标的比较。

为了评估 SMHPCRO 算法的性能，SMHPCRO 算法与 5 个不同的多目标粒子群优化算法（OMOPSO、DMOPSO、SMPSO、MMOPSO 和 AgMOPSO）和 2 个多目标化学反应优化算法（MOECRO/D 和 NCRO）进行对比。从表 3.6 的统计结果可以看出，除 UF8 函数以外，SMHPCRO 算法在其余 15 个测试函数上的性能均优于其他 7 个对比算法。其表现优异的原因是多个分子无效碰撞和合成算子在求解变量相关的测试问题时表现出较好的性能。求解不规则前沿的 GLT 测试系列表现出优异的特性，主要是算法采用 SOM 方法，将演化群体分解为多个聚类群体，使得算法在解决这类问题时具有优异性。在 UF8 测试函数上，SMHPCRO 算法劣于 AgMOPSO 算法获得的 IGD 性能指标。由表 3.6 中的排名结果可得，SMHPCRO 算法排名第一，其余排名依次为 AgMOPSO、NCRO、MOECRO/D、MMOPSO、SMPSO、DMOPSO 和 OMOPSO 算法。

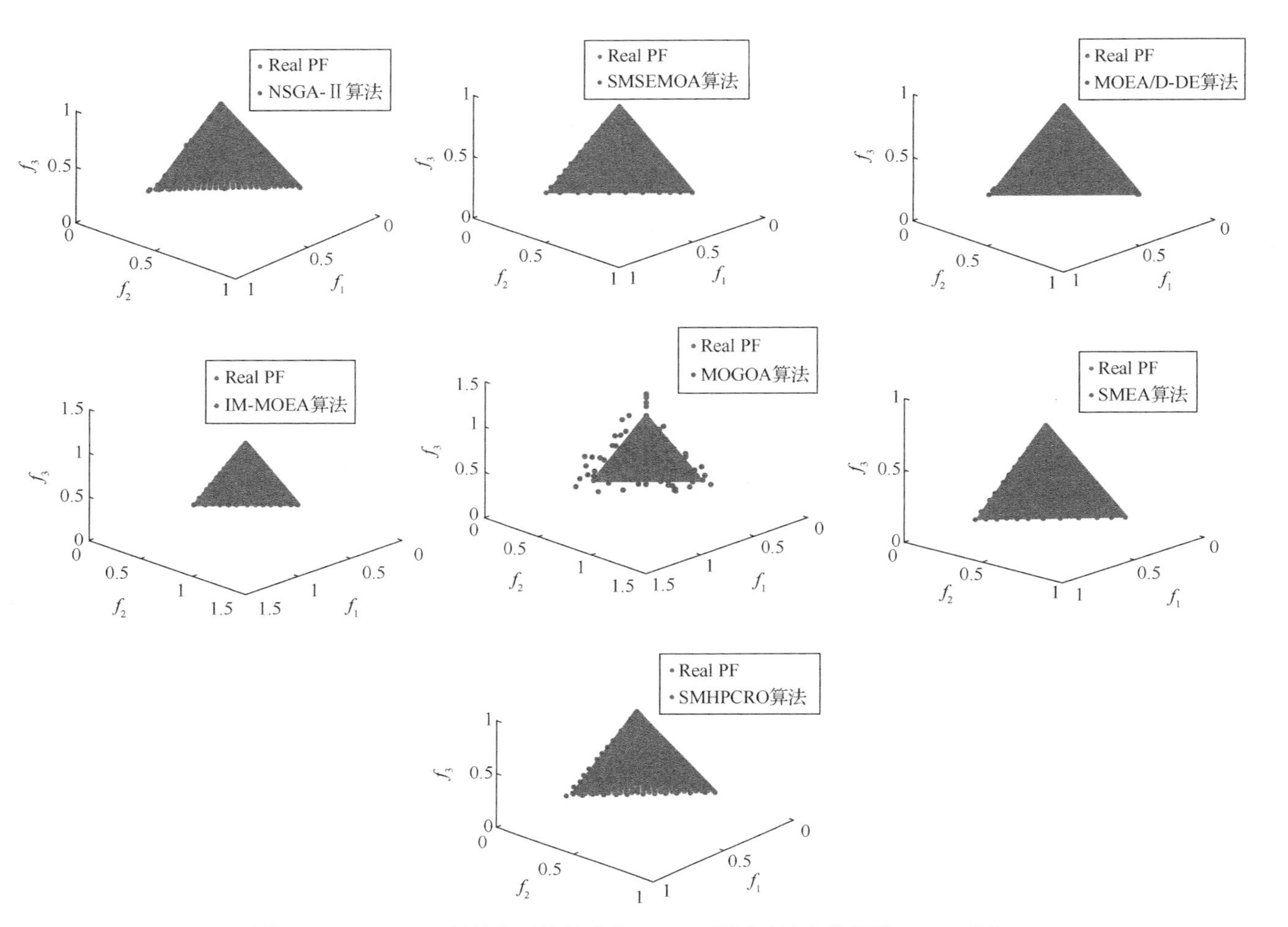

图 3.9　SMHPCRO 算法和对比算法在 DTLZ1 测试函数上获得的 Pareto 前沿

表 3.6 OMOPSO、DMOPSO、SMPSO、MMOPSO、AgMOPSO、MOECRO/D、NCRO 和 SMHPCRO 算法获得的 IGD 性能指标

测试函数	OMOPSO	DMOPSO	SMPSO	MMOPSO	AgMOPSO	MOECRO/D	NCRO	SMHPCRO
UF1	1.298E-1+	8.415E-2+	9.255E-2+	8.961E-2+	3.952E-2+	6.912E-2+	1.166E-1+	**4.398E-3**
	(3.934E-3)	(6.124E-2)	(0.890E-3)	(1.050E-2)	(3.034E-2)	(7.235E-1)	(3.501E-3)	(3.007E-4)
Rank_uf1	8	4	6	5	2	3	7	1
UF2	7.876E-2+	2.984E-2+	9.255E-2+	3.435E-2+	2.001E-2+	6.912E-2+	2.412E-2+	**1.105-2**
	(6.557E-2)	(1.531E-2)	(0.890E-3)	(1.399E-3)	(1.559E-2)	(7.235E-1)	(2.904E-3)	(1.159E-3)
Rank_uf2	7	4	8	5	2	6	3	1
UF3	3.965E-1+	3.099E-1+	1.321E-1+	2.859E-1+	1.244E-1+	2.912E-1+	2.582E-1+	**8.582E-2**
	(4.590E-1)	(2.296E-2)	(7.127E-2)	(3.149E-2)	(9.695E-2)	(7.235E-1)	(6.870E-2)	(5.957E-3)
Rank_uf3	8	7	3	5	2	6	4	1
UF4	1.723E-1+	2.619E-1+	1.100E+0+	8.094E-2+	1.326E-2+	6.912E-2+	4.378E-2+	**1.084E-2**
	(2.623E-2)	(0.765E-1)	(3.563E-2)	(2.449E-1)	(1.015E-2)	(7.235E-1)	(1.939E-2)	(6.864E-3)
Rank_uf4	6	7	8	5	2	4	3	1
UF5	1.604E+0+	1.385E+0+	8.499E-1+	6.392E-1+	4.244E-1+	6.912E-1+	5.331E-1+	**3.283E-1**
	(5.901E-1)	(4.593E-1)	(1.781E-1)	(1.749E-1)	(3.708E-1)	(7.235E-1)	(1.871E-1)	(1.278E-1)
Rank_uf5	8	7	6	4	2	5	3	1
UF6	5.662E-1+	5.633E-1+	3.111E-1+	1.200E-1≈	1.903E-1+	6.912E-1+	1.777E-1+	**1.052E-1**
	(3.278E-1)	(7.655E-2)	(8.018E-1)	(7.000E-4)	(1.929E-1)	(7.235E-1)	(8.327E-2)	(5.347E-2)
Rank_uf6	7	6	5	2	4	8	3	1
UF7	6.087E-1+	3.918E-1+	4.819E-2+	4.080E-2+	9.227E-2+	2.912E-1+	3.562E-1+	**5.176E-3**
	(5.245E-2)	(6.889E-2)	(4.454E-2)	(2.799E-2)	(1.407E-1)	(7.235E-1)	(1.816E-2)	(4.829E-4)
Rank_uf7	8	7	3	2	4	5	6	1
UF8	4.217E-1+	3.901E-1+	1.893E-1+	1.389E-1+	**1.169E-1-**	2.912E-1+	3.769E-1+	1.234E-1
	(1.9672E-1)	(3.827E-2)	(8.909E-1)	(2.099E-1)	(9.324E-2)	(7.235E-1)	(6.778E-2)	(1.284E-1)
Rank_uf8	8	7	4	3	1	5	6	2
UF9	1.140E-1+	2.103E-1+	1.176E-1+	1.202E-1+	1.804E-1+	1.212E-1+	1.615E-1+	**3.638E-2**
	(6.557E-1)	(3.062E-2)	(6.236E-3)	(3.499E-1)	(1.453E-1)	(7.235E-1)	(8.357E-2)	(5.958E-2)
Rank_uf9	2	8	3	4	7	5	6	1
UF10	4.930E-1+	6.502E-1+	2.312E-1≈	3.166E-1+	4.801E-1+	3.017E-1+	4.912E-1+	**1.753E-1**
	(1.311E-2)	(5.358E-2)	(2.672E-1)	(3.501E-3)	(5.749E-1)	(5.201E-1)	(7.235E-1)	(3.222E-2)
Rank_uf10	7	8	2	4	5	3	6	1
GLT1	1.768E-1+	4.480E-1+	3.673E-2+	1.306E-1+	9.189E-2+	3.214E-3+	6.118E-3+	**1.051E-3**
	(1.867E-2)	(4.815E-3)	(1.186E-2)	(3.922E-1)	(7.017E-2)	(6.780E-3)	(3.278E-3)	(2.732E-3)
Rank_glt1	7	8	4	6	5	2	3	1
GLT2	1.453E+0+	4.298E-1+	3.186E-1+	1.326E+0+	1.928E-1+	3.505E-2+	4.901E-2+	**2.398E-2**
	(1.245E-2)	(5.778E-2)	(1.582E-1)	(2.615E-3)	(1.472E+0)	(4.387E-3)	(1.253E-3)	(9.443E-4)
Rank_glt2	8	6	5	7	4	2	3	1

续表

测试函数	OMOPSO	DMOPSO	SMPSO	MMOPSO	AgMOPSO	MOECRO/D	NCRO	SMHPCRO
GLT3	5.745E−2+ (3.734E−2)	3.694E+0+ (2.889E−2)	4.896E−3+ (7.910E−2)	5.811E−2+ (6.538E−3)	4.746E−2+ (4.118E−2)	8.163E−3+ (1.325E−3)	6.143E−3+ (1.684E−3)	**4.391E−3** (2.609E−3)
Rank_glt3	6	8	2	7	5	4	3	1
GLT4	5.167E−1+ (6.225E−2)	4.781E−1+ (3.852E−2)	3.225E−1+ (3.955E−1)	4.639E−1+ (1.307E−2)	2.497E−1+ (1.904E−1)	4.108E−2+ (6.661E−3)	6.018E−3+ (2.529E−2)	**5.206E−3** (9.101E−3)
Rank_glt4	8	7	5	6	4	3	2	1
GLT5	1.184E−1+ (3.112E−3)	3.229E−1+ (1.926E−2)	1.209E−1+ (1.977E−3)	9.944E−2+ (1.961E−3)	6.028E−2+ (4.603E−2)	3.386E−2≈ (9.047E−4)	3.907E−2+ (9.128E−3)	**3.089E−2** (3.804E−4)
Rank_glt5	6	8	7	5	4	2	3	1
GLT6	3.454E−1+ (2.489E−2)	3.394E−1+ (9.631E−4)	6.499E−2+ (2.373E−3)	4.959E−2+ (3.268E−2)	3.174E−2+ (2.427E−2)	5.618E−2+ (1.318E−5)	6.713E−2+ (3.124E−3)	**2.257E−2** (4.232E−4)
Rank_glt6	8	7	5	3	2	4	6	1
Sum_Rank	112	109	76	73	55	67	67	17
Rank	8	7	6	5	2	3	3	1
+/−/≈	16/0/0	16/0/0	15/0/1	15/0/1	15/1/0	15/0/1	16/0/0	

便于直观看所有算法的均匀性和收敛前沿点的分散性，图 3.10 给出了 SMHPCRO 算法和对比算法在 UF1 测试函数上横向比较获得的 Pareto 前沿。对比算法包括 OMOPSO、DMOPSO、SMPSO、MMOPSO、AgMOPSO、MOECRO/D 和 NCRO 算法。依据仿真实验结果，SMHPCRO 算法获得的 Pareto 前沿均比其他 7 个对比算法更加均匀且靠近理想 Pareto 前沿。

（4）SMHPCRO 算法与基于支配、基于指标和基于分解的多目标优化算法在具有变量相关的 16 个测试函数上的 IGD 性能指标的比较。

为了评价 SMHPCRO 算法的性能，SMHPCRO 算法与 6 个基于支配、基于指标和基于分解的多目标优化算法（NSGA-Ⅱ、SMSEMOA、MOEA/D-DE、IM-MOEA、MOGOA 和 SMEA）进行对比。从表 3.7 的统计结果可以看出，除 UF2、UF5、UF8 和 GLT5 函数以外，SMHPCRO 算法在其余 12 个测试函数上的性能均优于其他 6 个对比算法。SMHPCRO 算法表现优异的原因主要是它使用粒子群优化算法全局和局部学习引导，使得算法具有较高的收敛性，采用自组织映射分类和化学反应优化算子增加了算法的多样性，使得算法能够均匀且近似逼近到整个 Pareto 前沿上。在 UF2 测试函数上，SMHPCRO 算法劣于 MOEA/D-DE 算法获得的 IGD 性能指标。由表 3.7 中倒数第二行的排名结果可得：SMHPCRO 算法排名第一，其余排名依次为 SMEA、IM-MOEA、MOEA/D-DE、SMSEMOA、MOGOA 和 NSGA-II 算法。

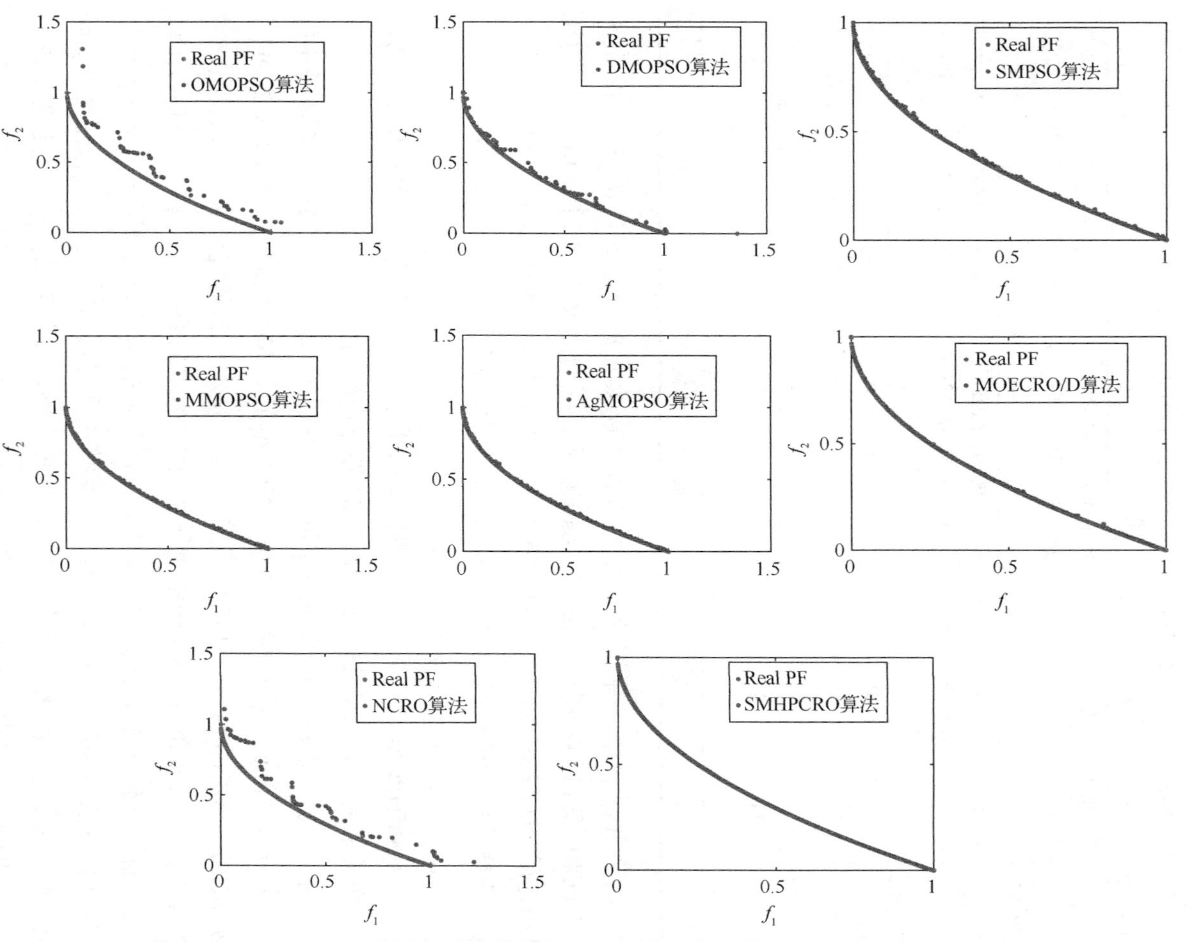

图 3.10　SMHPCRO 算法与对比算法在 UF1 测试函数上横向比较获得的 Pareto 前沿

表 3.7　NSGA-Ⅱ、SMSEMOA、MOEA/D-DE、IM-MOEA、MOGOA、SMEA 和 SMHPCRO 算法获得 IGD 性能指标的均值和方差

测试函数	NSGA-Ⅱ	SMSEMOA	MOEA/D-DE	IM-MOEA	MOGOA	SMEA	SMHPCRO
UF1	9.473E−2+	1.195E−1+	4.433E−2+	4.346E−2+	1.892E−1+	4.400E−3≈	**4.398E−3**
	(3.249E−3)	(3.029E−2)	(2.745E−4)	(1.365E−1)	(2.501E−2)	(4.819E−4)	(3.007E−4)
Rank_uf1	5	6	4	3	7	2	1
UF2	3.5071E−2+	3.704E−2+	**7.788E−3−**	1.477E−2+	4.940E−2+	1.043E−2−	1.105−2
	(1.479E−3)	(1.192E−2)	(2.755E−3)	(5.252E−3)	(3.860E−2)	(1.197E−3)	(1.159E−3)
Rank_uf2	5	6	1	4	7	2	3
UF3	9.082E−2+	2.563E−1+	1.077E−2+	6.138E−2+	2.166E−1+	9.662E−3+	**1.582E−3**
	(1.682E−2)	(4.008E−2)	(8.849E−3)	(1.283E−2)	(6.620E−2)	(4.803E−3)	(5.957E−3)
Rank_uf3	5	7	3	4	6	2	1
UF4	8.074E−2+	7.146E−2+	6.224E−2+	6.196E−2+	7.960E−2+	6.197E−2+	**5.484E−2**
	(2.809E−3)	(5.760E−4)	(4.522E−3)	(2.126E−3)	(4.800E−3)	(5.403E−3)	(6.864E−3)
Rank_uf4	7	5	4	2	6	3	1
UF5	5.201E−1+	5.684E−1+	2.930E−1≈	**2.234E−1−**	1.147E+0+	4.146E−1+	3.283E−1
	(5.162E−2)	(1.749E−1)	(8.714E−2)	(5.160E−2)	(1.661E−1)	(7.817E−2)	(1.278E−1)
Rank_uf5	5	6	2	1	7	4	3
UF6	8.073E−1+	3.275E−1+	2.738E−1+	1.836E−1+	7.345E−1+	1.964E−1+	**1.052E−1**
	(6.460E−2)	(7.831E−2)	(2.313E−1)	(6.163E−2)	(2.769E−1)	(1.981E−1)	(5.347E−2)
Rank_uf6	7	5	4	2	6	3	1
UF7	1.898E−1+	1.896E−1+	5.487E−3+	1.412E−2+	1.567E−1+	5.218E−3≈	**5.176E−3**
	(1.959E−3)	(1.626E−1)	(4.163E−4)	(2.641E−3)	(6.331E−2)	(9.349E−4)	(4.829E−4)
Rank_uf7	7	6	3	4	5	2	1
UF8	4.132E−1+	3.917E−1+	3.208E−1+	2.439E−1−	2.497E−1+	**1.993E−1−**	2.234E−1
	(2.742E−3)	(1.122E−1)	(1.013E−2)	(1.564E−2)	(7.490E−2)	(6.615E−2)	(1.284E−1)
Rank_uf8	7	6	5	3	4	1	2
UF9	3.070E−1+	2.263E−1+	7.935E−2+	9.605E−2+	3.145E−1+	1.519E−1+	**3.638E−2**
	(6.810E−4)	(6.590E−2)	(5.291E−2)	(3.624E−2)	(1.445E−1)	(9.544E−2)	(5.958E−2)
Rank_uf9	6	5	2	3	7	4	1
UF10	5.599E−1+	4.570E−1+	4.597E−1+	3.407E−1+	4.645E−1+	2.025E−1≈	**1.753E−1**
	(1.254E−2)	(9.995E−2)	(7.055E−2)	(6.147E−2)	(1.445E−1)	(1.560E−1)	(3.222E−2)
Rank_uf10	7	4	5	3	6	2	1

续表

测试函数	NSGA-Ⅱ	SMSEMOA	MOEA/D-DE	IM-MOEA	MOGOA	SMEA	SMHPCRO
GLT1	5.317E−2+	4.324E−2+	4.285E−3+	3.028E−2+	3.014E−2+	3.004E−3+	**1.051E−3**
	(3.368E−2)	(7.536E−3)	(3.609E−2)	(1.550E−3)	(2.261E−3)	(3.515E−3)	(2.732E−3)
Rank_glt1	7	6	3	5	4	2	1
GLT2	8.006E−2+	9.402E−2+	4.042E−2+	1.697E−2+	8.007E−2+	3.543E−2−	**1.398E−2**
	(3.082E−2)	(2.783E−3)	(1.548E−3)	(4.386E−2)	(6.783E−2)	(1.304E−3)	(9.443E−4)
Rank_glt2	5	7	4	2	6	3	1
GLT3	3.562E−2+	3.186E−2+	2.795E−2+	2.187E−2+	5.276E−2+	6.233E−3+	**4.391E−3**
	(1.009E−2)	(8.956E−3)	(6.666E−3)	(5.67E−3)	(7.537E−2)	(4.561E−3)	(2.609E−3)
Rank_glt3	6	5	4	3	7	2	1
GLT4	4.521E−2+	4.001E−2+	2.066E−2+	1.676E−1+	1.071E−2+	5.794E−3+	**1.206E−3**
	(1.806E−1)	(6.192E−3)	(1.272E−2)	(8.734E−3)	(5.951E−3)	(1.324E−4)	(9.101E−3)
Rank_glt4	6	5	4	7	3	2	1
GLT5	6.181E−2+	5.271E−2+	8.521E−2+	3.843E−2+	7.118E−2+	**3.009E−2≈**	3.089E−2
	(3.246E−3)	(4.584E−4)	(2.236E−3)	(2.886E−2)	(3.571E−3)	(3.528E−4)	(3.804E−4)
Rank_glt5	5	4	7	3	6	1	2
GLT6	5.705E−2+	5.863E−2+	5.428E−2+	5.215E−2+	8.532E−2+	3.672E−2+	**2.257E−2**
	(3.641E−3)	(5.289E−4)	(1.550E−3)	(5.621E−3)	(1.066E−3)	(3.235E−3)	(4.232E−4)
Rank_glt6	5	6	4	3	7	2	1
Sum_Rank	95	89	59	52	94	37	22
Rank	7	5	4	3	6	2	1
+/−/≈	16/0/0	16/0/0	14/1/1	14/2/0	16/0/0	9/3/4	

为了更加直观地看到算法获得的 Pareto 前沿的均匀性和收敛性，图 3.11 给出了 SMHPCRO 算法和对比算法在 UF1 测试函数上纵向比较获得的 Pareto 前沿。依据仿真实验结果，SMHPCRO 算法获得的 Pareto 前沿比其他 6 个对比算法更加均匀且靠近理想 Pareto 前沿。

SMHPCRO 算法的优势主要是因为其使用了粒子群优化算法的全局学习的引导，使得算法能够提高收敛速度。算法使用的多个分子无效碰撞算子能够在解决变量问题时，具有较好的解耦能力，使得算法求解变量相关的复杂问题时，表现出较对比算法更显著的优势。

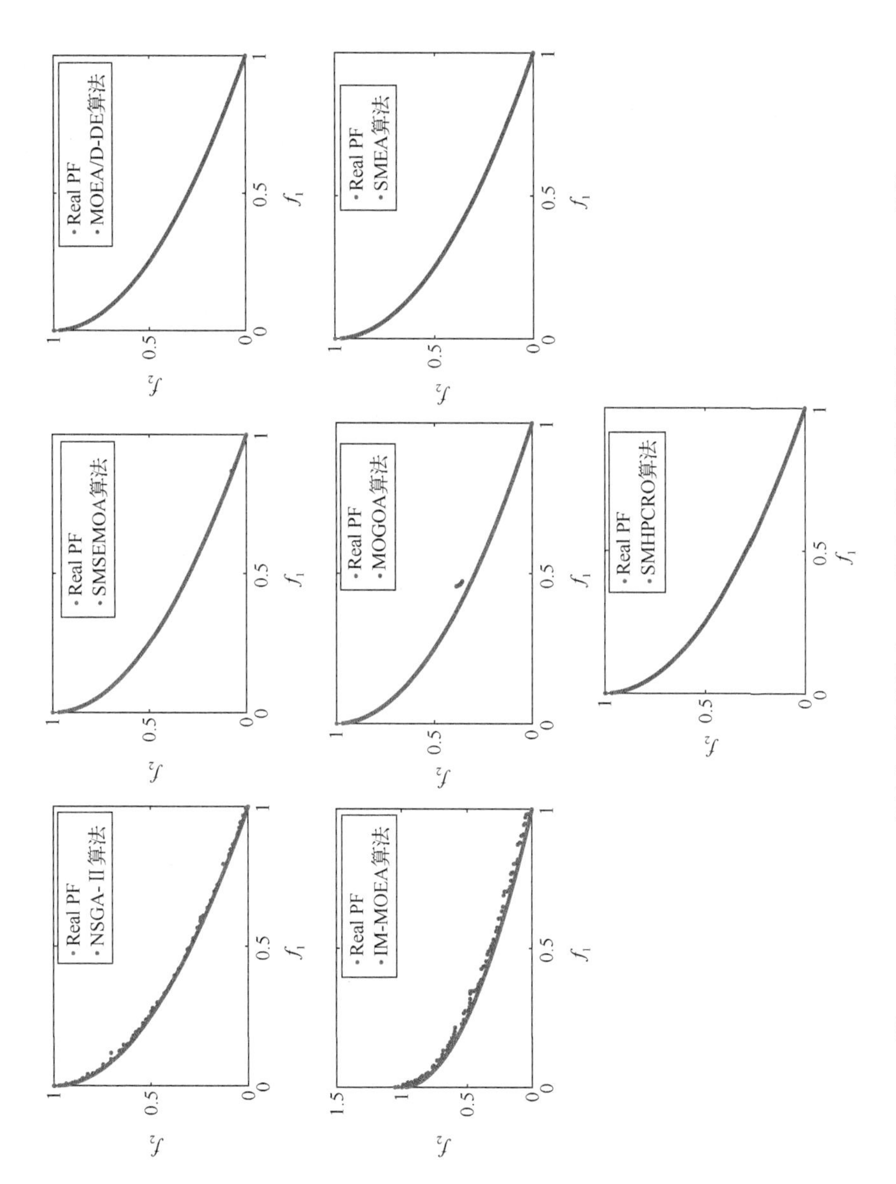

图 3.11　SMHPCRO 算法与对比算法在 UF1 测试函数上纵向比较获得的 Pareto 前沿

2）SOM 对 SMHPCRO 算法的影响

本节主要研究 SOM 在 SMHPCRO 算法中的作用。将采用 SOM 方法的 SMHPCRO 算法，未加 SOM 的 HPCRO 算法和多目标粒子群优化算法 MOPSO 进行比较。表 3.8 中列出了 SMHPCRO 算法、MOPSO 算法、HPCRO 算法经过 30 次独立运行后所得的 IGD 性能指标的均值和方差。从该表中可以看出，SMHPCRO 算法在 GLT 测试函数上具有比 MOPSO 算法和 HPCRO 算法更好的 IGD 性能指标。图 3.12 给出了 SMHPCRO 算法在不规则前沿的测试函数 GLT 上的 Pareto 前沿。从图中可以看出，SMHPCRO 算法在不规则前沿上分布均匀且逼近理想 Pareto 前沿，表现出较好的性能。其主要原因是，算法使用 SOM 将整个演化群体划分成若干个子群体，并且每个分子或者粒子都有一个邻域知识，以便算法从邻域中选择一个最优解作为局部最优，这有助于产生高质量的解。

表 3.8　SMHPCRO 算法和对比算法在 6 个不规则前沿的 GLT 测试函数上获得的 IGD 性能指标

测试函数	MOPSO 算法	HPCRO 算法	SMHPCRO 算法
GLT1	3.964E−02(3.425E−02)	1.671E−02(1.941E−03)	**1.051E−03**(2.732E−03)
GLT2	8.245E−02(7.366E−03)	1.579E−02(2.912E−03)	**1.347E−02**(9.443E−04)
GLT3	2.519E−02(5.667E−02)	1.392E−02(4.854E−02)	**4.391E−03**(2.609E−03)
GLT4	3.964E−02(5.914E−03)	2.785E−02(1.456E−02)	**1.206E−02**(9.101E−03)
GLT5	9.687E−02(7.661E−03)	5.570E−02(2.426E−03)	**3.089E−02**(3.804E−04)
GLT6	1.446E−01(3.921E−03)	1.114E−01(9.708E−03)	**2.257E−02**(4.232E−04)

为了更仔细地分析 SMHPCRO 算法、MOPSO 算法、HPCRO 算法之间的差异，图 3.13 给出了三种算法在测试函数 GLT1～GLT4 上的收敛曲线图。从图 3.13 中可以看出，在测试函数 GLT1 上，HPCRO 算法在早期阶段的收敛性优于 SMHPCRO 算法。在后期演化阶段，HPCRO 算法能够获得良好的收敛性能。SMHPCRO 算法使用 SOM 方法，能够增强演化群体的多样性，避免算法陷入早熟收敛。HPCRO 算法在搜索的后期具有良好的收敛性，这是因为使用了两个分子的合成算子，能够促使算法跳出局部最优。在 GLT1 测试函数上，两种算法在后期保持相似的搜索性能。在 GLT2 测试函数上，SMHPCRO 算法的收敛性比 HPCRO 算法好。在 GLT3 测试函数上，SMHPCRO 算法比 HPCRO 算法具有更好的收敛性，这表明 SMHCRO 算法具有良好的平衡勘探和开采能力。在 GLT4 测试函数上，SMHCRO 算法在早期搜索阶段具有类似的收敛性能。在中间搜索阶段，SMHCRO 算法具有比 HPCRO 算法更好的性能指标。在后期搜索阶段，SMHCRO 算法和 HPCRO 算法具有类似的收敛性能。

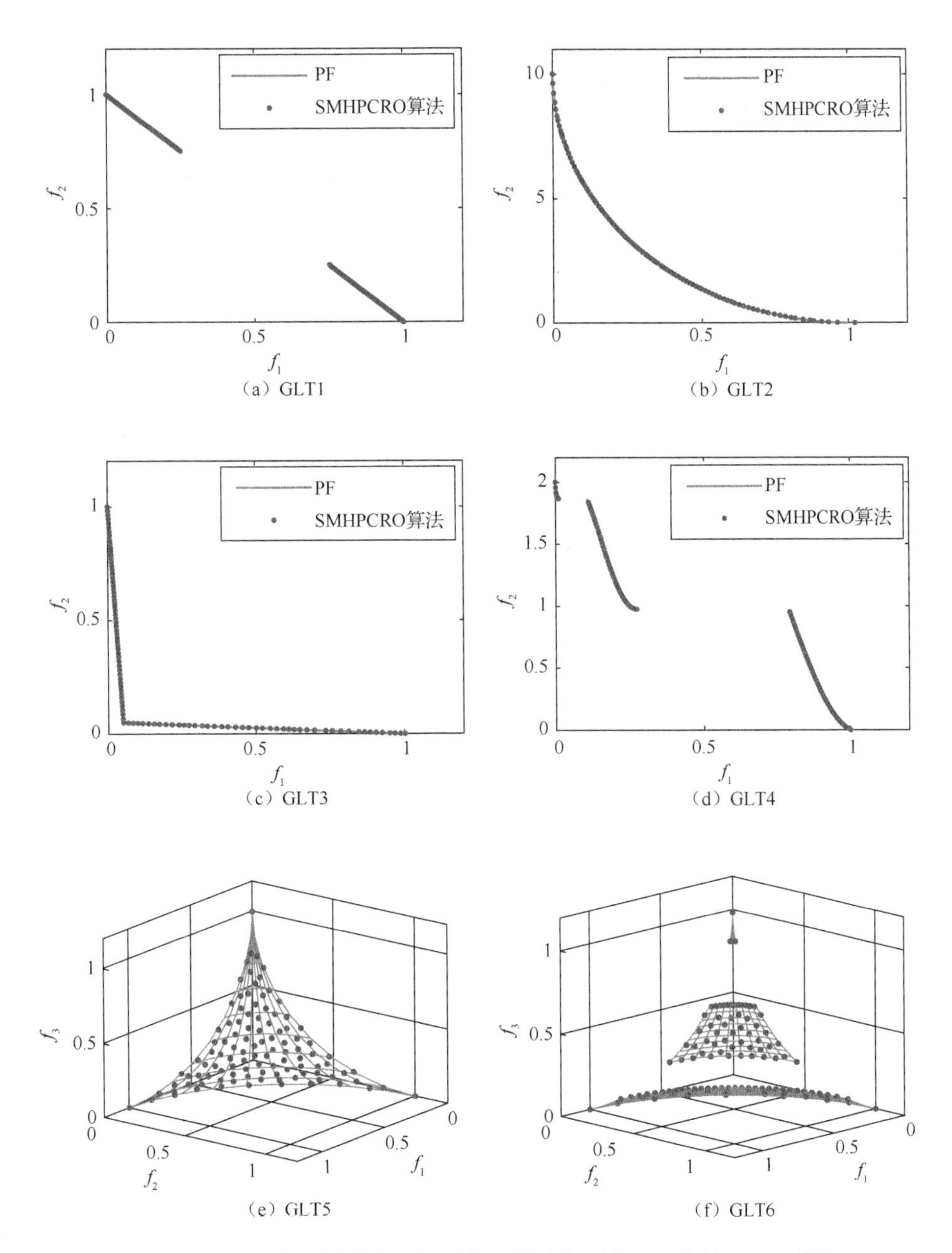

图 3.12 SMHPCRO 算法在不规则前沿的测试函数 GLT 上的 Pareto 前沿

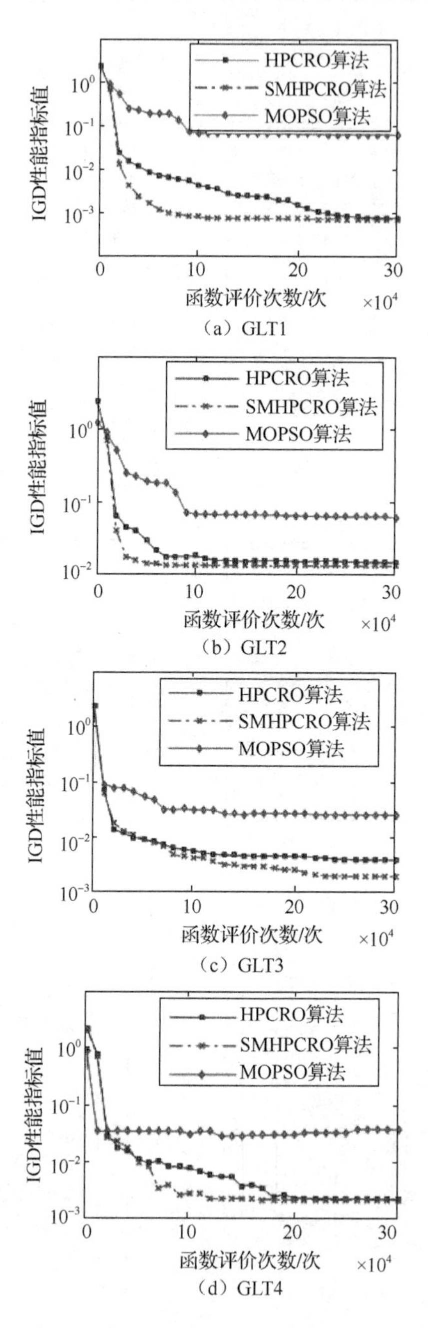

图 3.13　SMHPCRO 算法、MOPSO 算法和 HPCRO 算法在测试函数 GLT1～GLT4 上的收敛曲线

第 4 章　人工内分泌系统模型

4.1　生物内分泌系统

人们对内分泌现象的认识可追溯到很久远的年代，但内分泌学作为一门独立的学科不过百年的历史。近年来，由于分子生物学、细胞生物学、免疫学、遗传学、生态学、心理学和临床医学等学科新理论、新技术的不断渗透和影响，现代内分泌学各领域都发生了革命性的变化和发展(廖二元等，2007；Felig et al.，2001；杨钢，1996)，人们对内分泌系统的信息处理机制也有了更加深入和全面的理解。

4.1.1　内分泌系统的组成

内分泌系统是机体重要的生理调节系统，由内分泌腺体和散布于全身不同组织的分泌细胞组成，依靠激素传递信息，在细胞的生长、分化、凋亡及保持机体内环境稳定中发挥着重要作用。按照定义，激素是指由生物体的内分泌细胞分泌，经血液循环系统运送到其他远处组织器官并调节靶细胞功能的高效生物活性物质。

蛋白质、肽类激素的合成经历转录、翻译和翻译后等过程。受到内分泌细胞刺激后，囊泡与细胞膜融合，贮存在囊泡中的激素就从内分泌细胞中释放出来。胺类和类固醇激素分别以酪氨酸和胆固醇为原料，通过一系列酶促反应而合成。由于类固醇激素是高度脂溶的，其在细胞内合成后可通过简单的扩散作用出胞，直接进入血液循环系统。

激素的释放具有阶段性，也就是说，大多数激素的释放是在短时间内突然发生的，在两次突发释放之间很少或不释放激素。因此，血浆中的激素浓度会在短时间内迅速波动。

激素运输的路线有长有短，形式多样。在血液循环过程中，一部分激素与特定的血浆蛋白结合；另一部分激素以游离状态在血液中运输。需要特别指出，结合态激素无活性，它必须转变为游离态激素才具有相应的生理作用。

激素从释放出来到消失经历的生命周期有长有短，一般采用半衰期来衡量激素的有效期。肽类激素的半衰期较短，一般为 3～7min。类固醇激素的半衰期随激素的类型和分子结构而异，但一般较肽类激素长，多为数小时，少则达数周以上。

4.1.2 激素间的作用方式

现代内分泌医学研究发现，各种内分泌腺体虽位于身体不同部位，但其分泌的激素的作用并不孤立，而是相互联系、相互影响的，共同形成一个完整精巧的调节基本生命过程的内分泌系统，使其具有很强的可变性、精确的等级性和较高的安全系数。普遍认为，激素间存在以下几种相互作用的形式：

（1）一种激素多重作用。许多激素在不同组织中或同一组织的不同生命周期中，表现出不同的生理作用。例如，睾酮具有促进男性胚胎的性分化、刺激男性泌尿生殖道生长、调节精子生成和促红细胞生成素合成、促进性毛和体毛的发育与生长、促进前列腺增生等功能。从基因及现代分子生物学观点来看，一种激素的多重作用具有相同的作用机制。

（2）多种激素同一功能，即激素的协同作用。在人体内，几乎所有的生理功能、病理反应等生命过程是在多种激素和多种细胞因子的共同控制和相互作用下完成的。例如，升血糖这一生命过程是在胰高血糖素、肾上腺素、去甲肾上腺素、皮质醇、生长激素的直接作用下，以及甲状腺激素影响食欲、生长抑素抑制胰岛素、胰高血糖素的释放和抑胃肽增强胰岛素分泌等间接作用下产生的。

（3）激素的相反作用，即拮抗作用。例如，甲状旁腺具有升血钙的作用，而降钙素具有降血钙的作用。

（4）激素的允许作用。激素本身不能在所作用的器官或细胞上直接引起某种生理效应，但其能使其他组织对某些生理信息（神经冲动、激素或代谢产物）的敏感性增加，是其他激素产生生理效应的必要条件。例如，去甲肾上腺素的升压作用必须依赖于皮质醇的存在。

当然，激素间还存在一种所谓的中性作用，即两种激素之间彼此不受影响。

4.2 人工内分泌系统的研究进展

1984 年，Mori 提出的自治分布系统（autonomous decentralized system，ADS）是基于激素的方法构建一个鲁棒、灵活、在线修复系统的有益尝试（Ihara et al.，1984；Miyamoto et al.，1984）。ADS 采用基于消息内容的编码通信协议来通信，随后在其他工业问题中，该系统表现出良好的在线扩展、在线保持和错误容忍特性（Mori，2001）。

4.2.1 人工内分泌系统的理论模型

生物内分泌系统和人工内分泌系统（artificial endocrine system，AES）理论模型的提出和发展对于人工内分泌系统研究具有同等重要的作用。20 世纪 50 年代以来，研究学者提出许多生物内分泌激素调节模型（Kyrylov et al.，2005；Farhy，

2004；Farhy et al.，2001；Keenan et al.，2001；Liu et al.，1999；Li et al.，1995；Danziger et al.，1957），大多数的内分泌仿真模型研究内分泌系统中观察到的特殊现象，将模型得到的结果与生物组织或者试管实验数据比较，以验证模型的正确性。人们对微分方程理论研究比较系统，某些简化的微分方程能够得到其解析解，因此用微分方程模拟复杂系统对于医学家和内分泌学家来说是一种理想的研究方法，能够更好地理解内分泌系统局部动力学特征。

但是从智能控制角度来看，下面这些缺点使微分方程不适用于内分泌系统在智能控制方面的研究：①只有涉及一小部分变量的内分泌学理论可以建模；②微分方程难以描述人类内分泌系统的多样性、随机性、不确定性和对初值状态的敏感性等复杂系统的特性；③不同内分泌现象之间的关系几乎无法用微分方程表达，因此把关于不同内分泌现象的理论在同一个模型中结合并实现就变得异常困难；④对微分方程的简化通常是从数学角度进行的，因此基于微分方程模型的运行结果与实际内分泌系统往往差别很大；⑤微分方程模型一般不具有可视化地再现生物内分泌系统微观动态演化特性的能力，无法对动力学系统的微观演化过程进行可视化模拟；⑥微分方程主要依赖于已知变量之间的关系，而智能控制研究的是未知关系。

下面对几种常见的 AES 理论模型进行简单的介绍，并指出各自的主要特征。

激素计算模型（computational model of hormones）是一类具有明显生物学背景的 AES 理论模型。美国哈佛医学院的 Kravitz（1988）以龙虾作为研究对象，系统阐述了神经激素与神经系统相互配合，共同控制龙虾行为的原理，如图 4.1 所示。Brooks（1991）以该行为控制模型为基础，提出了激素计算模型，其采用激励水平来描述行为被激励的程度。基于激素计算模型构建的机器人展现出良好的生存能力和高效性，且行动选择过程中不会产生冲突现象，但在学习能力和伸缩性等方面尚待提高和完善。随后，Avila-Garcia 等（2005，2004）提出了激素调节模型，在行为决策过程中充分发挥情感的作用，是理想的处理内部和外部刺激的解决方案。

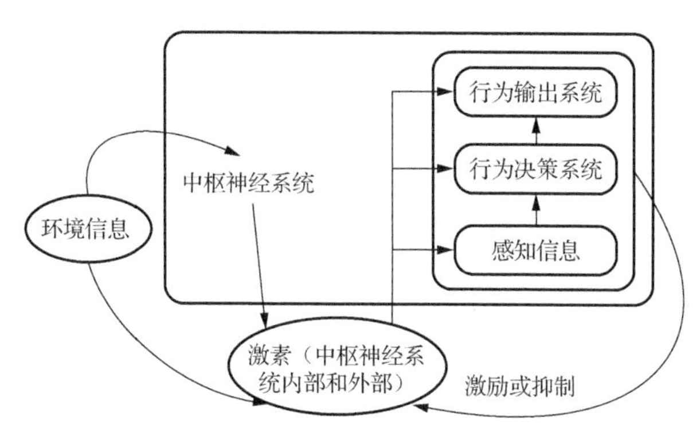

图 4.1　龙虾的行为控制原理（Kravitz，1988）

以 Turing 的反应-扩散模型为基础，Shen 将随机推理和行动、动态网络配置、分布式控制、自组织、自适应和自学习机制有机融合在一起，提出了数字激素模型（digital hormone model，DHM）（Shen，2003；Shen et al.，2002a，2002b）。该模型包括三个部分：①动态网络；②单个机器人行动选择的概率函数；③激素反应、扩散和消耗的数学方程等。DHM 可以用公式（4.1）～公式（4.3）加以描述：

$$\mathrm{DNSR}_t = \left(N_t, E_t\right) \tag{4.1}$$

$$P\left(B \middle| C, S, V, H\right) \tag{4.2}$$

$$\frac{\partial C(x,y)}{\partial t} = \left[a_1 \frac{\partial^2 C(x,y)}{\partial x^2} + a_2 \frac{\partial^2 C(x,y)}{\partial y^2}\right] + R - bC(x,y) \tag{4.3}$$

式中，DNSR_t 为 t 时刻的动态网络；N_t 和 E_t 分别为动态网络在 t 时刻的所有节点（机器人）和边（机器人之间的有效联系）的集合；B 为从局部传感器和执行器接收到的行动命令，以及改变网络结构、释放激素等行动命令；C 为网络拓扑信息；S 为传感器信息；V 为状态信息；H 为接收到的激素信息；P 为单个机器人依据 C、S、V、H 等信息选择行动时所遵循的概率函数或规则；$C(x, y)$为二维空间中位于(x, y)处某激素的浓度函数；a_1、a_2、b 为常数。公式（4.3）的右边三项依次为激素的反应量、扩散量和消耗量。数字激素模型具有结构简单、数学定义清晰、应用领域广泛等优点（Xu et al.，2010；Bayindir et al.，2007；Jiang et al.，2004；Shen et al.，2004），很有希望成为一个通用的 AES 理论模型。但该模型中机器人缺乏协商和合作机制，因此难以处理动态目标和多目标等复杂状况。

目前，计算机网络和软件系统越来越复杂，大量不同种类的设备和传感器广泛分布在人们周围，从而加剧了计算的复杂性，因此迫切需要一种具备“self-x”特性的自组织系统。Brinkschulte 等提出人工激素系统（artificial hormone system）来解决异构处理单元的任务分配、协调、管理问题（Brinkschulte et al.，2008，2007；Von Renteln et al.，2008），在该系统中，包括三种激素：期望值（决定一个异构单元执行任务的优劣）、抑制激素（抑制异构单元执行某任务）、催化激素（激励异构单元执行某任务）。作者分析了在最不利情况下完成自我重构、自我优化、自我修复所花费的时间，以及引入人工激素系统所增加的通信负载。此外，Trumler 等（2006）提出的基于人工激素系统建立自组织系统的通用方法也值得关注，但是该人工激素系统是基于异步处理机制的，在发送请求节点处容易产生过载现象（Streichert，2007）。

4.2.2　AES 与其他自然计算方法的结合

Neal 等（2004，2003）认为机体的平衡是神经系统、免疫系统和内分泌系统三大系统之间相互作用的产物，完整地阐述了人工神经网络（artificial neural network，ANN）、人工免疫系统（artificial immune system，AIS）、AES 三者相互结合和协同作用的机理，并提出人工平衡系统（artificial homeostatic system，AHS），如图 4.2 所示。AHS 由人工神经网络、人工免疫系统、人工内分泌系统和系统外部边界四部分构成。其中，人工神经网络与外部传感器和执行器相连接，从外部环境接收刺激信息，经过智能计算方法处理后，控制相应的执行器做出正确的反应。人工免疫系统借助抗原识别抗体的理论，可以剔除大量冗余或者有害的神经元，刺激有益神经元的繁殖与增长。虽然人工内分泌系统并不直接影响系统的外部行为和具体表现形式，但是激素浓度的高低直接影响人工免疫系统中 B 细胞和各类 T 细胞等发挥作用，可以在较长时间内有效调节系统特征。系统外部边界提供与外部环境的接口，外部环境通过感知信道来接收信息。随后，Vargas 和 Moioli 引入腺体池和激素释放机制，丰富了该项研究成果（Moioli et al.，2008a，2008b；Vargas et al.，2005）。这些理论成果没有将自适应性引入人工平衡系统中，一旦人工平衡系统训练完毕，系统不能获得新知识，因此难以对新环境做出及时且正确的反应。

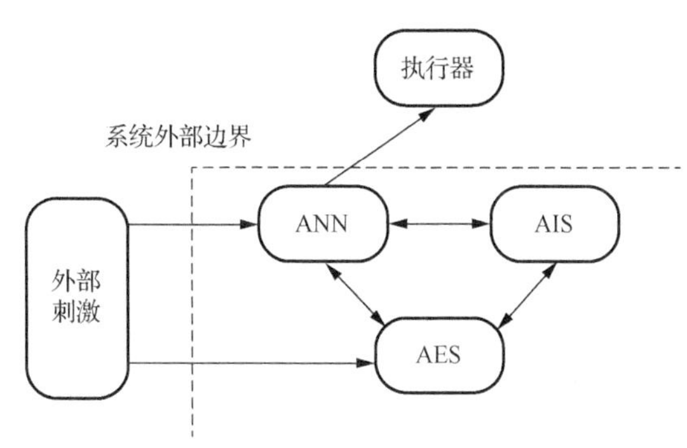

图 4.2　人工平衡系统（Neal et al.，2004）

黄国锐等（2004）借鉴生物系统控制的理论，设计一种多 Agent 的体系结构。在此结构中包含遗传、神经和内分泌控制子系统，用脑神经系统接受内、外环境信息，通过情感学习模型产生情感因子，再由情感因子调节脑神经系统的记忆和行为决策，最后脑神经系统的记忆与行为模式由遗传系统继承。该结构有效避免脑神经系统复杂的自学习过程，同时保证系统的行为决策具有较高的自组织、自适应能力。

4.2.3　AES 的应用研究

机器人学是最早开展人工内分泌系统应用研究的方向，也是最成功的领域之一。Shen 等提出基于生物激素概念的分布式控制机制（Krivokon et al.，2005；Shen et al.，2002c，2000a，2000b；Salemi et al.，2001），其基本思想是将自重构系统看作是一个网络，网络中的节点就是单个自治机器人，拥有独立的能量、流程、加速器、传感器和连接器，节点间通过传送激素信息联系和交流。将激素看作是触发不同模块、不同行为的信号，行为一旦被触发，各个模块就独立执行选定的任务。Mendao（2007）利用激素信号来协调单个自治机器人同时完成多个任务。每一个任务对应一个腺体，并以固定的速率释放激素到激素池中，当激素池中的激素满足一定数量要求，它就释放出来变成自由激素，开始在全局范围内传播。其中，具有最高浓度的自由激素驱动行为控制模块执行相应的任务，且执行任务期间，该腺体停止释放激素。随后，Walker 等（2008）将其扩展到多个自治机器人的任务分配系统，在没有中央控制的前提下以较低的复杂度动态地分配任务，以使对各个机器人和外部环境的改变能够主动地做出正确反应。机器人之间广播目前执行的任务，当某个机器人收到该信息后，它停止释放相关的激素，激素池中的激素数量也会相应衰减。然而，该系统对于微小的环境改变和参数调整过于敏感，会直接影响系统整体性能。

生物智能控制已经发展为现代控制理论的一个重要分支，其中出现了越来越多的生物智能控制器或算法。基于神经内分泌系统的激素分泌调节原理和下丘脑—垂体—肾上腺素调节回路模型，刘宝等设计了一种非线性生物智能控制器，该智能控制器具有两级控制体系结构，其中一级控制器能够根据实时控制偏差的大小，依据激素分泌规律动态调整二级控制器的参数（刘宝等，2008，2006a；Liu et al.，2005b）。Greensted 等（2005，2004，2003）提出一个多处理器系统的通信系统软件模型，各处理器之间的通信类似于生物内分泌系统，通过模拟由激素浓度支配的反馈机制，可以控制多处理器系统之间的数据单元和信息包。这种软件模型在变结构、自组织、自适应环境方面展示出良好的鲁棒性和容错性，具有良好的实际应用价值。

此外，人工内分泌系统还应用于人机情感交流（黄国锐，2003；Ogata et al.，1999；Sugano et al.，1996）、解耦控制器（刘宝，2006；刘宝等，2006b；Liu et al.，2005a）、自动网络管理（Balasubramaniam et al.，2007）等问题中。有关 AES 理论模型和应用研究现状等更详细的内容，可参阅综述文献（Xu et al.，2011b），此处不再赘述。

4.3 LAES 模型设计与分析

4.3.1 模型设计

随着生物内分泌科学研究成果的日益丰富和完善，以及人工内分泌系统理论研究的逐渐深入和应用领域的不断拓展，人们逐渐意识到现有的理论模型和应用算法所固有的一些缺陷。首先，人体内激素种类众多，来源复杂且生理作用各异，广泛分布于血液、组织液、细胞间液、细胞内液和神经节囊泡空隙等部位。上述模型和算法中，内分泌细胞生理结构和作用完全相同，因此难以体现出激素结构的多样性以及激素间相互作用形式的复杂性。其次，激素的有效浓度是由激素合成与释放速率、降解与转换速率共同决定的，所有这些过程受到脑神经系统的精细调节，使得激素的生理浓度维持在合理的范围内。大多数模型和算法假定激素的降解与转换等代谢过程瞬间完成，而且代谢得十分彻底。因此，当前的激素浓度仅仅与当前的内分泌细胞分布有关，而与历史分布无关。最后，以上理论模型和应用算法往往强调和模拟生物内分泌系统的某些局部特征，难以全面揭示内分泌系统的整体特性，如自组织性和自修复性等。针对上述问题，借鉴生物内分泌系统信息处理机制，特别是受激素间、系统与环境间协同作用的启发，本章提出基于晶格的人工内分泌系统（lattice-based AES，LAES）模型。

LAES 模型的基本思想是在晶格网络环境空间内，内分泌细胞群体动态分布和移动，无须集中控制策略或“领导者”细胞，各内分泌细胞仅利用累加激素信息相互通信，协调各自动作，在靶细胞的干预和指导下，完成特定的任务。累加激素信息没有地址标识，在整个晶格网络内部自由传播。每个内分泌细胞依据所获取的累加激素信息、局部拓扑结构和自身状态信息来决定下一步如何行动。

从数学的角度考虑，LAES 可以抽象为一个五元组模型，即 LAES = (L_d, EC, TC, H, A)。式中，LAES 表示一个基于晶格的人工内分泌系统，它由环境空间 L_d、内分泌细胞 EC、靶细胞 TC、激素 H 和算法 A 五部分共同组成。

1. LAES 模型设计

LAES 模型中，所有的组成要素只能在有限的范围内生存、通信、移动或消亡，称该范围为环境空间 L_d，其中 d 是正整数，表示环境空间的维数。首先研究 $d = 2$ 的情形，在时机成熟时，再将相关研究思路、方法和成果推广到高维情形。人体内分泌系统在十分广阔的范围内发挥重要的调节作用，内分泌细胞自由地分布在整个环境中，并占据一定的空间位置。为处理方便且不失一般性，首先将二维的环境空间离散化，分解为多个晶格单元，显然离散化的尺度越小，晶格单元的数目越多。此处，晶格单元的形状没有特别的限制，通常为标准的正方格，如图 4.3 的背景所示。L_{xy} 表示位于第 x 行第 y 列的晶格单元所处的状态，其中 L_{xy}=0 表示该晶格单元处于空闲状态，L_{xy}=−1 表示该晶格单元为障碍物，每个晶格内只能存在一个内分泌细胞。

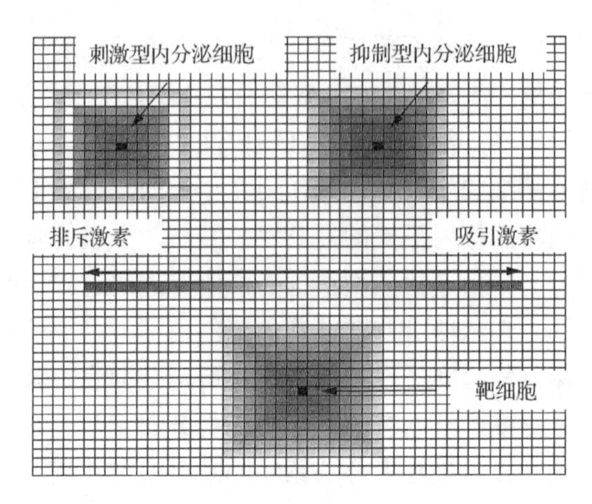

图 4.3　基于晶格的人工内分泌系统

内分泌细胞 EC 又称为单元或基本单元，是人工内分泌系统中最基本的组成部分。出于降低成本和复杂性的考量，单个内分泌细胞必须尽可能的简单。在本章中，每个内分泌细胞由负责感知相邻晶格内激素浓度的传感器 A_E 和激素释放器 B_E 构成。如前所述，激素释放的过程具有阶段性，持续时间十分短暂，据此将内分泌细胞释放激素的过程离散化，激素释放器 B_E 仅在相应的时刻释放一定量浓度的激素。另外，内分泌细胞种类繁多，生理功能不尽相同，可以根据晶格单元内相邻两个时刻激素浓度变化情况，将内分泌细胞分为刺激型内分泌细胞 EC_A 和抑制型内分泌细胞 EC_I 两类。$L_{xy}=1$ 表示该晶格单元的激素浓度升高了，此时为刺激型内分泌细胞，如图 4.3 左上部所示；$L_{xy}=2$ 表示该晶格单元的激素浓度降低了，此时为抑制型内分泌细胞，如图 4.3 右上部所示。

靶细胞 TC 是指能够接受内分泌细胞分泌激素刺激的器官或细胞，具有与激素特异性结合的受体，如图 4.3 下部所示。通常，靶细胞就是需要完成的任务或者需要达成的若干个目标，它可以抽象为一个激素释放器 B_T，并持续不断地释放一定量浓度的激素，以吸引周围的内分泌细胞。需要特别注意的是，内分泌细胞不会凭空产生，也不会消亡，只能按规则在环境空间内自由移动。当内分泌细胞移动到靶细胞所处的位置，并完成既定任务后，靶细胞自动消亡，并停止释放激素。

激素是由内分泌腺体或内分泌细胞分泌的高效生物活性物质，通过调节各组织细胞的代谢活动影响人体的生理活动。本章中，激素 H 包括排斥激素 H_r 和吸引激素 H_a 两类，如图 4.3 中部所示。通常，靶细胞只释放吸引激素，以吸引周围的内分泌细胞，并指导其完成特定的任务。抑制型内分泌细胞只释放排斥激素，以阻止其他内分泌细胞重复搜索相同或相近的区域。刺激型内分泌细胞既释放排斥激素，又释放吸引激素，且吸引激素的浓度大于排斥激素的浓度，其目的在于促使更多的内分泌细胞沿着相近的道路搜索，增加捕获靶细胞的概率。

激素的作用范围有限，该作用范围内的空间域称为邻域。原则上，对邻域的大小和形状没有限制，参考元胞自动机模型中邻域的选取方式，本章采用扩展的 Moore 型邻域作为激素的作用范围，表示为

$$N_{\text{Moore-}r}=\left\{\left(N_x,N_y\right)\middle|\,|N_x-x|\leqslant r,|N_y-y|\leqslant r,\left(N_x,N_y\right)\in Z^2\right\} \tag{4.4}$$

式中，N_x、N_y 分别为邻域细胞的行、列坐标值；x、y 分别为中心细胞的行、列坐标值；r 为邻域半径。

模型中激素释放后，通过血液循环系统在相应的邻域内转运，运输路线的长短由邻域半径 r 决定。在运输过程中，激素以结合态和游离态两种形式存在，且仅有游离态激素具有生理活性。假定处于不同位置的游离态激素的浓度大体遵循正态分布，若 t 时刻 L_{ab} 处的内分泌细胞 j 释放的第 i 类激素转运到 L_{xy} 处，则游离态激素的浓度描述如下：

$$H_{ij}\left(x,y,t\right)=\frac{a_i}{2\pi\sigma_i^2}\mathrm{e}^{\frac{(x-a)^2+(y-b)^2}{2\sigma_i^2}}\quad\left(|x-a|\leqslant r,\quad |y-b|\leqslant r\right) \tag{4.5}$$

式中，σ_i^2 为标准方差，反映转运过程中损耗的快慢；a_i 为常数，反映游离态激素的比例。

随着时间的推移，在转运或降解等代谢过程的共同作用下，激素浓度会逐渐降低，甚至消耗殆尽，因此需要内分泌细胞合成和释放新的激素，以维持机体激素浓度的自然平衡。L_{xy} 处的累加激素浓度 $H(x,y,t)$ 由代谢消耗后，上一时刻遗留的激素 $H'(x,y,t)$ 和当前时刻多个内分泌细胞合成和释放的激素 $H_{ij}(x,y,t)$ 共同构成，描述如下：

$$H\left(x,y,t\right)=\begin{cases}\sum_{j=1}^{m}\sum_{i=1}^{n}H_{ij}\left(x,y,t\right)+H'\left(x,y,t\right)\ , & t>0\\ \sum_{j=1}^{m}\sum_{i=1}^{n}H_{ij}\left(x,y,t\right)\ , & t=0\end{cases} \tag{4.6}$$

$$H'\left(x,y,t\right)=\left(1-\alpha\right)H\left(x,y,t-1\right) \tag{4.7}$$

式中，m 为邻域内内分泌细胞的数量；n 为激素种类；α 为代谢消耗系数。

2. 算法 A 的设计

算法 A（如算法 4.1 所示）表示人工内分泌系统各要素相互协作，共同完成特定任务的流程，其伪代码如下。

算法 4.1　算法 A

1: **输入：**环境空间 L_d: Width×Length、内分泌细胞的初始分布：{(EC_{ix}, EC_{iy})

2: 　　$i = 1, 2, \cdots, M$}和靶细胞的初始分布: {(TC_{ix}, TC_{iy}) $i = 1, 2, \cdots, N$}

3: **输出：**内分泌细胞移动轨迹

4: **算法步骤：**

5: Initialize　　// 初始化

6: $t = 0$

7 **while** $N \neq 0$ **do**

8: 　$EC_A = \varnothing$

9: 　$EC_I = \varnothing$

10: 　**for** $j = 1{:}M$ **do**

11: 　　Determine a category and add it into EC_A or EC_I　　// 分化

12: 　　**for** $(x, y) \in N_{moore\text{-}r}$ **do**

13: 　　　Compute $H_{rj}(x, y, t)$ and/or $H_{aj}(x, y, t)$ according to Eqn. (4.5)　// 转运

14: 　　**end for**

15: 　**end for**

16: 　**for** $j = 1{:}N$ **do**

17: 　　**for** $(x, y) \in N_{moore\text{-}r}$ **do**

18: 　　　Compute $H_{aj}(x, y, t)$ according to Eqn. (4.5)　　// 转运

19: 　　**end for**

20: 　**end for**

21: 　**for** $i = 1{:}$Width **do**

22: 　　**for** $j = 1{:}$Length **do**

23: 　　　Compute $H'(x, y, t)$ according to Eqn. (4.7)　　// 新陈代谢

24: 　　　Compute $H(x, y, t)$ according to Eqn. (4.6)　　// 合成和释放

25: 　　**end for**

26: 　**end for**

27: 　**for** $j = 1{:}M$ **do**

28: 　　$EC_{jx} \leftarrow$ New EC_{jx} according to move rule R　　// 更新位置

```
29:         ECjy ← New ECjy according to move rule R
30:         if endocrine cell j is coincide with one of Target Cells do
31:           Do the job                                   // 完成任务
32:           N ← N-1                                      // 靶细胞死亡
33:         end if
34:       end for
35:       t ← t+1
36:   end while
```

在 LAES 模型中，内分泌细胞的移动规则 R 是根据内分泌细胞状态信息、累加激素信息和局部拓扑结构确定下一时刻内分泌细胞移动方向的动力学函数。显然，所有的内分泌细胞遵守相同的移动规则，尽管移动规则仅依赖于局部信息，但极大地影响着系统的整体性能，使其表现出复杂的行为状态。

如图 4.4 所示，假定内分泌细胞所处晶格单元的累加激素浓度为 h_0，它周围紧邻的 8 个晶格单元的累加激素浓度分别为 $h_1, h_2, h_3, \cdots, h_8$。基于上述定义，移动规则 R 描述如下。

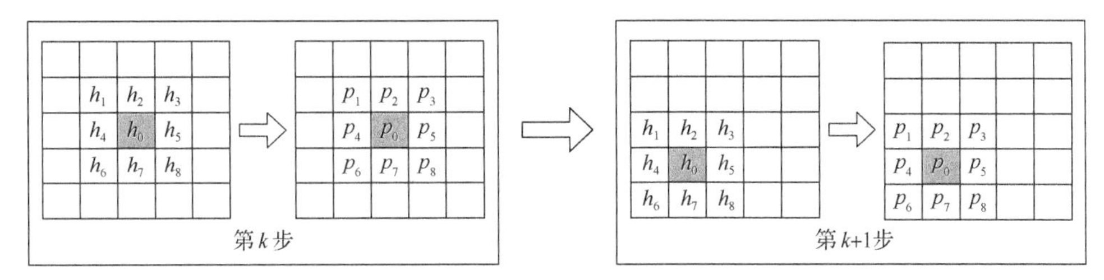

图 4.4　内分泌细胞依据移动规则移动的实例

步骤 1：根据累加激素的浓度计算各个晶格单元的选择概率 p_i $(i = 0, 1, 2, \cdots, 8)$。本章采用的方法可表示如下：

$$p_i = \begin{cases} 10 \times h_i\ , & h_i > 0 \\ 1\ , & h_i = 0 \\ -\dfrac{1}{h_i}\ , & h_i < 0 \end{cases} \tag{4.8}$$

步骤 2：内分泌细胞依据轮盘赌方式确定下一步移动的方向。

步骤 3：各个内分泌细胞首先虚拟移动。如果多个内分泌细胞占据同一晶格单元，则随机移动到距离最近的空闲晶格单元。

本章采用的移动规则 R 既保证内分泌细胞以较大概率选择吸引激素浓度较高的晶格单元，又简化了计算过程，提高了算法效率。

4.3.2 模型分析

内分泌系统虽然也受神经系统的影响和控制，但其主要功能都是通过内部各个子部分的相互作用来自组织实现的。内分泌系统是一个高度一体化的系统，生命体内的各种激素形成一个连锁的复合体，它们从不单独发生作用，一种激素的作用受到其他激素的调整或制约，某一腺体功能过剩或不足可改变另一腺体产生激素的速率。大量的例子表明，一些激素和另一些激素的作用可产生相反的效应。例如，胰岛素有全面降低血糖的作用，但胰高血糖素的作用正好相反。某些垂体前叶细胞受正中隆起双重促垂体激素控制，一种促进分泌物的释放；另一种抑制分泌物的释放。总之，内分泌系统通过内部各个子系统相互间的局部协同作用凸显其整体的动态平衡特性。

先天发育或者后天疾病可以导致腺体机能的亢进或低下，表现为某种激素的过多或缺乏，从而在生命体征上显现为病态或亚健康状态，甚至出现内分泌系统疾病。现代分子内分泌学研究表明，生命机体能够采取有效措施，维持激素水平的平衡，预防内分泌疾病的发生。通常情况下，同一生理功能由多种激素完成，如果缺乏某种激素，生命体可以合成、转化和释放较多的其他激素代替该激素，从而维持生理功能的稳定。

本章的目的之一就是检验 LAES 模型是否具有类似的自组织和自修复特性。为此，试图回答和讨论如下几个问题：

（1）LAES 模型是否可以借助简单的移动规则，自组织地形成某种模式？

（2）内分泌细胞的种群规模对最终形成的模式影响如何？

（3）内分泌细胞释放激素的数量和分布对最终形成的模式影响如何？

（4）通常情况下，两类内分泌细胞数量的变化趋势如何？

（5）遇到外部环境发生剧烈变化时，LAES 模型能否维持某种模式？

为了回答上述问题，设计了相应的 4 组实验。LAES 模型采用 JAVA 语言来实现，实验数据采用 SPSS 14.0 处理和分析，运行环境为 Pentium IV 2.4 GHz，内存为 512 MB，人工内分泌系统的环境空间为 100×100 的二维晶格网络。

第一组实验中，内分泌细胞释放激素的数量和分布是相同的，内分泌细胞的种群规模在 10%（约 1000 个内分泌细胞）到 70%（约 7000 个内分泌细胞）变化。最初这些细胞在整个环境空间内是随机分布的，每次实验执行 500 步，分别记录第 1、5、20、50、100、500 步迭代时内分泌细胞和激素浓度的分布情况，结果如图 4.5 所示。所有的实验结果表明，内分泌细胞形成了一定的模式。当种群规模相对较小时，内分泌细胞形成许多相对孤立的聚类（如图 4.5 下面两行所示），而且聚类的大小依赖于细胞的种群规模。当细胞种群规模不断增大，这些相对孤立的聚类在大量吸引激素的作用下相互靠拢，内分泌细胞逐步形成带状模式（如

图 4.5 上面两行所示）。需要注意的是，带状模式的方向可以是水平的，也可以是垂直的，且具有不可预测性。即使对于相同的初始分布，由于单个内分泌细胞行为的不确定性，内分泌系统所展现出带状模式的方向，既可能是水平的，也可能是垂直的。

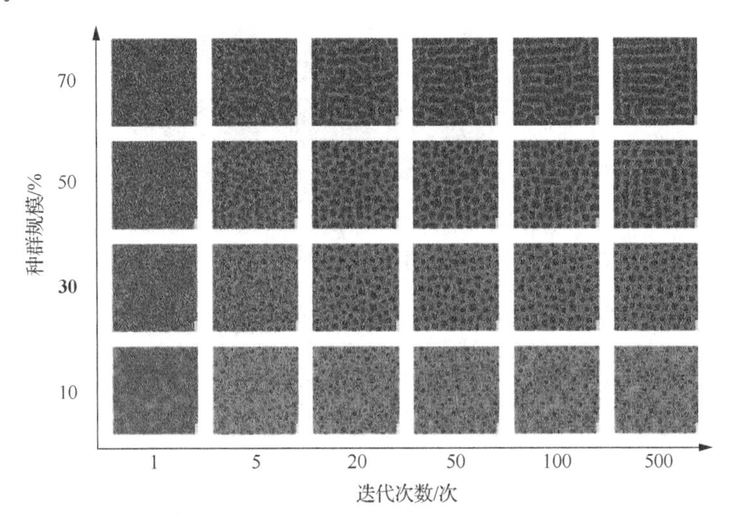

图 4.5　种群规模对最终形成模式的影响

第二组实验中，内分泌细胞的种群规模和内分泌细胞释放激素的分布是相同的，内分泌细胞释放激素的数量是变化的，大致分为多、适中、少三种情况。当两类内分泌细胞释放激素的数量比较平衡时（如图 4.6 右上—左下对角线所示），经过 500 步迭代，内分泌细胞种群形成的模式清晰可见。当刺激型内分泌细胞释放激素数量占优时（如图 4.6 右下部分所示），聚类规模在逐渐增大，而且数量优势越明显，聚类规模也越大。相反，当抑制型内分泌细胞释放激素数量占优时（如图 4.6 左上部分所示），人工内分泌系统几乎不能形成某种模式。当 EC_I 释放激素数量远远多于 EC_A 释放激素的数量时，即使仿真时间无限延长，内分泌细胞也不会形成任何模式。这就说明，并不是所有激素数量都能使得人工内分泌系统表现出自组织特性。

第三组实验中，内分泌细胞的种群规模和内分泌细胞释放激素的数量是相同的，希望观察到内分泌细胞释放激素分布的变化对于最终形成模式的影响。从图 4.7 中可以看出，内分泌细胞释放激素的分布处于相对平衡状态时（如图 4.7 第 3 行所示），内分泌细胞形成的模式和第一组实验的结果是一致的，而且聚类规模会随着吸引激素的增多而逐渐变大。当吸引激素数量达到最大时，或者仅存在吸引激素时，内分泌细胞形成的聚类规模也最大（如图 4.7 第 4 行所示）。相反，如果排斥激素的数量累积到一定程度，即使仿真时间无限延长，内分泌细胞也不

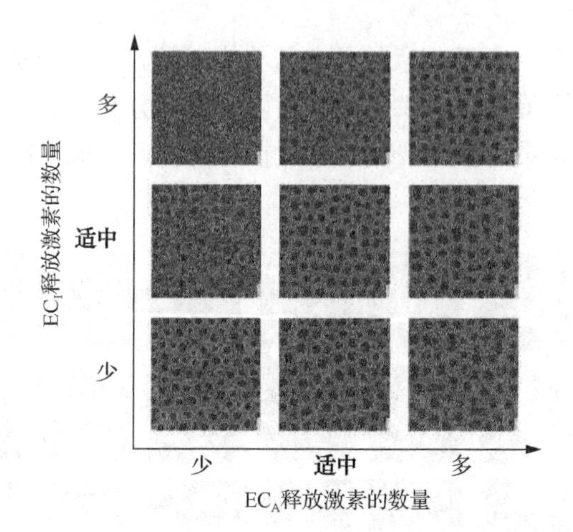

图 4.6　释放激素的数量对最终形成模式的影响

会形成任何模式（如图 4.7 第 1 行所示）。这也说明，并不是所有的激素分布情况都能使得人工内分泌系统表现出自组织特性。

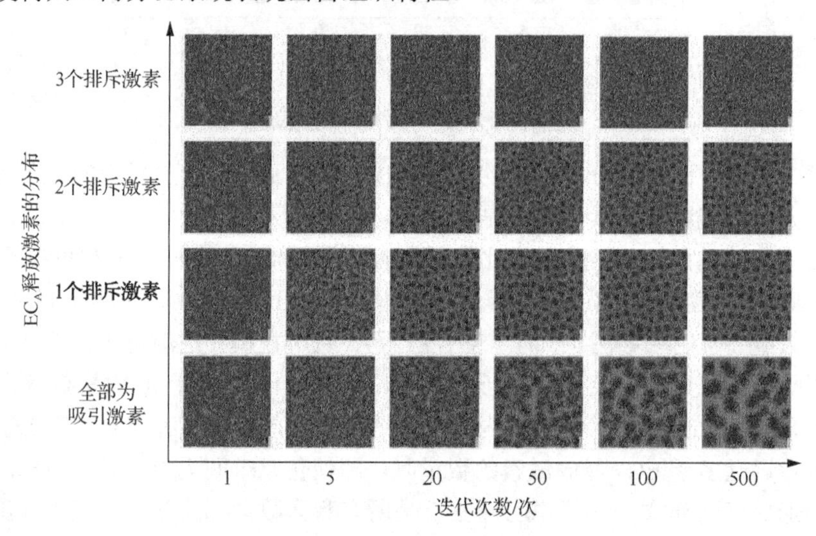

图 4.7　释放激素的分布对最终形成模式的影响

选取上述三组实验中的相同部分（图 4.5～图 4.7 中粗体部分），作为 LAES 模型的典型实验设置。为了消除内分泌细胞初始分布以及模型自身迭代引起的随机误差，独立运行典型实验 20 次，观察两类内分泌细胞数量的变化趋势。从图 4.8 中可以看出，最初，人工内分泌系统的晶格单元内不存在浓度变化情况，将所有内分泌细胞都认为是抑制型内分泌细胞。第 2 代时，大量的细胞分化为刺激型内分泌细胞，随后，刺激型内分泌细胞数量逐渐减少，抑制型内分泌细胞数量逐渐增加。在第 20 代左右，两者数量不再发生明显变化，趋于一种动态平衡。

大量仿真实验表明，数量变化曲线的峰值、趋于稳定的快慢以及两类内分泌细胞的数量比例受到多种因素的影响，但是两类内分泌细胞数量的变化趋势大体相同。需要说明的是，即便最初内分泌细胞全部是刺激型内分泌细胞，也能得到相似的结果。

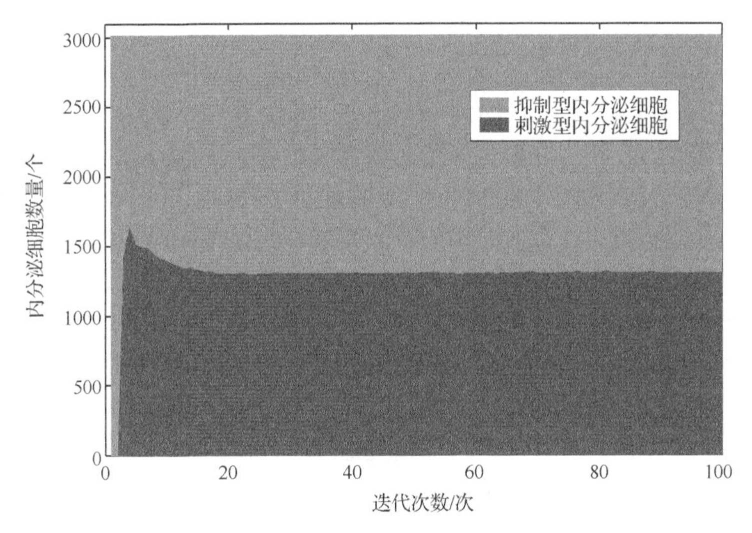

图 4.8　两类内分泌细胞数量的变化趋势

实验四的目的是观察 LAES 模型对于意外损害的自修复特性。首先假定人工内分泌系统已经形成了模式，趋于相对稳定状态（如图 4.9 第 1 列所示）。由于某种因素的影响，人工内分泌系统中心部分大约 15%的内分泌细胞遭到破坏（如图 4.9 第 2 列所示）。可以观察到，经过若干次迭代，人工内分泌系统能够再次形成某种模式，趋于另一个稳定状态。这就说明，内分泌细胞按照简单的行为规则行事，在没有全局信息的指导下，LAES 模型仍然能够形成新的模式，体现出生物内分泌系统的自修复特性。而且，修复的速度也比较快，仅需要 500～1000 代即可完成修复。

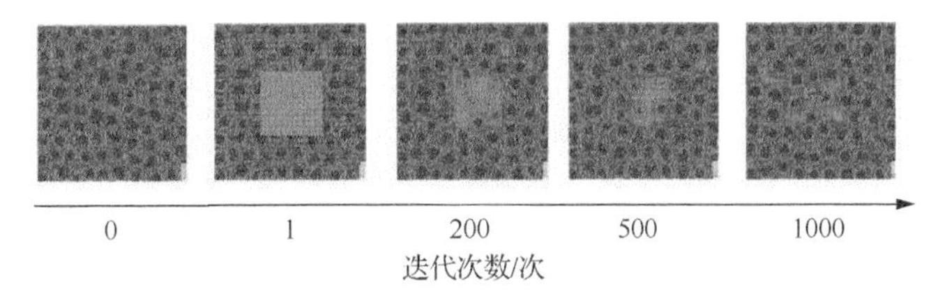

图 4.9　LAES 模型的自修复特性

第 5 章　反向学习策略

5.1　引　　言

现实世界中，广泛存在着表现形式和强度各异的反向概念，通常这些概念在不同学科领域被冠以不同的名称。例如，物理学中的反粒子、语言学中的反义词、概率论中事件的补集、仿真实验中的对照变量、文化领域内的相反俗语、哲学中的客观与主观、道德领域内的善良与邪恶、辩证法中的正题与反题等（Rahnamayan et al.，2008c）。表 5.1 包含了不同领域的反向实例和详细描述。此外，从这些名称可以看到反向概念的丰富程度：正相反的、对立的、相互矛盾的、截然不同的、迥然不同的、消极的、敌对的、对抗的、不相似的、格格不入的、反对的、反面的、背面的、不同的、分歧的。这些词汇描述了反向的不同概念，有助于从不同的角度理解实体及反向实体的本质特征（Tizhoosh et al.，2008）。

表 5.1　不同领域的反向实例和详细描述

反向实例	学科领域	详细描述
相反的粒子或元素	物理学	如磁极（N 极和 S 极）、相反的极性（正极和负极）、原子中的电子和质子、牛顿第三定律里面的作用力和反作用力等
反义词	语言学	与另外一个词语意思相反的词语（如热/冷、快/慢、上/下、左/右、昼/夜、开/关）
相反的俗语	文化	具有相反建议或意义的两个俗语（如文字的力量胜于武力，行动胜于雄辩）；俗语或者与之相对的俗语在某些特定的环境下能够提供最合适的解决方案
补集	集合论	①相对补集（$B-A=\{x\in B \mid x\notin A\}$）；②绝对补集（$A^{c}=U-A$，其中 U 表示全集）
反相器	电路设计	如果输入为零，反相器的输出就为 1；反之亦然
二元论	哲学和宗教	两个彼此相对的基本原则/概念。例如，中国哲学和道教中的“阴”和“阳”、科学哲学中的“主观”和“客观”、万物有灵论中的“高尚”和“邪恶”
辩证法	哲学	命题和反命题的交互而产生的结合体（如在印度教中，三个基本要素是创造之神（梵天）、守护之神（毗湿奴）和毁灭之神（湿婆））
经典元素	原型	原型的经典元素集合来解释自然界的模式（如希腊人的经典元素包括火（热和干燥）、土地（冷和干燥）、空气（热和潮湿）、水（冷和潮湿））

续表

反向实例	学科领域	详细描述
如果—那么—否则	算法	如果满足条件，那么执行某操作，否则执行另外的操作。当条件不满足时，执行另外的操作
事件的补	概率论	$P(A')=1-P(A)$
革命	社会政治	在很短的时间内，社会政治领域内发生的重大变革

反向学习（opposition-based learning，OBL）策略由 Tizhoosh（2005）提出，主要思想是同时考虑变量的当前估计值和对应的反向估计值，并比较两者优劣，进而获得当前候选解的最优近似。理论分析可以证明，与随机估计相比较，反向候选解能以更大的概率逼近全局最优解（Rahnamayan et al.，2008c）。

尽管最初提出反向学习策略是为了加快差分进化算法的收敛速度，但从本质上，反向学习策略具有普遍的适用性，并不依赖于具体的算法本身。OBL 思想已经成功应用于增强学习（Tizhoosh，2006，2005）、遗传算法（Lin et al.，2010；Tizhoosh，2006，2005）、差分进化（Rahnamayan et al.，2008b，2006a）、人工神经网络（Ventresca et al.，2007a，2006）、蚁群优化（Malisia et al.，2007；Montgomery et al.，2002）、记忆窗口（Khalvati et al.，2007）、模拟退火（Ventresca et al.，2007b）、粒子群优化（Han et al.，2007；Wang et al.，2007）、模糊集（Al-Qunaieer et al.，2010a；Tizhoosh，2009）和生物地理学优化（Bhattacharyaa et al.，2010；Ergezer et al.，2009）等算法中。

为了获得更大的概率来接近全局最优解，Rahnamayan 提出准反向学习（quasi-opposition-based learning，QOBL）策略，并将其应用于差分进化（Rahnamayan et al.，2007）、粒子群优化（Tang et al.，2009；Zhang et al.，2009）和生物地理学优化（Ergezer et al.，2009）等算法中。从数学的角度，准反向点在中间点和反向点之间均匀分布。此外，Wang 等（2009a）提出通用反向学习（generalized OBL，GOBL）策略，从形式上大大扩展了 OBL 策略。若解 $x\in[a,b]$，则反向解 $\breve{x}$ 可以定义为

$$\breve{x}=k(a+b)-x \tag{5.1}$$

显然，随着 k 值的不同，GOBL 可以转化为不同类型的反向学习策略。特别地，当 $k=1$ 时，GOBL 中反向个体的定义就简化为传统的反向学习策略中反向个体的定义。仿真实验表明，同时评价当前搜索空间和反向搜索空间内的解，能获得更好的最优解（Wang et al.，2011，2009a）。

OBL 思想的应用领域集中在函数优化问题，如大规模优化问题（Wang et al.，

2009b ；Rahnamayan et al.，2008d）、约束优化问题（Omran，2010；Omran et al.，2009）、带噪声的优化问题（Han et al.，2007；Rahnamayan et al.，2006b）、多目标优化问题（Dong et al.，2009；Peng et al.，2008）。另外，反向学习策略还广泛应用于旅行商问题（Ventresca et al.，2008；Malisia et al.，2007）、数据挖掘（Rashid et al.，2010；Ventresca et al.，2009；Yuchi et al.，2007）、非线性系统辨识（Subudhi et al.，2011）、国际象棋评价函数调整（Boskovic et al.，2011）、图像处理与理解（Boskovic et al., 2011；Subudhi et al., 2011；Al-Qunaieer et al., 2010a；Bhattacharyaa et al., 2010；Omran et al., 2010, 2009；Rashid et al., 2010；Dong et al., 2009；Ergezer et al., 2009；Tang et al., 2009；Tizhoosh, 2009；Ventresca et al., 2009, 2008；Wang et al., 2009a, 2009b；Zhang et al., 2009；Peng et al., 2008；Rahnamayan et al., 2008a, 2008b, 2007, 2006b；Sahba et al., 2008, 2007；Khalvati et al., 2007；Yuchi et al., 2007），以及其他工程应用领域（Bhattacharyaa et al., 2010；Ali et al., 2009；Shokri et al, 2008；Mahootchi et al., 2008, 2007）。

经典的和扩展的反向学习策略在函数优化和工程应用领域取得了巨大成功，与其形成鲜明对比的是，理论分析部分仍有待进一步深入研究。根据经验判断，若采用纯粹随机的方法从种群中选择候选解，算法往往会重复选择某些区域或不良区域。数学分析和实验结果都已经表明，反向解往往能够增加种群的多样性，并且与随机解相比较，距离全局最优解更近（Rahnamayan et al.，2008c；Ventresca et al.，2008）。文献（Rahnamayan et al.，2007）中证明了与反向点相比较，准反向点能够以更大的概率距离全局最优解更近。更进一步地，还定量地描述了准反向点的优秀程度（Ergezer et al.，2009）。通常来说，与反向点相比较，准反向点距离中心点更近。由此也可以说明，QOBL 为中心抽样理论（Rahnamayan et al.，2009）提供了关键性的证据。

有关基于反向学习优化算法的应用现状与发展趋势等更加详细的内容，可参阅综述文献（Al-Qunaieer et al.，2010b），此处不再赘述。

5.2　基于当前最优解的反向学习策略及算法

5.2.1　反向差分进化算法

差分进化算法是由 Storn 和 Price 提出的一种基于群体智能理论的全局优化算法（Storn et al.，1997，1995），具有较强的有效性、鲁棒性、可靠性和简易性（Price et al.，2005）。与其他常见的优化算法，如遗传算法、进化规划、粒子群优化等相比较，无论是解决众所周知的标准测试函数优化，还是现实世界的复杂问题，其在精确度、收敛速度、计算复杂度和鲁棒性等方面具有明显的优势（Price et al.，2005；Hrstka et al.，2004；Vesterstroem et al.，2004；Andre et al.，2001）。通常来说，每一个基于种群进化的优化算法都有各自的特征、优势和不足。由于种群进化过程中的进化或统计特性，计算时间大量消耗是这些算法的一个普遍性的关键缺憾。近年来，许多研究者致力于改进 DE 算法性能，并取得了丰硕的成果。

反向差分进化（opposition-based differential evolution, ODE）算法（Rahnamayan et al.，2008b）包括两个主要步骤：基于反向学习的种群初始化和基于反向学习的种群迁移。在介绍 ODE 算法之前，先了解几个基本概念（Tizhoosh，2005）。

定义 5.1　令 $x\in[a,b]$为一实数，则反向数 $\breve{x}$ 定义为

$$\breve{x} = a + b - x \tag{5.2}$$

相似地，可以将上述定义推广至多维情况，得到反向点的定义。

定义 5.2　令 $P=(x_1, x_2, \cdots, x_D)$为 D 维空间的一个点，其中 $x_i\in[a_i,b_i]$，且 $i=1,2,\cdots,D$，则点 P 的反向点定义为$\breve{P}=\left(\breve{x}_1,\breve{x}_2,\cdots,\breve{x}_D\right)$，其中：

$$\breve{x}_i = a_i + b_i - x_i \tag{5.3}$$

在反向点定义的基础上，反向学习策略可以定义如下：

定义 5.3　令 $P=(x_1, x_2, \cdots, x_D)$是 D 维空间上的一个点（候选解），$\breve{P}=\left(\breve{x}_1,\breve{x}_2,\cdots,\breve{x}_D\right)$ 是其反向点，$f(\cdot)$ 是衡量候选解的适应度函数。如果 $f\left(\breve{P}\right)\geqslant f\left(P\right)$，那么用点 $\breve{P}$ 代替点 P，否则继续使用点 P。通过同时评价点 P 和反向点 $\breve{P}$ 的适应度，从而得到相对优秀的候选解。

1. 基于反向学习的种群初始化

通常情况下，在缺少先验知识时，只能随机产生候选解的初始种群，而采用反向学习策略，能够获得更好的初始种群。基本步骤如下：

步骤 1 随机产生初始种群 $P(N_p)$，其中 N_p 为种群规模。

步骤 2 计算反向种群 $\mathrm{OP}_{i,j}=a_j+b_j-P_{i,j}$, $i=1,2,\cdots,N_p$, $j=1,2,\cdots,D$。其中 $P_{i,j}$ 和 $\mathrm{OP}_{i,j}$ 分别表示种群和反向种群的第 i 个向量的第 j 维分量。

步骤 3 从集合$\{P\cup \mathrm{OP}\}$中选择 N_p 个适应度高的个体构成初始种群。

2. 基于反向学习的种群迁移

基于同样的原理，将反向学习策略应用到进化过程的每一次迭代中，得到更好的种群个体，并且从理论上，这些新的种群个体要比当前候选个体优秀。设置

迁移概率 J_r，每当完成一次种群个体更新（变异、交叉和选择），依概率 J_r 决定是否对更新个体进行 OBL 优化选择。与基于反向学习的种群初始化不同，在种群进化迭代的过程中，使用当前种群的变量范围 $\left(\left[\mathrm{MIN}_j^p, \mathrm{MAX}_j^p\right]\right)$ 代替初始的变量范围($[a_j, b_j]$)来计算其反向点，即

$$\mathrm{OP}_{i,j} = \mathrm{MIN}_j^p + \mathrm{MAX}_j^p - P_{i,j} \tag{5.4}$$

随着搜索过程的逐步深入，当前种群的变量范围 $\left(\left[\mathrm{MIN}_j^p, \mathrm{MAX}_j^p\right]\right)$ 要远远小于初始的变量范围($[a_j, b_j]$)，从而进化种群快速地逼近最优解。有关 ODE 算法的详细原理、算法流程，感兴趣的读者可以参考文献（Rahnamayan et al.，2008b）。

5.2.2 基于当前最优解的反向学习策略及反向差分进化算法描述

从公式（5.2）和公式（5.4）可以看出，在 ODE 算法中，候选解与反向解之间的对称点就是初始的变量范围($[a_j, b_j]$)或当前种群的变量范围 $\left(\left[\mathrm{MIN}_j^p, \mathrm{MAX}_j^p\right]\right)$ 的几何中心，并随着种群进化而动态改变。对于大多数常用的测试函数，函数全局最优解恰好位于函数定义域的几何中心。这时，反向个体围绕这个几何中心在整个搜索空间自由徘徊，可以加快搜索全局最优解的进程。

对于另一种情况，当全局最优解偏离函数定义域的几何中心时，反向候选解容易远离全局最优解，算法会尝试较多无谓的搜索。显然，这将直接导致较低的反向种群利用率以及较差的算法性能，如收敛速度和鲁棒性。因此，为改变候选解及其对应反向解之间的对称点位置，克服 ODE 算法中隐含的严重缺点，本节提出一种基于当前最优解的反向学习（opposition-based learning using the current optimum，COOBL）策略，以进一步改进差分进化算法的性能，并求解函数优化问题。

1. 基于当前最优解的反向学习策略

令 x 表示搜索空间 S 中的一个点（候选解），x_{co} 表示当前种群的最优解，且 $x, x_{co} \in [a,b]$。在反向搜索空间 $\breve{S}$ 中，反向点 $\breve{x}$ 定义为

$$\breve{x} = 2x_{co} - x \tag{5.5}$$

对于给定的种群和搜索空间，反向点 $\breve{x}$ 可能超过边界$[a,b]$，使得 COOBL 策略无效。为了避免这种情况的发生，从定义域内随机产生一个反向点，即

$$\breve{x} = a + \mathrm{rand}(0,1) \times (b - a) \tag{5.6}$$

式中，rand(0,1)表示在[0,1]的随机数。

显然，搜索空间 S 和反向搜索空间 $\breve{S}$ 的边界都是$[a,b]$，两者之间的差别仅仅在于两个空间的几何中心不同。在使用 COOBL 策略后，搜索空间的几何中心从 $\frac{a+b}{2}$ 转移至 x_{co}。

同理，COOBL 策略可以扩展至多维空间，每一维度都采用相同的定义，即

$$\breve{x}_i = 2x_{coi} - x_i,\quad i = 1,2,\cdots,D \tag{5.7}$$

图 5.1 是一维和二维空间中某点和相应反向点的实例。

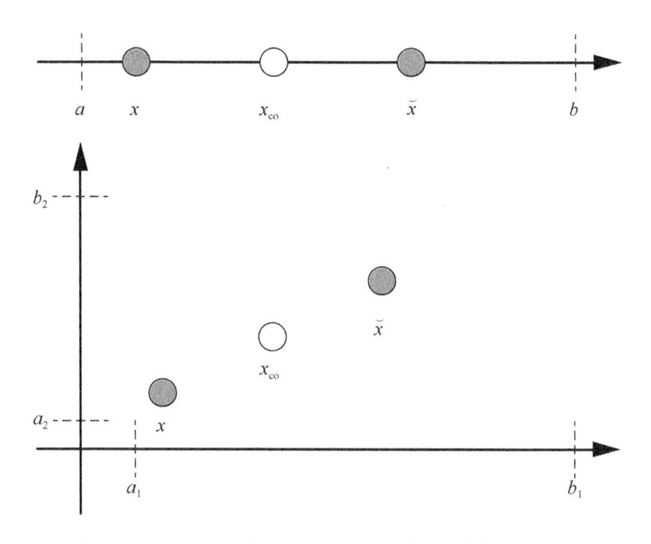

图 5.1　一维和二维空间中某点和相应反向点的实例

2. 基于当前最优解的反向差分进化算法

基于上述 COOBL 策略，本节提出基于当前最优解的反向差分进化（opposition-based differential evolution using the current optimum, COODE）算法。COODE 算法与 Rahnamayan 提出的 ODE 算法基本相同，仅仅是用 COOBL 代替原来的 OBL。COODE 算法的流程图如图 5.2 所示。其中，B 部分表示传统的差分进化算法 DE/rand/1/bin，A 和 C 部分表示应用 COOBL 策略后的种群初始化和种群迁移操作，灰色框部分表示 COODE 算法和 ODE 算法的主要差别。

COODE 算法的伪代码如算法 5.1 所示。其中，步骤 12～31 是传统的差分进化算法 DE/rand/1/bin，步骤 1～11 和 32～44 分别表示使用 COOBL 策略后的种群初始化和种群迁移操作，步骤 6～8 和 38～40（黑体标注）是本节提出的 COODE 算法与 ODE 算法的主要区别。

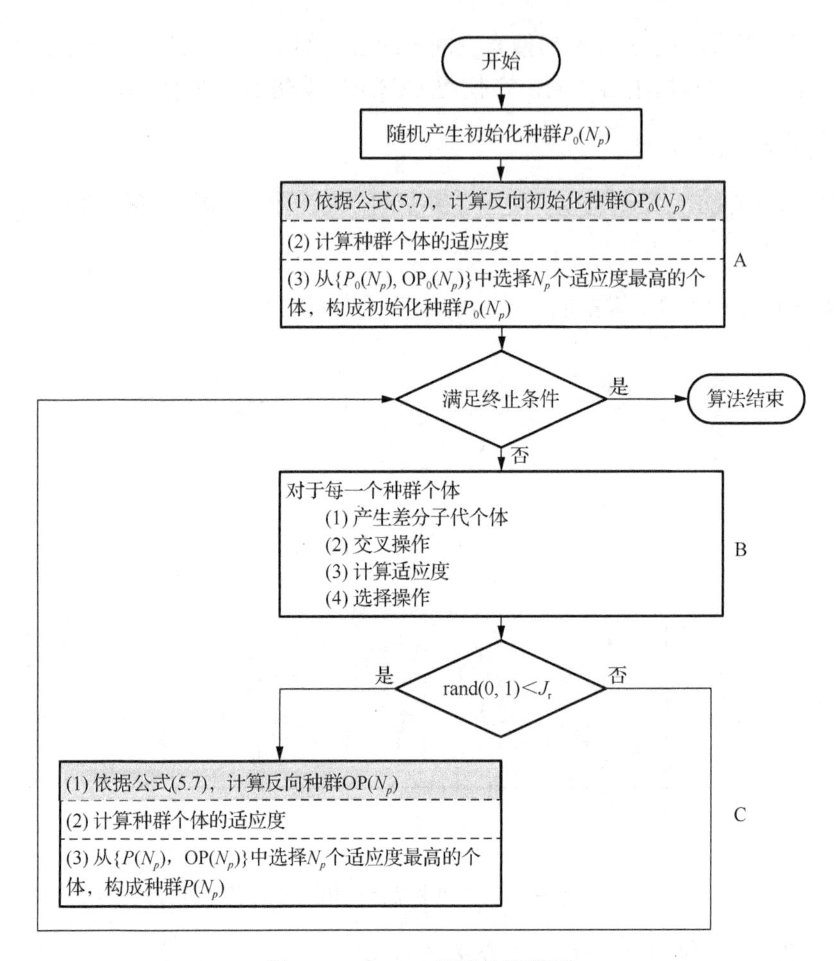

图 5.2　COODE 算法的流程图

算法 5.1　COODE 算法

Opposition-Based Differential Evolution Using the Current Optimum

```
     /* Opposition-Based Population Initialization using the Current Optimum */
1:   Generate uniformly distributed random population P0;
2:   for (i = 0; i<Np; i + +)
3:   {
4:      for (j = 0; j<D; j + +)
5:      {
6:         COOP0i,j = 2x0coj − P0i,j;
7:         if (COOP0i,j> bj) || (COOP0i,j< aj)
8:         COOP0i,j = aj + rand(0, 1) × (bj − aj);
```

```
9:        }
10:    }
11:    Select Np fittest individuals from the set {P0, COOP0} as initial population P0;
       /* End of Opposition-Based Population Initialization using the Current Optimum */

12:    while (BFV > VTR and NFC < MAX_NFC)
13:    {
14:       for (i = 0; i<Np; i + +)
15:       {
16:          Select three parents Pi1, Pi2, and Pi3 randomly from the current population
   where i ≠ i1 ≠ i2 ≠ i3;
17:          Vi = Pi1 + F × (Pi2 − Pi3);
18:          for (j = 0; j<D; j + +)
19:          {
20:             if (rand(0, 1) <Cr)
21:                Ui,j = Vi,j;
22:             else
23:                Ui,j = Pi,j;
24:          }
25:          Evaluate Ui;
26:          if (f(Ui) ≤ f(Pi))
27:             P'i = Ui;
28:          else
29:             P'i = Pi;
30:       }
31:       P = P';

          /* Opposition-Based Generation Jumping using the Current Optimum */
32:       if (rand(0,1) <Jr)
33:       {
34:          for (i = 0; i<Np; i + +)
35:          {
36:             for (j = 0; j<D; j + +)
37:             {
```

38: $\mathbf{COOP}_{i,j} = 2x_{coj} - P_{i,j};$

39: **if** $(\mathbf{COOP}_{i,j} > \mathbf{MAX}_j^p) \,||\, (\mathbf{COOP}_{i,j} < \mathbf{MIN}_j^p)$

40: $\mathbf{COOP}_{i,j} = \mathbf{MIN}_j^p + \mathbf{rand}(0, 1) \times (\mathbf{MAX}_j^p - \mathbf{MIN}_j^p);$

41: }

42: }

43: Select N_p fittest individuals from the set $\{P, \text{COOP}\}$ as current population P;

44: }

/* End of Opposition-Based Generation Jumping using the Current Optimum */

45: }

5.2.3 实验结果及讨论

1. 实验设置

为了测试算法性能，选择 58 个常用的测试函数。这些函数既有单模函数，也有多模函数，维度从 2 维到 30 维不等，计算复杂度也有显著差异。这些函数的名称、表达式、维度、定义域、全局最优解，参见附录 B。

除非单独研究某个参数对于算法性能的影响，在所有的实验中，各个算法的参数设置是相同的。实验参数根据前人的工作（Rahnamayan et al.，2008b）来确定，本节没有尝试使用最有效或更有效的参数。每组实验的参数设置如下：种群规模 N_p=100，差分增强系数 F=0.5，交叉概率 C_r=0.9，迁移概率 J_r=0.3，变异策略 DE/rand/1/bin，最大函数评价次数 $\text{MAX}_{\text{NFC}}=10^6$，目标值 $\text{VTR}=10^{-8}$。终止条件设定为在达到最大函数评价次数前，种群最优解小于事先设定的目标值。如果需要，就事先将各个测试函数的理论最优值移至零点处。

函数评价次数（number of function calls，NFC）是对比不同算法收敛速度的最常用指标之一。较小的 NFC 意味着较高的收敛速度。为了减少算法测试的统计误差，NFC 都是 100 次独立实验的平均值。为了进行可信和公平的对比，在接下来的六组实验中，种群初始化和种群迁移操作，均考虑了额外增加的反向点对 NFC 的影响。

为了对比不同算法的收敛速度，本节引入加速比（acceleration rate, AR）的概念，其定义如下：

$$\text{AR}_{\text{A/B}} = \begin{cases} -\dfrac{\text{NFC}_\text{B}}{\text{NFC}_\text{A}}, & \text{NFC}_\text{A} > \text{NFC}_\text{B} \\ \dfrac{\text{NFC}_\text{B}}{\text{NFC}_\text{A}}, & \text{NFC}_\text{A} \leqslant \text{NFC}_\text{B} \end{cases} \tag{5.8}$$

显然，$\text{AR}_{\text{A/B}}>1$ 时，算法 A 运算速度要优于算法 B；$\text{AR}_{\text{A/B}}<-1$ 时，算法 B 的运算

速度较快。

算法的成功率（success rate, SR）是另外一个重要的评价指标，定义为

$$\mathrm{SR}=\frac{\text{成功取得目标值的次数}}{\text{总实验次数}} \tag{5.9}$$

反向种群的利用率（utilization rate of opposite population，UR）指，在集合 $\{P\cup \mathrm{OP}\}$ 中反向种群 OP 中个体被选中保留到下一代种群的比例。较大的 UR 意味着反向种群在进化过程中发挥较大的作用。

2. 实验一：DE、ODE 和 COODE 算法的比较

三种算法应用在 58 个标准函数的测试结果如表 5.2 所示，数据分析采用软件 SPSS 14.0，置信度为 95%。当 ODE 和 DE 算法结果具有统计意义上的差异时，较好的结果用黑体表示。当 ODE 和 COODE 算法结果具有统计意义上的差异时，较好的结果用斜体表示。

首先比较 DE 和 ODE 算法的收敛速度和鲁棒性。从表 5.2 中可以看到，DE 和 ODE 算法求解 f_{17}、f_{24}、f_{51} 和 f_{55} 4 个函数时，在有限的函数评价次数内，均不能得到全局最优解，算法失效。另外有 9 个函数（f_{18}、f_{19}、f_{20}、f_{31}、f_{37}、f_{38}、f_{39}、f_{44} 和 f_{46}）的结果，NFC 指标在统计意义上没有显著差别。在剩余的函数中，ODE 算法占优的有 25 个函数，平均加速比为 1.52，DE 算法占优的有 20 个函数，平均加速比为 1.11。由此可见，ODE 算法在函数评价次数方面具有一定的优势，且算法加速比提升较大，超过 40%。此外，能够发现，绝大多数情况下，两种算法在成功率方面没有显著差异。

下面比较 COODE 和 ODE 算法性能。除函数 f_{53}（无统计学意义上的差异性）和函数 f_{24}、f_{51} 和 f_{55}（两种算法均失效）以外，ODE 算法占优的有 13 个函数，平均加速比为 1.23，COODE 算法占优的有 41 个函数，平均加速比为 1.34。整体来讲，COODE 算法在函数评价次数方面表现优异，算法加速比也超过 10%。

详细分析 58 个测试函数的特征，可以将其分为两类。类型Ⅰ：全局最优解 x_{go} 位于定义域的几何中心位置，包括 25 个函数，其余的为类型Ⅱ，包括 33 个函数。通过表 5.3 可以注意到，类型Ⅰ函数对 ODE 算法占优的贡献，以及类型Ⅱ函数对 COODE 算法占优的贡献分别超过了 80%和 70%。求解类型Ⅰ函数时，COODE 算法在种群进化的初期，由于局部最优解可能距离全局最优解较远，即 $x_{\mathrm{co}}\neq x_{\mathrm{go}}$，反向个体的作用并不明显，算法性能略差于 ODE 算法。求解类型Ⅱ函数时，ODE 算法在种群进化的后期，全局最优解 $x_{\mathrm{go}}\neq\dfrac{\mathrm{MIN}^p+\mathrm{MAX}^p}{2}$，反向个体会偏离全局最优解，对下一代种群的贡献率较低。相反，如果采用本节提出的 COODE 算法，在种群进化的后期，全局最优解 $x_{\mathrm{go}}\approx x_{\mathrm{co}}$，反向个体仍然围绕在全局最优解附近，对下一种群的贡献率没有明显的降低。这也是本节采用公式（5.5）代替公式（5.2）来求解反向点的动机和根本原因。

表 5.2 DE、ODE 和 COODE 算法应用在 58 个标准函数的测试结果

F (类型)	DE					ODE			COODE						
	NFC			SR		NFC	SR	UR	NFC			SR		UR	
	Avg	Sig	$AR_{DE/ODE}$	Avg	Sig				Avg	Sig	$AR_{COODE/ODE}$	Avg	Sig	Avg	Sig
f_1(Ⅰ)	73572	0.000	−1.59	1	1.000	***46268***	1	*38.8677*	54797	0.000	−1.18	1	1.000	24.9019	0.000
f_2(Ⅰ)	81342	0.000	−1.59	1	1.000	***51105***	1	*38.9036*	60091	0.000	−1.18	1	1.000	25.1616	0.000
f_3(Ⅰ)	153919	0.017	−1.01	1	1.000	**151863**	1	7.5537	*104266*	0.000	1.46	1	1.000	*11.7659*	0.000
f_4(Ⅱ)	**360106**	0.000	—	1	0.000	—	0	—	*386333*	0.000	—	*0.91*	0.000	*17.1837*	0.000
f_5(Ⅰ)	297631	0.000	−4.21	**0.93**	0.001	***70723***	*0.77*	*15.3986*	—	0.000	—	0	0.000	—	0.000
f_6(Ⅰ)	77655	0.000	−1.60	1	0.000	***48666***	1	*38.859*	57248	0.000	−1.18	1	1.000	24.9824	0.000
f_7(Ⅰ)	19142	0.000	−2.44	1	1.000	***7857***	1	47.6442	11976	0.000	−1.52	1	1.000	*49.0135*	0.000
f_8(Ⅰ)	144154	0.000	−1.54	1	0.000	***93795***	1	*36.1014*	105765	0.000	−1.13	1	1.000	24.3707	0.000
f_9(Ⅱ)	**3227**	0.000	1.18	1	0.000	3811	1	27.0326	*2940*	0.000	1.30	1	1.000	*46.7416*	0.000
f_{10}(Ⅱ)	**13632**	0.000	1.15	1	1.000	15719	1	17.6268	*11539*	0.000	1.36	1	1.000	*35.5013*	0.000
f_{11}(Ⅱ)	5313	0.003	−1.03	1	0.000	**5168**	1	29.3811	*4568*	0.000	1.13	1	1.000	*37.0346*	0.000
f_{12}(Ⅱ)	**4127**	0.000	1.04	1	0.000	4307	1	39.291	*3770*	0.000	1.14	1	1.000	*50.5256*	0.000
f_{13}(Ⅱ)	**10889**	0.000	1.12	0.92	0.582	12203	*0.94*	32.4753	*9078*	0.000	1.34	0.68	0.000	*42.0847*	0.000
f_{14}(Ⅱ)	4815	0.000	−1.01	1	0.000	**4775**	1	44.9412	*3284*	0.000	1.45	1	1.000	45.8997	0.065
f_{15}(Ⅱ)	81475	0.000	−1.53	1	0.000	***53317***	*1*	*35.6097*	58960	0.000	−1.11	0.83	0.000	24.1865	0.000
f_{16}(Ⅰ)	**2679**	0.019	1.03	1	0.000	2757	1	42.6767	*2543*	0.000	1.08	1	1.000	*49.6903*	0.000
f_{17}(Ⅱ)	—	—	—	0	1.000	—	0	—	*37325*	0.000	—	*0.04*	0.045	*15.8406*	0.000
f_{18}(Ⅱ)	186720	0.640	—	0.4	0.321	*189998*	*0.47*	*3.585*	—	0.000	—	0	0.000	—	0.000
f_{19}(Ⅱ)	356337	0.847	—	1	1.000	356717	1	3.3952	*172694*	0.000	2.07	1	1.000	*10.6703*	0.000

续表

F(类型)	DE					ODE			COODE						
	NFC			SR		NFC	SR	UR	NFC			SR		UR	
	Avg	Sig	$AR_{DE/ODE}$	Avg	Sig				Avg	Sig	$AR_{COODE/ODE}$	Avg	Sig	Avg	Sig
f_{20}(Ⅱ)	6345	0.394	—	1	1.000	6202	1	27.5899	*3666*	0.000	1.69	1	1.000	*42.7589*	0.000
f_{21}(Ⅰ)	155494	0.000	−1.08	1	1.000	**144628**	1	17.1809	*106165*	0.000	1.36	1	1.000	*19.1066*	0.000
f_{22}(Ⅰ)	—	0.000	—	0	0.000	***71751***	***0.85***	*47.0906*	—	0.000	—	0	0.000	—	0.000
f_{23}(Ⅰ)	19856	0.000	−1.51	1	1.000	***13112***	1	*29.0712*	14079	0.000	−1.07	1	1.000	20.1892	0.000
f_{24}(Ⅰ)	—	—	—	0	1.000	—	0	—	—	—	—	0	1.000	—	—
f_{25}(Ⅱ)	**9880**	0.000	1.16	1	1.000	11484	1	15.3033	*9147*	0.000	1.26	1	1.000	*24.7138*	0.000
f_{26}(Ⅱ)	**9636**	0.011	1.03	1	1.000	9953	*1*	37.345	*8105*	0.000	1.23	0.91	0.002	*42.8404*	0.000
f_{27}(Ⅱ)	**9025**	0.000	1.04	1	1.000	9395	*1*	34.8531	*7883*	0.000	1.19	0.94	0.014	*43.6792*	0.000
f_{28}(Ⅱ)	**8876**	0.000	1.06	1	1.000	9371	1	35.1057	*7880*	0.000	1.19	1	1.000	*43.2454*	0.000
f_{29}(Ⅱ)	**8455**	0.000	1.12	1	1.000	9429	*1*	27.575	*7051*	0.000	1.34	0.76	0.000	*46.5214*	0.000
f_{30}(Ⅰ)	41928	0.000	−2.34	1	1.000	***17949***	1	*46.0455*	30141	0.000	−1.68	1	0.000	35.0353	0.000
f_{31}(Ⅰ)	340427	0.157	—	1	1.000	322456	*1*	11.3793	*102760*	0.000	3.14	0.79	0.000	*20.079*	0.000
f_{32}(Ⅰ)	4916	0.000	−1.28	1	1.000	**3853**	1	43.1489	*3625*	0.001	1.06	1	1.000	*47.2495*	0.000
f_{33}(Ⅰ)	25696	0.000	−1.42	1	1.000	**18042**	*1*	23.266	*13398*	0.000	1.35	0.45	0.000	*32.8752*	0.000
f_{34}(Ⅰ)	30552	0.000	−1.58	1	1.000	**19386**	*1*	24.7551	*12744*	0.000	1.52	0.41	0.000	*34.1746*	0.000
f_{35}(Ⅱ)	**3005**	0.000	1.05	1	1.000	3155	1	42.3663	*2792*	0.000	1.13	1	1.000	*50.0333*	0.000
f_{36}(Ⅱ)	7556	0.000	−1.40	1	1.000	**5405**	1	*47.6481*	*3742*	0.000	1.44	1	1.000	42.9969	0.000
f_{37}(Ⅰ)	4120	0.395	—	1	1.000	4087	1	44.5655	*3898*	0.000	1.05	1	1.000	*50.1967*	0.000
f_{38}(Ⅰ)	4117	0.074	—	1	1.000	4055	1	44.8222	*3866*	0.000	1.05	1	1.000	*50.2107*	0.000
f_{39}(Ⅰ)	2874	0.186	—	1	1.000	2922	1	44.8725	*2715*	0.000	1.08	1	1.000	*50.2686*	0.000

续表

F(类型)	DE					ODE			COODE						
	NFC			SR		NFC	SR	UR	NFC			SR		UR	
	Avg	Sig	$AR_{DE/ODE}$	Avg	Sig				Avg	Sig	$AR_{COODE/ODE}$	Avg	Sig	Avg	Sig
f_{40}(Ⅱ)	7184	0.000	−1.10	1	1.000	**6526**	1	45.7614	*4920*	0.000	1.33	1	1.000	*46.7352*	0.013
f_{41}(Ⅰ)	16074	0.000	−1.14	1	1.000	***14141***	1	*43.1434*	14479	0.000	−1.02	1	1.000	37.0218	0.000
f_{42}(Ⅱ)	**3579**	0.000	1.08	1	1.000	3853	1	38.1079	*3284*	0.000	1.17	1	1.000	*49.0846*	0.000
f_{43}(Ⅱ)	**5468**	0.000	1.22	1	1.000	6680	1	17.2482	*4811*	0.000	1.39	1	1.000	*39.7894*	0.000
f_{44}(Ⅱ)	5520	0.058	—	1	1.000	5438	1	45.4963	*5181*	0.000	1.05	1	1.000	*49.0489*	0.000
f_{45}(Ⅱ)	**2549**	0.000	1.05	1	1.000	2678	1	41.5239	*2416*	0.000	1.11	1	1.000	*52.0682*	0.000
f_{46}(Ⅱ)	4826	0.855	—	1	1.000	4834	1	41.9768	*4470*	0.000	1.08	1	1.000	*48.1735*	0.000
f_{47}(Ⅱ)	**2610**	0.000	1.06	1	1.000	2776	1	42.5812	*2453*	0.000	1.13	1	1.000	*50.8116*	0.000
f_{48}(Ⅱ)	**2475**	0.000	1.12	1	1.000	2775	1	32.2375	*2202*	0.000	1.26	1	1.000	*34.6085*	0.000
f_{49}(Ⅱ)	**4418**	0.000	1.22	0.94	1.000	5404	0.94	20.0019	*3783*	0.000	1.43	0.87	0.092	*38.9747*	0.000
f_{50}(Ⅱ)	**242434**	0.001	1.14	1	1.000	276280	1	5.206	*121722*	0.000	2.27	0.86	0.000	*13.836*	0.000
f_{51}(Ⅱ)	—	—	—	0	1.000	—	0	—	—	—	—	0	1.000	—	—
f_{52}(Ⅱ)	21944	0.023	−1.01	1	1.000	**21715**	1	30.0342	*19145*	0.000	1.13	1	1.000	*37.4656*	0.000
f_{53}(Ⅰ)	6834	0.000	−1.58	1	1.000	**4338**	1	44.1285	4199	0.092	—	1	1.000	44.4074	0.606
f_{54}(Ⅰ)	7369	0.001	−1.03	1	1.000	**7170**	1	39.4076	*6636*	0.000	1.08	1	1.000	*42.1204*	0.000
f_{55}(Ⅱ)	—	—	—	0	1.000	—	0	—	—	—	—	0	1.000	—	—
f_{56}(Ⅰ)	—	0.000	—	0	0.000	***41138***	***0.16***	*20.3621*	—	0.000	—	0	0.000	—	—
f_{57}(Ⅰ)	15458	0.000	−1.04	1	1.000	**14809**	1	41.032	*13483*	0.000	1.10	1	1.000	*47.0765*	0.000
f_{58}(Ⅱ)	**13592**	0.000	1.17	1	1.000	15925	1	17.6723	*11035*	0.000	1.44	1	1.000	*35.8061*	0.000

表 5.3　ODE 和 COODE 算法的比较

类型	ODE 占优		COODE 占优		算法失效	其他
	数目	$AR_{ODE/COODE}$	数目	$AR_{COODE/ODE}$		
Ⅰ	11 (A)	1.25	12 (B)	1.36	1 (C)	1 (D)
Ⅱ	2 (E)	1.11	29 (F)	1.34	2 (G)	0 (H)
合计/平均	13	1.23	41	1.34	3	1

注：字母 A～H 分别指两种算法针对不同类型函数获得的各种实验结果情形。在本实验中，共划分为 2 种函数类型（Ⅰ和Ⅱ），针对每种函数算法获得了 4 种实验结果情形，分别是 ODE 占优、COODE 占优、算法失效和其他。

图 5.3 是 DE、ODE 和 COODE 算法性能对比示例图（最优解随函数评价次数变化趋势）。其中，图 5.3（a）和（c）分别是表 5.3 中类型Ⅰ函数的 A、B 情况的典型代表，图 5.3（b）和（d）分别是类型Ⅱ函数的 E、F 情况的典型代表。

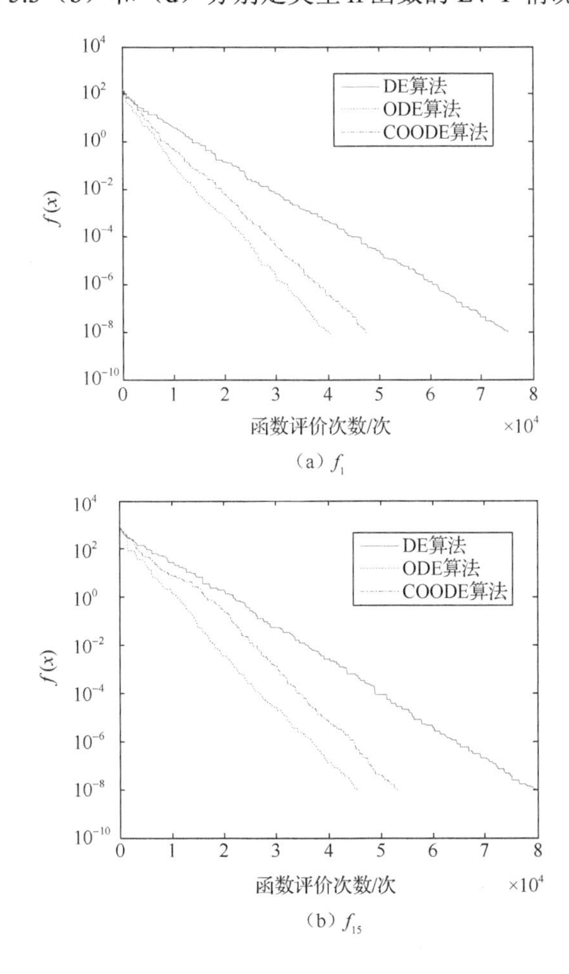

（a）f_1

（b）f_{15}

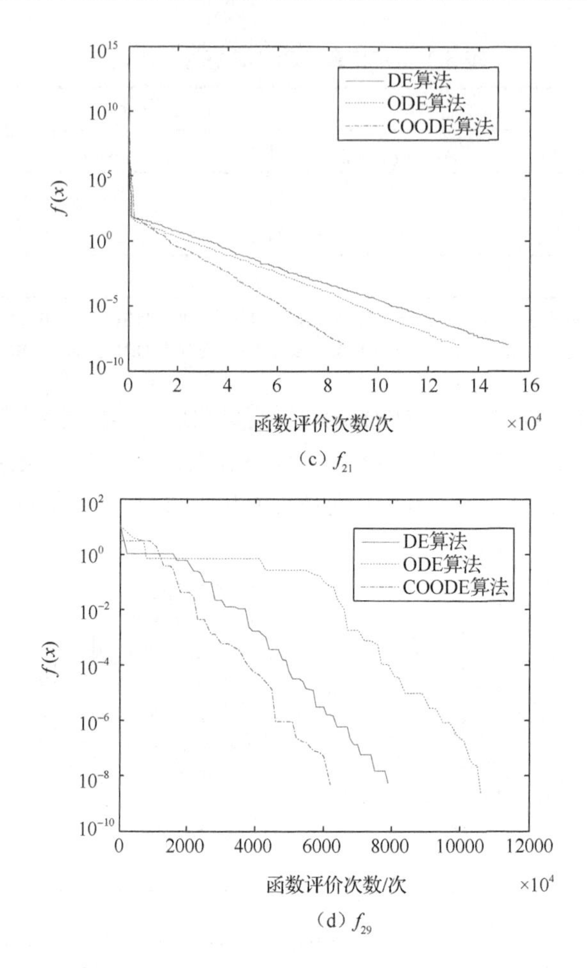

（c）f_{21}

（d）f_{29}

图 5.3　DE、ODE 和 COODE 算法性能对比示例图（最优解随函数评价次数变化趋势）

3. 实验二：基于当前最优解的反向点的贡献

本节试图验证 COODE 算法获得的性能改善的确是基于当前最优解的反向点的作用。首先，由表 5.2 可以观察到，反向个体利用率的高低与算法的优劣呈现强相关性。除了函数 f_{24}、f_{51} 和 f_{55} 算法失效，函数 f_{14} 和 f_{53} 的结果无统计学意义上的差异性以外，剩余 51 个函数满足正相关性，即反向个体利用率越高，算法性能就越好，仅有两个函数（f_7 和 f_{36}）不满足这一关系。实验结果一方面反映出基于当前最优解的反向点对于改善算法性能的巨大作用和贡献；另一方面也为下一步设计更优秀的反向点指明了方向，提供了思路。

为了更加直观和明确地表明基于当前最优解的反向点对 COODE 算法的贡献，设计了如下一组实验。令 COODE 算法的所有部分都不变化，仅仅是在种群初始化和种群迁移步骤中，将基于当前最优解的反向点更改为随机产生的点。为了进行公平的比较，在种群迁移阶段，也使用当前种群的变量范围$\left(\left[\mathrm{MIN}_j^p, \mathrm{MAX}_j^p\right]\right)$作为随机产生点的范围。也就是说，把算法 5.1 的第 6 行，更改为

$$\mathrm{OP}_{0i,j} = a_j + \left(b_j - a_j\right) \times \mathrm{rand}(0,1) \tag{5.10}$$

第 38 行，更改为

$$\mathrm{OP}_{i,j} = \mathrm{MIN}_j^p + \left(\mathrm{MAX}_j^p - \mathrm{MIN}_j^p\right) \times \mathrm{rand}(0,1) \tag{5.11}$$

经过以上修改后，称这个算法为随机版 ODE（random version of ODE，RODE）算法。使用该算法求解前述的 58 个测试函数，所有的控制参数取相同值，以便得到相对公平的比较环境。DE、COODE 和 RODE 算法的性能对比列于表 5.4 中，DE 算法和 COODE 算法的结果也再次列出，以方便比较。其中，DE 和 COODE 算法比较时，较好的结果用黑体标注，DE 和 RODE 算法比较时，较好的结果用斜体标注。实验结果表明，COODE 算法在 NFC 和 SR 两个指标上均明显优于 DE 算法，DE 算法明显优于 RODE 算法。尽管算法的结构和种群个体的数目没有发生变化，仅仅是用额外的随机点来代替基于当前最优解的反向点，算法的平均加速比就从+1.36 降为−1.27。这清楚地表明，正是由于引入基于当前最优解的反向点，COODE 算法性能才得以改善；若引入其他随机点，则不能达到改进算法性能的目的。

表 5.4　DE、COODE 和 RODE 算法的性能对比

F	DE		COODE			RODE		
	NFC	SR	NFC		SR	NFC		SR
			Avg	$\mathrm{AR}_{\mathrm{COODE/DE}}$		Avg	$\mathrm{AR}_{\mathrm{RODE/DE}}$	
f_1	*73572*	1	**54797**	1.34	1	97855	−1.33	1
f_2	*81342*	1	**60091**	1.35	1	107996	−1.33	1
f_3	*153919*	1	**104266**	1.48	1	202893	−1.32	1
f_4	***360106***	**1**	386333	−1.07	0.91	451546	−1.25	1
f_5	***297631***	**0.93**	—	—	0	423737	−1.42	0.89
f_6	*77655*	1	**57248**	1.36	1	103629	−1.33	1
f_7	*19142*	1	**11976**	1.60	1	25134	−1.31	1
f_8	*144154*	1	**105765**	1.36	1	192183	−1.33	1
f_9	*3227*	1	**2940**	1.10	1	3940	−1.22	1
f_{10}	*13632*	1	**11539**	1.18	1	17836	−1.31	1
f_{11}	*5313*	1	**4568**	1.16	1	5891	−1.11	1
f_{12}	*4127*	1	**3770**	1.09	1	4709	−1.14	1
f_{13}	*10889*	**0.92**	**9078**	1.20	0.68	14059	−1.29	0.9
f_{14}	*4815*	1	**3284**	1.47	1	5916	−1.23	1

续表

F	DE		COODE			RODE		
	NFC	SR	NFC		SR	NFC		SR
			Avg	$AR_{COODE/DE}$		Avg	$AR_{RODE/DE}$	
f_{15}	*81475*	**1**	**58960**	1.38	0.83	108561	−1.33	1
f_{16}	*2679*	1	**2543**	1.05	1	3311	−1.24	1
f_{17}	—	0	**37325**	—	**0.04**	—	—	0
f_{18}	***186720***	***0.4***	—	—	0	244207	−1.31	0.54
f_{19}	*356337*	1	**172694**	2.06	1	469395	−1.32	1
f_{20}	*6345*	1	**3666**	1.73	1	8226	−1.30	1
f_{21}	*155494*	1	**106165**	1.46	1	204856	−1.32	1
f_{22}	—	0	—	—	0	*279710*	—	*1*
f_{23}	*19856*	1	**14079**	1.41	1	26483	−1.33	1
f_{24}	—	0	—	—	0	—	—	0
f_{25}	*9880*	1	**9147**	1.08	1	12378	−1.25	1
f_{26}	*9636*	**1**	**8105**	1.19	0.91	11692	−1.21	1
f_{27}	*9025*	**1**	**7883**	1.14	0.94	10771	−1.19	1
f_{28}	*8876*	1	**7880**	1.13	1	10910	−1.23	1
f_{29}	*8455*	**1**	**7051**	1.20	0.76	9994	−1.18	1
f_{30}	*41928*	1	**30141**	1.39	1	62381	−1.49	1
f_{31}	*340427*	***1***	**102760**	3.31	0.79	833623	−2.45	0.26
f_{32}	*4916*	1	**3625**	1.36	1	5488	−1.12	1
f_{33}	*25696*	**1**	**13398**	1.92	0.45	33672	−1.39	1
f_{34}	*30552*	**1**	**12744**	2.40	0.41	40275	−1.32	1
f_{35}	*3005*	1	**2792**	1.08	1	3397	−1.13	1
f_{36}	*7556*	1	**3742**	2.02	1	9912	−1.31	1
f_{37}	*4120*	1	**3898**	1.06	1	4752	−1.15	1
f_{38}	*4117*	1	**3866**	1.06	1	4717	−1.15	1
f_{39}	*2874*	1	**2715**	1.06	1	3293	−1.15	1
f_{40}	*7184*	1	**4920**	1.46	1	9202	−1.28	1
f_{41}	*16074*	1	**14479**	1.11	1	20174	−1.26	1
f_{42}	*3579*	1	**3284**	1.09	1	4078	−1.14	1
f_{43}	*5468*	1	**4811**	1.14	1	7026	−1.28	1
f_{44}	*5520*	1	**5181**	1.07	1	6312	−1.14	1
f_{45}	*2549*	1	**2416**	1.06	1	2830	−1.11	1
f_{46}	*4826*	1	**4470**	1.08	1	5685	−1.18	1

续表

F	DE		COODE			RODE		
	NFC	SR	NFC		SR	NFC		SR
			Avg	$AR_{COODE/DE}$		Avg	$AR_{RODE/DE}$	
f_{47}	*2610*	1	**2453**	1.06	1	3021	−1.16	1
f_{48}	*2475*	1	**2202**	1.12	1	3044	−1.23	1
f_{49}	*4418*	0.94	**3783**	1.17	0.87	5085	−1.15	*1*
f_{50}	*242434*	**1**	**121722**	1.99	0.86	316839	−1.31	1
f_{51}	—	0	—	—	0	—	—	0
f_{52}	*21944*	1	**19145**	1.15	1	27569	−1.26	1
f_{53}	*6834*	1	**4199**	1.63	1	8161	−1.19	1
f_{54}	*7369*	1	**6636**	1.11	1	9300	−1.26	1
f_{55}	—	0	—	—	0	—	—	0
f_{56}	—	0	—	—	0	*542100*	—	*0.05*
f_{57}	*15458*	1	**13483**	1.15	1	17812	−1.15	1
f_{58}	*13592*	1	**11035**	1.23	1	17985	−1.32	1

4. 实验三：增强的基于反向差分进化算法

从第二组实验中，能够注意到基于当前最优解的反向个体在加速算法收敛速度方面的巨大作用。那么，如何使得反向个体的作用和价值最大化？为了回答这个问题，设计了增强版 ODE（enhanced version of ODE，EODE）算法。新算法的结构和流程仍然没有变化，仅仅是在种群初始化和种群迁移步骤中，将基于当前最优解的反向点更改为基于全局最优解的反向点。也就是说，把算法 5.1 的第 6 行和第 38 行，更改为

$$\mathrm{OP}_{i,j} = 2x_{\mathrm{go}} - p_{i,j} \tag{5.12}$$

使用该算法求解测试函数，控制参数仍然取相同值。DE、ODE、COODE 和 EODE 算法的性能对比列于表 5.5 中，其中，DE、ODE、COODE 和 EODE 算法求解各个函数的最好结果用黑体标注。实验结果表明，EODE 算法明显优于其他三种算法。尽管算法的结构和流程没有发生变化，仅仅是用全局最优解代替当前最优解来产生相应的反向个体，新算法的平均加速比就从+1.36 急剧上升到+7.34。从表 5.2 和表 5.5 中还可以看出，EODE 算法的反向种群利用率明显高于 COODE 算法，普遍接近或超过 50%。这清楚地表明，正是由于把全局最优解作为当前搜索空间的几何中心，EODE 算法性能才得到显著提升。然而，算法在求解函数 f_{15} 和 f_{48} 时，性能出现不同程度的退化，原因尚不可知，有待深入观察和分析。

表 5.5　DE、ODE、COODE 和 EODE 算法的性能对比

F	DE		ODE		COODE		EODE			UR
	NFC	SR	NFC	SR	NFC	SR	NFC		SR	
							Avg	$AR_{EODE/DE}$		
f_1	73572	1	46268	1	54797	1	**19323**	3.81	1	55.4223
f_2	81342	1	51105	1	60091	1	**19942**	4.08	1	55.2930
f_3	153919	1	151863	1	104266	1	**9946**	15.48	1	47.7168
f_4	360106	1	—	0	386333	0.91	**44850**	8.03	1	37.5402
f_5	297631	0.93	70723	0.77	—	0	**3020**	98.55	1	50.0670
f_6	77655	1	48666	1	57248	1	**20107**	3.86	1	55.5197
f_7	19142	1	7857	1	11976	1	**6083**	3.15	1	54.5541
f_8	144154	1	93795	1	105765	1	**22135**	6.51	1	55.0531
f_9	3227	1	3811	1	**2940**	1	2955	1.09	1	47.2905
f_{10}	13632	1	15719	1	11539	1	**8164**	1.67	1	43.4903
f_{11}	5313	1	5168	1	4568	1	**3746**	1.42	1	40.0667
f_{12}	4127	1	4307	1	3770	1	**3703**	1.11	1	51.9915
f_{13}	10889	0.92	12203	0.94	9078	0.68	**7730**	1.41	1	52.8576
f_{14}	4815	1	4775	1	3284	1	**3243**	1.48	1	47.3560
f_{15}	81475	1	**53317**	1	58960	0.83	100955	−1.24	0.94	3.1489
f_{16}	2679	1	2757	1	**2543**	1	2628	1.02	1	49.9144
f_{17}	—	0	—	0	**37325**	0.04	—	—	0	—
f_{18}	186720	0.4	189998	0.47	—	0	**5385**	34.67	1	37.1228
f_{19}	356337	1	356717	1	172694	1	**5794**	61.50	1	40.9358
f_{20}	6345	1	6202	1	3666	1	**3370**	1.88	1	44.6511
f_{21}	155494	1	144628	1	106165	1	**11334**	13.72	1	52.6404
f_{22}	—	0	71751	0.85	—	0	**31873**	—	1	52.9122
f_{23}	19856	1	13112	1	14079	1	**6454**	3.08	1	53.7884
f_{24}	—	0	—	0	—	0	—	—	0	—
f_{25}	9880	1	11484	1	**9147**	1	9664	1.02	1	19.3247
f_{26}	9636	1	9953	1	8105	0.91	**6670**	1.44	1	47.9716
f_{27}	9025	1	9395	1	7883	0.94	**7033**	1.28	1	48.8642
f_{28}	8876	1	9371	1	7880	1	**6885**	1.29	1	48.3374
f_{29}	8455	1	9429	1	7051	0.76	**5672**	1.49	1	46.9023
f_{30}	41928	1	17949	1	30141	1	**11764**	3.56	1	55.9043
f_{31}	340427	1	322456	1	102760	0.79	**12944**	26.30	1	48.0268

续表

F	DE		ODE		COODE		EODE			UR
	NFC	SR	NFC	SR	NFC	SR	NFC		SR	
							Avg	$AR_{EODE/DE}$		
f_{32}	4916	1	3853	1	3625	1	**3167**	1.55	1	49.9011
f_{33}	25696	1	18042	1	13398	1	**2499**	10.28	1	48.9081
f_{34}	30552	1	19386	1	12744	0.41	**2495**	12.25	1	49.0864
f_{35}	3005	1	3155	1	**2792**	1	2859	1.05	1	50.2170
f_{36}	7556	1	5405	1	3742	1	**3349**	2.26	1	45.2867
f_{37}	4120	1	4087	1	3898	1	**3825**	1.08	1	50.3048
f_{38}	4117	1	4055	1	3866	1	**3777**	1.09	1	50.2758
f_{39}	2874	1	2922	1	**2715**	1	2759	1.04	1	50.1042
f_{40}	7184	1	6526	1	4920	1	**4743**	1.51	1	48.0878
f_{41}	16074	1	14141	1	14479	1	**11522**	1.40	1	53.7144
f_{42}	3579	1	3853	1	**3284**	1	3333	1.07	1	49.6146
f_{43}	5468	1	6680	1	4811	1	**4756**	1.15	1	40.1272
f_{44}	5520	1	5438	1	5181	1	**5089**	1.08	1	50.6909
f_{45}	2549	1	2678	1	**2416**	1	2434	1.05	1	52.4840
f_{46}	4826	1	4834	1	4470	1	**4302**	1.12	1	51.4660
f_{47}	2610	1	2776	1	**2453**	1	2535	1.03	1	51.5926
f_{48}	2475	1	2775	1	**2202**	1	3059	−1.24	1	18.2175
f_{49}	4418	0.94	5404	0.94	3783	0.87	**3719**	1.19	1	38.0847
f_{50}	242434	1	276280	1	121722	0.86	**18131**	13.37	1	19.4560
f_{51}	—	0	—	0	—	0	—	—	0	—
f_{52}	21944	1	21715	1	19145	1	**14551**	1.51	1	51.2330
f_{53}	6834	1	4338	1	4199	1	**2771**	2.47	1	49.4904
f_{54}	7369	1	7170	1	6636	1	**6049**	1.22	1	49.8607
f_{55}	—	0	—	0	—	0	—	—	0	—
f_{56}	—	0	41138	0.16	—	0	**4547**	—	1	49.9503
f_{57}	15458	1	14809	1	13483	1	**10055**	1.54	1	50.0251
f_{58}	13592	1	15925	1	11035	1	**8139**	1.67	1	43.2340

然而，需要特别指出的是，EODE 算法的结果仅仅具有理论意义，而不是一种现实可行的优化方法。这是因为全局最优解通常是不可知的，且是所求解的目标，不可能作为搜索空间的几何中心。从理论层面来看，实验结果展示了基于反向学习策略的优化方法的理想结果，同时也为设计新算法，加快收敛速度指明了方向和目标。

5. 实验四：问题的维度对于算法性能的影响

为了研究问题维度对算法性能的影响，重复相同的实验来求解维度分别为 $D/2$ 和 $2D$ 的相同测试函数，其他参数不变。42 个函数的实验结果如表 5.6 所示。其中，DE 和 COODE 两种算法求解各个函数的最优结果用黑体标注。当问题的维度发生变化时，函数 f_{18}、f_{51} 和 f_{52} 的全局最优解以及位置会发生剧烈的变化，需要引起特别的关注。

表 5.6 DE、COODE 和 EODE 算法在不同维度问题上的对比

F	D	DE					COODE		EODE			
		NFC			SR		NFC	SR	NFC		SR	
		Avg	Sig	$AR_{DE/COODE}$	Avg	Sig			Avg	Sig	Avg	Sig
f_1	15	33104	0.000	−1.16	1	1.000	**28500**	1	16752	0.000	1	1.000
	30	73572	0.000	−1.34	1	1.000	**54797**	1	19323	0.000	1	1.000
	60	165341	0.000	−1.54	1	1.000	**107657**	1	20001	0.000	1	1.000
f_2	15	35750	0.000	−1.16	1	1.000	**30786**	1	16753	0.000	1	1.000
	30	81342	0.000	−1.35	1	1.000	**60091**	1	19942	0.000	1	1.000
	60	194560	0.000	−1.55	1	1.000	**125703**	1	23078	0.000	1	1.000
f_3	10	40816	0.000	−1.26	1	1.000	**32479**	1	11530	0.000	1	1.000
	20	153919	0.000	−1.48	1	1.000	**104266**	1	9946	0.000	1	1.000
	40	856337	0.000	−1.77	1	1.000	**484506**	1	11247	0.000	1	1.000
f_4	15	114493	0.000	−1.08	1	0.025	**106017**	0.95	52927	0.000	1	0.025
	30	**360106**	0.000	1.07	1	0.002	386333	0.91	44850	0.000	1	0.002
	60	**1623293**	0.000	—	1	0.000	—	0	24574	0.000	1	0.000
f_5	5	47032	0.000	−3.25	1	0.000	**14482**	0.34	2626	0.000	1	0.000
	10	**297631**	0.000	—	0.93	0.000	—	0	3020	0.000	1	0.000
	20	**721140**	0.000	—	0.05	0.025	—	0	4012	0.000	1	0.000
f_6	15	35114	0.000	−1.17	1	1.000	**29943**	1	16777	0.000	1	1.000
	30	77655	0.000	−1.36	1	1.000	**57248**	1	20107	0.000	1	1.000
	60	175135	0.000	−1.54	1	1.000	**113623**	1	21967	0.000	1	1.000
f_7	15	10345	0.000	−1.30	1	1.000	**7964**	1	5486	0.000	1	1.000
	30	19142	0.000	−1.60	1	1.000	**11976**	1	6083	0.000	1	1.000
	60	30203	0.000	−2.12	1	0.158	**14218**	0.98	5991	0.000	1	0.158
f_8	15	67437	0.000	−1.17	1	1.000	**57552**	1	21967	0.000	1	1.000
	30	144154	0.000	−1.36	1	1.000	**105765**	1	22135	0.000	1	1.000
	60	330425	0.000	−1.57	1	0.000	**210578**	0.86	21141	0.000	1	0.000

续表

F	D	DE					COODE		EODE			
		NFC			SR		NFC	SR	NFC		SR	
		Avg	Sig	$AR_{DE/CODE}$	Avg	Sig			Avg	Sig	Avg	Sig
f_{15}	15	37467	0.000	−1.17	1	0.158	**31893**	0.98	47254	0.000	1	0.158
	30	81475	0.000	−1.38	1	0.000	**58960**	0.83	100955	0.000	0.94	0.015
	60	170500	0.000	−1.50	0.33	0.763	**113674**	0.31	191963	0.000	0.27	0.535
f_{18}	5	15284	0.000	−1.39	0.97	0.000	**10988**	0.50	7165	0.000	1	0.000
	10	**186720**	0.000	—	0.40	0.000	—	0	5385	0.000	1	0.000
	20	**812243**	0.000	—	0.14	0.000	—	0	5429	0.000	1	0.000
f_{19}	15	76929	0.000	−1.53	1	1.000	**50418**	1	7404	0.000	1	1.000
	30	356337	0.000	−2.06	1	1.000	**172694**	1	5794	0.000	1	1.000
	60	—	0.000	—	0	0.000	**898583**	0.12	5714	0.000	1	0.000
f_{21}	15	69136	0.000	−1.19	1	1.000	**58157**	1	15146	0.000	1	1.000
	30	155494	0.000	−1.46	1	1.000	**106165**	1	11334	0.000	1	1.000
	60	674925	0.000	−1.99	0.56	0.000	**339772**	0.88	11852	0.000	1	0.000
f_{22}	15	110573	0.000	−1.45	1	1.000	**76476**	1	19735	0.000	1	1.000
	30	—	—	—	0	1.000	—	0	31873	0.000	1	0.000
	60	—	—	—	0	1.000	—	0	44988	0.000	1	0.000
f_{23}	15	8281	0.000	−1.14	1	1.000	**7266**	1	4860	0.000	1	1.000
	30	19856	0.000	−1.41	1	1.000	**14079**	1	6454	0.000	1	1.000
	60	**79102**	0.243	—	0.95	1.000	106222	0.95	7460	0.000	1	1.000
f_{24}	15	—	—	—	0	1.000	—	0	—	—	0	1.000
	30	—	—	—	0	1.000	—	0	—	—	0	0.000
	60	—	—	—	0	1.000	—	0	—	—	0	1.000
f_{30}	15	17349	0.000	−1.23	1	1.000	**14145**	1	8794	0.000	1	1.000
	30	41928	0.000	−1.39	1	1.000	**30141**	1	11764	0.000	1	1.000
	60	148740	0.000	−1.98	1	0.000	**75122**	0.78	14796	0.000	1	0.000
f_{31}	15	217411	0.000	−3.73	1	0.000	**58290**	0.82	10767	0.000	1	0.000
	30	340427	0.000	−3.31	1	0.000	**102760**	0.79	12944	0.000	1	0.000
	60	694462	0.000	−2.36	0.71	0.028	**294531**	0.84	15819	0.000	1	0.000
f_{41}	5	6741	0.000	−1.10	1	1.000	**6149**	1	5802	0.002	1	1.000
	10	16074	0.000	−1.11	1	1.000	**14479**	1	11522	0.000	1	1.000
	20	38851	0.000	−1.23	1	1.000	**31650**	1	14766	0.000	1	1.000

续表

F	D	DE					COODE		EODE			
		NFC			SR		NFC	SR	NFC		SR	
		Avg	Sig	$AR_{DE/COODE}$	Avg	Sig			Avg	Sig	Avg	Sig
f_{51}	5	—	—	—	0	1.000	—	0	—	—	0	1.000
	10	—	—	—	0	1.000	—	0	—	—	0	1.000
	20	—	—	—	0	1.000	—	0	—	—	0	1.000
f_{52}	5	8211	0.000	−1.13	1	1.000	**7261**	1	6758	0.000	1	1.000
	10	21944	0.000	−1.15	1	1.000	**19145**	1	14551	0.000	1	1.000
	20	92199	0.000	−1.40	1	1.000	**65713**	1	53560	0.000	1	1.000
f_{56}	5	—	—	—	0	1.000	—	0	4626	0.000	1	0.000
	10	—	—	—	0	1.000	—	0	4547	0.000	1	0.000
	20	—	—	—	0	1.000	—	0	8865	0.000	1	0.000
平均值	$D/2$			−1.48	0.86			0.79				
	D			−1.55	0.78			0.69				
	$2D$			−1.71	0.61			0.56				

根据获得的实验结果，除了函数f_{23}（D=60）的实验结果没有统计意义上的差异性以外，COODE 算法较 DE 算法在 31 个测试函数上占优，而 DE 算法占优的仅有 3 个函数（f_4（D=60）、f_5（D=20）和 f_{18}（D=20））。对于函数 f_{24}、f_{51} 和 f_{56} 的 D/2 和 2D 维度，以及函数f_{22}的 2D 维度，两种算法都不能在达到最大函数评价次数之前得到最优解，算法失效。平均加速比 $AR_{DE/COODE}$ 等于−1.57，意味着 COODE 算法比 DE 算法快 57%。DE 和 COODE 算法的平均 SR 分别为 0.73 和 0.67。

随着维度的增加，11 个函数（f_1、f_2、f_3、f_6、f_7、f_8、f_{15}、f_{21}、f_{30}、f_{41} 和 f_{52}）的 $AR_{DE/COODE}$ 逐渐变大，同时，1 个函数（f_{31}）的 $AR_{DE/COODE}$ 逐渐减小。函数f_{23} 比较特别，在 15 维和 30 维的情况下，COODE 算法优于 DE 算法。但是，当函数的维度增加至 60 维时，DE 算法的 NFC 指标反而优于 COODE 算法。而且，COODE 算法不能解决函数 f_4（D=60）、f_5（D=20）和 f_{18}（D=20），但是 DE 算法分别以 100%、5%和 14%的概率收敛于最优解。此外，DE 不能解决函数f_{19}（D=60），但是 COODE 算法能够以 12%的概率收敛于最优解。

在表 5.6 的最底部，标注出针对 D/2、D 和 2D 不同函数维度下算法的平均 SR 和 $AR_{DE/COODE}$。对于 D/2 维度下的函数，总体来说，DE 算法的 SR 优于 COODE 算法 7%（0.86 比 0.79），$AR_{DE/COODE}$ 为−1.48。对于 2D 维度下的函数，$AR_{DE/COODE}$ 为−1.71，DE 算法和 COODE 算法的 SR 分别为 0.61 和 0.56。

DE 算法和 COODE 算法的 SR 降低是预料之中的，因为随着问题维度翻倍，算法在某些情况下不能在达到 MAX_{NFC}（在所有的实验中，固定不变）之前收敛到全局最优解。而且，从表 5.6 中发现，函数维度为 2D 时，取得更小的 $AR_{DE/COODE}$，COODE 算法对高维函数表现更佳。另外，根据表 5.6 可知，EODE 算法在所有的测试算法中表现最佳。这表明，本节提出的 COODE 算法还可以继续修改或补充，以提升算法性能。

6. 实验五：种群规模对算法性能的影响

为了研究种群规模对算法的影响，设置种群规模分别为 $N_p/2$ 和 $2N_p$，其他参数不变，然后重复上述相同的实验。DE、COODE 和 EODE 算法不同种群规模下的实验结果如表 5.7 所示。其中，DE 和 COODE 两种算法求解各个函数的最优结果用黑体标注。

表 5.7 DE、COODE 和 EODE 算法不同种群规模下的实验结果

F	N_p	DE					COODE		EODE			
		NFC			SR		NFC	SR	NFC		SR	
		Avg	Sig	$AR_{DE/COODE}$	Avg	Sig			Avg	Sig	Avg	Sig
f_1	50	34233	0.000	−1.46	1	0.000	**23452**	0.88	8520	0.000	1	0.000
	100	73572	0.000	−1.34	1	1.000	**54797**	1	19323	0.000	1	1.000
	200	205504	0.000	−1.34	1	1.000	**132970**	1	35600	0.000	1	1.000
f_2	50	40877	0.000	−1.58	1	0.001	**25939**	0.90	8513	0.000	1	0.001
	100	81342	0.000	−1.35	1	1.000	**60091**	1	19942	0.000	1	1.000
	200	227642	0.000	−1.54	1	1.000	**147396**	1	39162	0.000	1	1.000
f_3	50	91496	0.000	−1.16	1	1.000	**78815**	1	5608	0.000	1	1.000
	100	153919	0.000	−1.48	1	1.000	**104266**	1	9946	0.000	1	1.000
	200	430744	0.000	−2.21	1	1.000	**195038**	1	16094	0.000	1	1.000
f_4	50	—	—	—	0	1.000	—	0	10162	0.000	0.82	0.000
	100	**360106**	0.000	1.07	1	0.002	386333	0.91	44850	0.000	1	0.002
	200	725570	0.000	−1.33	1	1.000	**546574**	1	51230	0.000	1	1.000
f_5	50	**73013**	0.000	—	0.46	0.000	—	0	1487	0.000	1	0.000
	100	**297631**	0.000	—	0.93	0.000	—	0	3020	0.000	1	0.000
	200	**889522**	0.000	—	0.23	0.000	—	0	5850	0.000	1	0.000
f_6	50	35105	0.000	−1.44	1	0.000	**24347**	0.88	9335	0.000	1	0.000
	100	77655	0.000	−1.36	1	1.000	**57248**	1	20107	0.000	1	1.000
	200	216462	0.000	−1.53	1	1.000	**141078**	1	36510	0.000	1	1.000
f_7	50	6703	0.000	−1.42	1	0.025	**4730**	0.95	2604	0.000	1	0.025
	100	19142	0.000	−1.60	1	1.000	**11976**	1	6083	0.000	1	1.000
	200	53418	0.000	−1.92	1	1.000	**27882**	1	12442	0.000	1	1.000

续表

F	N_p	DE					COODE		EODE			
		NFC			SR		NFC	SR	NFC		SR	
		Avg	Sig	$AR_{DE/COODE}$	Avg	Sig			Avg	Sig	Avg	Sig
f_8	50	71963	0.000	−1.59	0.94	0.000	**45313**	0.64	12351	0.000	1	0.000
	100	144154	0.000	−1.36	1	1.000	**105765**	1	22135	0.000	1	1.000
	200	407074	0.000	−1.57	1	1.000	**259798**	1	36722	0.000	1	1.000
f_9	50	1657	0.000	−1.10	1	1.000	**1500**	1	1500	0.987	1	1.000
	100	3227	0.000	−1.10	1	1.000	**2940**	1	2955	0.750	1	1.000
	200	6146	0.000	−1.09	1	1.000	**5640**	1	5558	0.346	1	1.000
f_{10}	50	17720	0.018	−2.95	1	0.000	**6009**	0.75	4083	0.000	1	0.000
	100	13632	0.000	−1.18	1	1.000	**11539**	1	8164	0.000	1	1.000
	200	27156	0.000	−1.29	1	1.000	**20974**	1	17254	0.000	1	1.000
f_{11}	50	2706	0.000	−1.19	1	1.000	**2274**	1	1632	0.000	1	1.000
	100	5313	0.000	−1.16	1	1.000	**4568**	1	3746	0.000	1	1.000
	200	10372	0.000	−1.17	1	1.000	**8894**	1	8146	0.000	1	1.000
f_{12}	50	2083	0.000	−1.10	1	1.000	**1891**	1	1870	0.484	1	1.000
	100	4127	0.000	−1.09	1	1.000	**3770**	1	3703	0.205	1	1.000
	200	8036	0.000	−1.09	1	1.000	**7378**	1	7434	0.449	1	1.000
f_{13}	50	5188	0.000	−1.23	0.83	0.000	**4210**	0.60	3800	0.000	1	0.000
	100	10889	0.000	−1.20	0.92	0.000	**9078**	0.68	7730	0.000	1	0.000
	200	21596	0.000	−1.15	0.97	0.000	**18775**	0.79	16552	0.000	1	0.000
f_{14}	50	2234	0.000	−1.37	1	1.000	**1633**	1	1659	0.558	1	1.000
	100	4815	0.000	−1.47	1	1.000	**3284**	1	3243	0.549	1	1.000
	200	9496	0.000	−1.45	1	1.000	**6568**	1	6386	0.156	1	1.000
f_{15}	50	34195	0.000	−1.37	0.58	0.571	**24983**	0.54	37352	0.000	0.84	0.000
	100	81475	0.000	−1.38	1	0.000	**58960**	0.83	100955	0.000	0.94	0.015
	200	229360	0.000	−1.58	1	0.002	**145334**	0.91	275308	0.000	0.98	0.030
f_{16}	50	1408	0.001	−1.05	1	1.000	**1345**	1	1338	0.786	1	1.000
	100	2679	0.000	−1.05	1	1.000	**2543**	1	2628	0.046	1	1.000
	200	5174	0.000	−1.05	1	1.000	**4932**	1	5078	0.027	1	1.000
f_{17}	50	—	—	—	0	1.000	—	0	119100	0.000	0.04	0.045
	100	—	0.000	—	0	0.045	**37325**	0.04	—	0.000	0	0.045
	200	—	0.000	—	0	0.002	**46022**	0.09	—	0.000	0	0.002

续表

F	N_p	DE					COODE		EODE			
		NFC			SR		NFC	SR	NFC		SR	
		Avg	Sig	$AR_{DE/COODE}$	Avg	Sig			Avg	Sig	Avg	Sig
f_{18}	50	**58006**	0.000	—	0.17	0.000	—	0	2893	0.000	1	0.000
	100	**186720**	0.000	—	0.4	0.000	—	0	5385	0.000	1	0.000
	200	**466711**	0.000	—	0.83	0.000	—	0	8402	0.004	1	0.000
f_{19}	50	416072	0.000	−2.38	0.93	0.449	**174493**	0.90	2940	0.000	1	0.001
	100	356337	0.000	−2.06	1	1.000	**172694**	1	5794	0.000	1	1.000
	200	—	0.000	—	0	0.000	**305946**	1	10082	0.000	1	1.000
f_{20}	50	2745	0.000	−1.53	1	1.000	**1792**	1	1707	0.131	1	1.000
	100	6345	0.000	−1.73	1	1.000	**3666**	1	3370	0.003	1	1.000
	200	13244	0.000	−1.86	1	1.000	**7102**	1	6736	0.020	1	1.000
f_{21}	50	59644	0.000	−1.36	1	1.000	**43863**	1	8857	0.000	1	1.000
	100	155494	0.000	−1.46	1	1.000	**106165**	1	11334	0.000	1	1.000
	200	448128	0.000	−1.69	1	1.000	**264826**	1	15674	0.000	1	1.000
f_{22}	50	—	—	—	0	1.000	—	0	15732	0.000	1	0.000
	100	—	—	—	0	1.000	—	0	31873	0.000	1	0.000
	200	946995	0.000	−2.32	1	0.000	**408543**	0.42	50064	0.000	1	0.000
f_{23}	50	8519	0.070	—	1	1.000	10596	1	2891	0.000	1	1.000
	100	19856	0.000	−1.41	1	1.000	**14079**	1	6454	0.000	1	1.000
	200	54580	0.000	−1.67	1	1.000	**32648**	1	14966	0.000	1	1.000
f_{24}	50	—	—	—	0	1.000	—	0	—	—	0	1.000
	100	—	—	—	0	1.000	—	0	—	—	0	1.000
	200	—	—	—	0	1.000	—	0	—	—	0	1.000
f_{25}	50	5853	0.295	—	1	0.025	5512	0.95	5762	0.445	1	0.025
	100	9880	0.000	−1.08	1	1.000	**9147**	1	9664	0.126	1	1.000
	200	18692	0.000	−1.10	1	1.000	**17006**	1	18920	0.001	1	1.000
f_{26}	50	4592	0.000	−1.18	1	0.000	**3886**	0.78	3469	0.000	1	0.000
	100	9636	0.000	−1.19	1	0.002	**8105**	0.91	6670	0.000	1	0.002
	200	18978	0.000	−1.17	1	0.025	**16173**	0.95	14234	0.000	1	0.025
f_{27}	50	4448	0.000	−1.16	1	0.000	**3849**	0.84	3426	0.000	1	0.000
	100	9025	0.000	−1.14	1	0.014	**7883**	0.94	7033	0.000	1	0.014
	200	17610	0.000	−1.11	1	1.000	**15868**	1	14644	0.000	1	1.000

续表

F	N_p	DE					COODE		EODE			
		NFC			SR		NFC	SR	NFC		SR	
		Avg	Sig	$AR_{DE/COODE}$	Avg	Sig			Avg	Sig	Avg	Sig
f_{28}	50	4427	0.000	−1.13	1	0.001	**3919**	0.90	3331	0.000	1	0.001
	100	8876	0.000	−1.13	1	1.000	**7880**	1	6885	0.000	1	1.000
	200	17798	0.000	−1.14	1	1.000	**15560**	1	14414	0.000	1	1.000
f_{29}	50	4199	0.000	−1.23	0.91	0.000	**3424**	0.60	2946	0.000	1	0.000
	100	8455	0.000	−1.20	1	0.000	**7051**	0.76	5672	0.000	1	0.000
	200	16782	0.000	−1.20	1	0.008	**13944**	0.93	12920	0.000	1	0.008
f_{30}	50	22797	0.000	−1.55	0.47	0.255	**14747**	0.39	5510	0.000	1	0.000
	100	41928	0.000	−1.39	1	1.000	**30141**	1	11764	0.000	1	1.000
	200	118116	0.000	−1.66	1	1.000	**71282**	1	26098	0.000	1	1.000
f_{31}	50	72691	0.000	−1.45	1	0.000	**50213**	0.78	10093	0.000	1	0.000
	100	340427	0.000	−3.31	1	0.000	**102760**	0.79	12944	0.000	1	0.000
	200	—	0.000	—	0	0.002	**251479**	0.91	16528	0.000	1	0.002
f_{32}	50	2580	0.000	−1.37	1	1.000	**1877**	1	1363	0.000	1	1.000
	100	4916	0.000	−1.36	1	1.000	**3625**	1	3167	0.000	1	1.000
	200	9676	0.000	−1.37	1	1.000	**7062**	1	6200	0.000	1	1.000
f_{33}	50	12297	0.000	−2.02	1	0.000	**6077**	0.13	1122	0.000	1	0.000
	100	25696	0.000	−1.92	1	1.000	**13398**	1	2499		1	1.000
	200	51934	0.000	−1.92	1	0.000	**26982**	0.87	4884	0.000	1	0.000
f_{34}	50	13664	0.000	−2.28	0.89	0.000	**5996**	0.12	1090	0.000	1	0.000
	100	30552	0.000	−2.40	1	0.000	**12744**	0.41	2495	0.000	1	0.000
	200	64826	0.000	−2.46	1	0.000	**26349**	0.63	5222	0.000	1	0.000
f_{35}	50	1572	0.000	−1.10	1	1.000	**1432**	1	1468	0.101	1	1.000
	100	3005	0.000	−1.08	1	1.000	**2792**	1	2859	0.148	1	1.000
	200	5890	0.000	−1.08	1	1.000	**5434**	1	5676	0.000	1	1.000
f_{36}	50	3304	0.000	−1.89	1	1.000	**1748**	1	1829	0.140	1	1.000
	100	7556	0.000	−2.02	1	1.000	**3742**	1	3349	0.001	1	1.000
	200	16050	0.000	−2.13	1	1.000	**7544**	1	7100	0.013	1	1.000
f_{37}	50	2105	0.000	−1.07	1	1.000	**1959**	1	1924	0.373	1	1.000
	100	4120	0.000	−1.06	1	1.000	**3898**	1	3825	0.235	1	1.000
	200	8046	0.000	−1.05	1	1.000	**7634**	1	7666	0.698	1	1.000

续表

F	N_p	DE					COODE		EODE			
		NFC			SR		NFC	SR	NFC		SR	
		Avg	Sig	$AR_{DE/COODE}$	Avg	Sig			Avg	Sig	Avg	Sig
f_{38}	50	2101	0.000	−1.09	1	1.000	**1933**	1	1875	0.204	1	1.000
	100	4117	0.000	−1.06	1	1.000	**3866**	1	3777	0.195	1	1.000
	200	8004	0.000	−1.06	1	1.000	**7580**	1	7724	0.024	1	1.000
f_{39}	50	1517	0.000	−1.07	1	1.000	**1416**	1	1409	0.772	1	1.000
	100	2874	0.000	−1.06	1	1.000	**2715**	1	2759	0.394	1	1.000
	200	5600	0.000	−1.06	1	1.000	**5270**	1	5442	0.015	1	1.000
f_{40}	50	3354	0.000	−1.37	1	1.000	**2453**	1	2377	0.218	1	1.000
	100	7184	0.000	−1.46	1	1.000	**4920**	1	4743	0.075	1	1.000
	200	14686	0.000	−1.51	1	1.000	**9746**	1	9298	0.019	1	1.000
f_{41}	50	7241	0.000	−1.14	1	1.000	**6343**	1	4944	0.000	1	1.000
	100	16074	0.000	−1.11	1	1.000	**14479**	1	11522	0.000	1	1.000
	200	33706	0.000	−1.05	1	1.000	**32046**	1	23928	0.000	1	1.000
f_{42}	50	1850	0.000	−1.09	1	1.000	**1700**	1	1644	0.124	1	1.000
	100	3579	0.000	−1.09	1	1.000	**3284**	1	3333	0.303	1	1.000
	200	6944	0.000	−1.07	1	1.000	**6472**	1	6422	0.511	1	1.000
f_{43}	50	2782	0.000	−1.12	1	1.000	**2474**	1	2350	0.055	1	1.000
	100	5468	0.000	−1.14	1	1.000	**4811**	1	4756	0.512	1	1.000
	200	10622	0.000	−1.13	1	1.000	**9380**	1	9344	0.793	1	1.000
f_{44}	50	2800	0.000	−1.10	1	1.000	**2540**	1	2440	0.071	1	1.000
	100	5520	0.000	−1.07	1	1.000	**5181**	1	5089	0.241	1	1.000
	200	10854	0.000	−1.07	1	1.000	**10100**	1	9974	0.437	1	1.000
f_{45}	50	1354	0.000	−1.12	1	1.000	**1214**	1	1252	0.075	1	1.000
	100	2549	0.000	−1.06	1	1.000	**2416**	1	2434	0.597	1	1.000
	200	4888	0.000	−1.05	1	1.000	**4642**	1	4696	0.383	1	1.000
f_{46}	50	2457	0.000	−1.10	1	1.000	**2224**	1	2059	0.002	1	1.000
	100	4826	0.000	−1.08	1	1.000	**4470**	1	4302	0.054	1	1.000
	200	9494	0.000	−1.09	1	1.000	**8740**	1	8608	0.351	1	1.000
f_{47}	50	1375	0.000	−1.08	1	1.000	**1269**	1	1293	0.278	1	1.000
	100	2610	0.000	−1.06	1	1.000	**2453**	1	2535	0.018	1	1.000
	200	5018	0.000	−1.06	1	1.000	**4714**	1	4870	0.017	1	1.000

续表

F	N_p	DE					COODE		EODE			
		NFC			SR		NFC	SR	NFC		SR	
		Avg	Sig	$AR_{DE/COODE}$	Avg	Sig			Avg	Sig	Avg	Sig
f_{48}	50	1340	0.000	−1.15	1	1.000	**1167**	1	1610	0.000	1	1.000
	100	2475	0.000	−1.12	1	1.000	**2202**	1	3059	0.000	1	1.000
	200	4656	0.000	−1.13	1	1.000	**4124**	1	5798	0.000	1	1.000
f_{49}	50	2253	0.000	−1.22	0.71	0.759	**1847**	0.69	1752	0.169	0.87	0.002
	100	4418	0.000	−1.17	0.94	0.092	**3783**	0.87	3719	0.447	1	0.000
	200	8590	0.000	−1.16	1	0.045	**7417**	0.96	7133	0.057	1	0.045
f_{50}	50	602744	0.001	−3.51	0.16	0.083	**171594**	0.08	97201	0.258	1	0.000
	100	242434	0.000	−1.99	1	0.000	**121722**	0.86	18131	0.000	1	0.000
	200	460328	0.000	−2.69	1	0.000	**171366**	0.88	11756	0.000	1	0.000
f_{51}	50	—	—	—	0	1.000	—	0	—	—	0	1.000
	100	—	—	—	0	1.000	—	0	—	—	0	1.000
	200	—	—	—	0	1.000	—	0	—	—	0	1.000
f_{52}	50	9914	0.000	−1.18	1	1.000	**8378**	1	6745	0.000	1	1.000
	100	21944	0.000	−1.15	1	1.000	**19145**	1	14551	0.000	1	1.000
	200	46022	0.000	−1.10	1	1.000	**41770**	1	29920	0.000	1	1.000
f_{53}	50	3490	0.000	−1.66	1	0.008	**2104**	0.93	1246	0.000	1	0.008
	100	6834	0.000	−1.63	1	1.000	**4199**	1	2771	0.000	1	1.000
	200	13214	0.000	−1.60	1	1.000	**8236**	1	5626	0.000	1	1.000
f_{54}	50	3671	0.000	−1.10	1	1.000	**3332**	1	2882	0.000	1	1.000
	100	7369	0.000	−1.11	1	1.000	**6636**	1	6049	0.000	1	1.000
	200	14290	0.000	−1.08	1	1.000	**13172**	1	11814	0.000	1	1.000
f_{55}	50	—	—	—	0	1.000	—	0	—	—	0	1.000
	100	—	—	—	0	1.000	—	0	—	—	0	1.000
	200	—	—	—	0	1.000	—	0	—	—	0	1.000
f_{56}	50	—	—	—	0	1.000	—	0	2802	0.000	1	0.000
	100	—	—	—	0	1.000	—	0	4547	0.000	1	0.000
	200	—	—	—	0	1.000	—	0	13106	0.000	1	0.000
f_{57}	50	7774	0.000	−1.16	1	1.000	**6704**	1	4032	0.000	1	1.000
	100	15458	0.000	−1.15	1	1.000	**13483**	1	10055	0.000	1	1.000
	200	30754	0.000	−1.15	1	1.000	**26858**	1	21960	0.000	1	1.000

续表

F	N_p	DE					COODE		EODE			
		NFC			SR		NFC	SR	NFC		SR	
		Avg	Sig	$AR_{DE/COODE}$	Avg	Sig			Avg	Sig	Avg	Sig
f_{58}	50	42750	0.005	−7.52	1	0.000	**5686**	0.77	3799	0.000	1	0.000
	100	13592	0.000	−1.23	1	1.000	**11035**	1	8139	0.000	1	1.000
	200	27084	0.000	−1.23	1	1.000	**21016**	1	17444	0.000	1	1.000
平均值	$N_p/2$			−1.41	0.81			0.72				
	N_p			−1.36	0.88			0.83				
	$2N_p$			−1.40	0.86			0.85				

根据表 5.7 可知，除了函数f_4（N_p=100）、f_5（N_p=50、100 和 200）和f_{18}（N_p=50、100 和 200）以外，对于大部分函数，COODE 算法比 DE 算法表现优异。三种不同的种群规模下，平均 $AR_{DE/COODE}$ 分别为−1.41、−1.36 和−1.40。不同种群规模之间，没有统计意义上的差异性。

在种群规模为 $N_p/2$ 时，DE 算法不能求解 7 个函数，分别为f_4、f_{17}、f_{22}、f_{24}、f_{51}、f_{55}和f_{56}。与之相对，COODE 算法不能求解 10 个函数，分别为f_4、f_5、f_{17}、f_{18}、f_{22}、f_{24}、f_{50}、f_{51}、f_{55}和f_{56}。然而，COODE 算法和 DE 算法的平均 SR 分别为 0.81 和 0.72。在种群规模为 $2N_p$ 时，上述统计结果分别为 7、7、0.86 和 0.85。根据上述结果，可以认为：当种群规模较大时，COODE 算法的成功率更高一些。

除此之外，还将 COODE 算法和 EODE 算法进行了全面比较。令人鼓舞的是，在求解 44 个函数时，两者的结果没有统计意义上的差异性，这就意味着，COODE 算法的性能基本接近于理论最优值。然而，针对 14 个函数（f_{15}（N_p=50、100 和 200）、f_{16}（N_p=100 和 200）、f_{25}（N_p=200）、f_{35}（N_p=200）、f_{38}（N_p=200）、f_{39}（N_p=200）、f_{47}（N_p=100 和 200）和f_{48}（N_p=50、100 和 200）），COODE 算法的结果甚至优于 EODE 算法。显然，这是与 EODE 算法的设计原则相矛盾的。具体原因尚不得而知，很可能与测试函数的特征有关。

根据 COODE 算法的实验结果（表 5.7 中的第 8 列和第 9 列），随着种群规模的不断增大，总体 NFC 逐渐增大，且平均成功率也从 72%增长到 85%。因此，在实际工程应用的过程中，应当寻找一个合适的平衡状态，以减少函数评价次数，同时增大算法的成功率。

7. 实验六：迁移概率对算法性能的影响

本节中，研究随时间变化的迁移概率 J_r 对于算法性能的影响，即在种群进化过程中，随着函数评价次数增大，迁移概率线性增大或减少。为了使得不同迁移概率下算法的比较更加公平，平均的迁移概率是相同。如图 5.4 所示，本节研究的四种迁移概率包括 $J_r = 0.3, J_r\left(\text{JrUp}\right) = 0.6 \times \frac{\text{NFC}}{\text{MAX}_{\text{NFC}}}, J_r\left(\text{JrDown}\right) = 0.6 \times \frac{\text{MAX}_{\text{NFC}} - \text{NFC}}{\text{MAX}_{\text{NFC}}}$, $J_r = 0.6$。其中，J_r(JrDown)表示在种群探索阶段具有较大的迁移概率，在种群开发阶段具有较小的迁移概率，J_r(JrUp)的规则恰好相反。

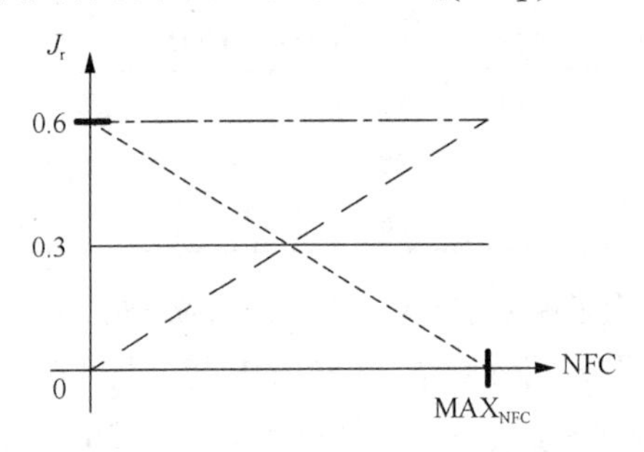

图 5.4　迁移概率随函数评价次数的变化

应用 DE、COODE(J_r=0.3)、COODE (JrUp)、COODE (JrDown)和 COODE (J_r=0.6)算法求解 58 个测试函数的结果对比，如表 5.8 所示。其中，每个函数的最佳实验结果用黑体标注，表中最后一行表示合计的 NFC 与平均的 SR。根据 58 个函数 NFC 的总和，可以将这些算法进行排序：COODE (J_r=0.3)（最佳）、COODE (J_r=0.6)、COODE (JrDown)、COODE (JrUp)以及 DE。其中，COODE (JrDown)表现出最低的平均成功率（0.78），DE 和 COODE (JrUp)的成功率最高（0.88）。

表 5.8　DE、COODE (J_r = 0.3)、COODE (JrUp)、COODE (JrDown)和 COODE (J_r = 0.6)算法求解 58 个测试函数的结果对比

F	DE		COODE (J_r = 0.3)		COODE (JrUp)		COODE (JrDown)		COODE (J_r = 0.6)	
	NFC	SR	NFC	SR	NFC	SR	NFC	SR	NFC	SR
f_1	73572	1	54797	1	73777	1	**47063**	1	47435	1
f_2	81342	1	60091	1	81745	1	**52232**	1	52567	1
f_3	153919	1	104266	1	154554	1	**98128**	1	99008	1
f_4	360106	1	386333	0.91	**358800**	1	897209	0.66	884679	0.70
f_5	297631	0.93	—	0	**282685**	0.86	—	0	—	0
f_6	77655	1	57248	1	77615	1	49999	1	**49566**	1
f_7	19142	1	11976	1	19335	1	8944	0.97	**8764**	1
f_8	144154	1	105765	1	143844	1	**91888**	1	92042	1

续表

F	DE		COODE ($J_r = 0.3$)		COODE (JrUp)		COODE (JrDown)		COODE ($J_r = 0.6$)	
	NFC	SR	NFC	SR	NFC	SR	NFC	SR	NFC	SR
f_9	3227	1	2940	1	3154	1	**2766**	1	2796	1
f_{10}	13632	1	11539	1	13896	1	11554	0.97	**10803**	1
f_{11}	5313	1	4568	1	5336	1	4164	1	**4130**	1
f_{12}	4127	1	3770	1	4064	1	3579	1	**3574**	1
f_{13}	10889	0.92	9078	0.68	10905	0.74	8477	0.57	**8335**	0.51
f_{14}	4815	1	3284	1	4736	1	**2976**	1	3035	1
f_{15}	81475	1	58960	0.83	81244	0.96	51703	0.72	**50968**	0.78
f_{16}	2679	1	2543	1	2750	1	**2457**	1	2470	1
f_{17}	—	0	37325	0.04	73000	0.02	35157	0.07	**31129**	0.07
f_{18}	186720	0.40	—	0	**183845**	0.51	—	0	—	0
f_{19}	356337	1	172694	1	360356	1	**171890**	0.91	172022	0.9
f_{20}	6345	1	3666	1	6031	1	3112	1	**3040**	1
f_{21}	155494	1	106165	1	155368	1	**89258**	1	91844	1
f_{22}	—	0	—	0	**579600**	0.05	—	0	—	0
f_{23}	19856	1	14079	1	19660	1	15757	1	**15701**	1
f_{24}	—	0	—	0	—	0	—	0	—	0
f_{25}	9880	1	9147	1	9642	1	**8414**	1	8467	1
f_{26}	9636	1	8105	0.91	9524	1	**7421**	0.76	7424	0.70
f_{27}	9025	1	7883	0.94	8890	1	7344	0.9	**7300**	0.90
f_{28}	8876	1	7880	1	8917	1	**7359**	0.9	7366	0.93
f_{29}	8455	1	7051	0.76	8257	0.98	6503	0.6	**6500**	0.64
f_{30}	41928	1	30141	1	41910	1	26426	0.93	**26089**	0.94
f_{31}	340427	1	102760	0.79	334198	1	88221	0.63	**86816**	0.58
f_{32}	4916	1	3625	1	4972	1	**3251**	1	3259	1
f_{33}	25696	1	13398	1	25774	1	13115	0.13	**11619**	0.21
f_{34}	30552	1	12744	0.41	30687	1	10713	0.15	**10300**	0.21
f_{35}	3005	1	2792	1	3032	1	**2673**	1	2676	1
f_{36}	7556	1	3742	1	7218	1	3149	1	**3130**	1
f_{37}	4120	1	3898	1	4154	1	3683	1	**3654**	1

续表

F	DE		COODE (J_r = 0.3)		COODE (JrUp)		COODE (JrDown)		COODE (J_r = 0.6)	
	NFC	SR	NFC	SR	NFC	SR	NFC	SR	NFC	SR
f_{38}	4117	1	3866	1	4089	1	3716	1	**3693**	1
f_{39}	2874	1	2715	1	2912	1	**2612**	1	2637	1
f_{40}	7184	1	4920	1	7101	1	4492	1	**4491**	1
f_{41}	16074	1	14479	1	16107	1	13530	1	**13502**	1
f_{42}	3579	1	3284	1	3538	1	3162	1	**3126**	1
f_{43}	5468	1	4811	1	5401	1	4489	1	**4417**	1
f_{44}	5520	1	5181	1	5528	1	**4884**	1	4892	1
f_{45}	2549	1	2416	1	2541	1	2314	1	**2296**	1
f_{46}	4826	1	4470	1	4849	1	4246	1	**4180**	1
f_{47}	2610	1	2453	1	2590	1	**2325**	1	2366	1
f_{48}	2475	1	2202	1	2475	1	**2040**	1	2104	1
f_{49}	4418	0.94	3783	0.87	4523	0.93	**3366**	0.82	3390	0.88
f_{50}	242434	1	121722	0.86	228360	1	**112163**	0.72	114800	0.67
f_{51}	—	0	—	0	—	0	—	0	—	0
f_{52}	21944	1	19145	1	21829	1	17536	1	**17228**	1
f_{53}	6834	1	4199	1	6751	1	3626	1	**3578**	1
f_{54}	7369	1	6636	1	7370	1	6308	1	**6198**	1
f_{55}	—	0	—	0	—	0	—	0	—	0
f_{56}	—	0	—	0	—	0	—	0	—	0
f_{57}	15458	1	13483	1	15544	1	12455	1	**12443**	1
f_{58}	13592	1	11035	1	13430	1	**10534**	1	10934	1
合计/平均值	2931827	0.88	1617728	0.83	2895813	0.88	2015226	0.78	2003654	0.79

表 5.9 表示这些算法的另外一种公平比较的结果。其中，表格中的每一个单元格代表相应的行所对应算法优于列所对应算法的函数个数，结果汇总于表格的最后一列（算法优于其他竞争算法的函数个数）。通过结果的比对，能够得到这些算法另外一种的排序结果：COODE (J_r=0.6)（最佳）、COODE (JrDown)、COODE (J_r=0.3)、COODE (JrUp)和 DE。COODE (J_r=0.3)和 COODE (J_r–0.6)的结果表明，较大的迁移概率会降低算法的成功率。

表 5.9　DE、COODE (J_r = 0.3)、COODE (JrUp)、COODE (JrDown)和 COODE (J_r= 0.6)算法的对比

算法	DE	COODE (J_r = 0.3)	COODE(JrUp)	COODE (JrDown)	COODE (J_r = 0.6)	总和
DE	—	3	22	3	3	**31**
COODE (J_r = 0.3)	49	—	49	3	2	**103**
COODE(JrUp)	31	3	—	3	3	**40**
COODE (JrDown)	49	47	49	—	21	**166**
COODE (J_r = 0.6)	49	48	49	29	—	**175**

根据表 5.8 和表 5.9 可知，在 NFC 和 SR 指标下，COODE (JrDown)和 COODE (J_r=0.6)两种算法的结果非常相似。实际上，对于大多数测试函数，函数的评价次数和预先设置的 MAX_{NFC} (10^6)相比较可以忽略不计。从图 5.4 可知，此时在种群进化的过程中，COODE (JrDown)算法的迁移概率几乎没发生变化，始终维持在初始值，即 $J_r \approx 0.6$。因此，COODE (JrDown)和 COODE (J_r=0.6)算法会得到相似的结果。基于相同的原因，COODE (JrUp)和 DE 算法的结果也基本没有差别，需要特别注意的是，当迁移概率等于零时，COODE 算法退化为 DE 算法。

5.3　反向学习策略的评估方法

5.3.1　方法描述

对比各种反向学习策略时，首先面临的一个困难就是如何定量地评估这些反向学习策略。受反向优化（Tizhoosh，2005）和已知的一些对比结果（Ergezer et al.，2014，2009）启发，本节定义了一种评估函数，如公式（5.13）所述：

$$g(x) = E\left(\min\{|p-x|, |\breve{p}-x|\}\right) = \int_{-\infty}^{\infty}\int_{-\infty}^{\infty} \min\{|p-x|, |\breve{p}-x|\} f(p,\breve{p})\,\mathrm{d}p\,\mathrm{d}\breve{p} \quad (5.13)$$

给定变量 x 时，公式（5.13）代表从一个候选解（或其反向解）到最优解的平均最小欧氏距离。

显而易见，该评估函数的定义依赖于三个因素：候选解 p、反向学习策略和优化问题的最优解 x。对于每一种反向学习策略，如果最优解 x 固定不变，则通过穷举候选解的办法就能够求得该评估函数。沿着该思路，某种程度上，评估函数 $g(x)$代表了反向学习策略的性能。显然，评估函数的值越小，反向学习策略的性能越好。为了计算该评估函数，本节将提出一种理论计算方法，包括如下五个步骤。

步骤 1：根据先验知识，事先确定候选解 p 和其反向解 $\breve{p}$ 的概率分布。否则，选择均匀分布作为一种可接受的替代方案。

步骤 2：根据候选解 p、反向解 $\breve{p}$ 和最优解 x 的取值，将全部的搜索空间 A 进一步划分为多个子空间 A_i（$i=1,2,\cdots$）。基于每一个子空间，设计下面两个步骤。

步骤 3：在每一个特定子空间 A_i 内，简化两个绝对值$\left(|p-x|\text{和}|\breve{p}-x|\right)$。那么，通过分析方法，能够直接得到 $\min\{|p-x|,|\breve{p}-x|\}$ 的取值。

步骤 4：计算在给定积分区域 A_i 内的数学期望。

步骤 5：将每个积分区域 A_i 内的数学期望求和，能够得到在全部搜索空间（$A=\bigcup_i A_i$）内的评估函数。

5.3.2 计算实例

首先，以准反向学习（QOBL）策略为例，展示评估函数的计算流程。

如前所述，假定候选解 p 服从 0 和 1 之间的均匀分布，即 $f(p)=\begin{cases}1, & 0<p<1\\ 0, & \text{其他}\end{cases}$。根据准反向学习策略的定义，准反向解 $\breve{p}$ 是 1/2 和 1−p 之间的一个随机数。因此，当候选解 p 位于左半平面时，$f(\breve{p})=\begin{cases}\dfrac{1}{(1-p)-\dfrac{1}{2}}, & \dfrac{1}{2}<\breve{p}<1-p\\ 0, & \text{其他}\end{cases}$。否则，$f(\breve{p})=\begin{cases}\dfrac{1}{\dfrac{1}{2}-(1-p)}, & 1-p<\breve{p}<\dfrac{1}{2}\\ 0, & \text{其他}\end{cases}$。注意，在本实例中，候选解 p 及其准反向解 $\breve{p}$ 间，相互独立，由此可知，$f(p,\breve{p})=f(p)\cdot f(\breve{p})$。

在步骤 2 中，基于最优解 x、候选解 p 和其反向解 $\breve{p}$ 的取值，全部的空间被分割为 12 个具体区域。显然，对于前 6 个区域，它们一定满足下述不等式：$0<p<(p+\breve{p})/2<1/2<\breve{p}<1-p<1$。相似地，对于后 6 个区域，它们一定满足下述不等式：$0<1-p<\breve{p}<1/2<(p+\breve{p})/2<p<1$。这种分解的关键目的是推导 $g(x)$中的两个绝对值$\left(|p-x|\text{和}|\breve{p}-x|\right)$。因此，对于每一个区域，$\min\{|p-x|,|\breve{p}-x|\}$ 的数值能够通过步骤 3 直接计算，从而得到完整空间的积分区域（积分变量的上下限），如图 5.5 所示。

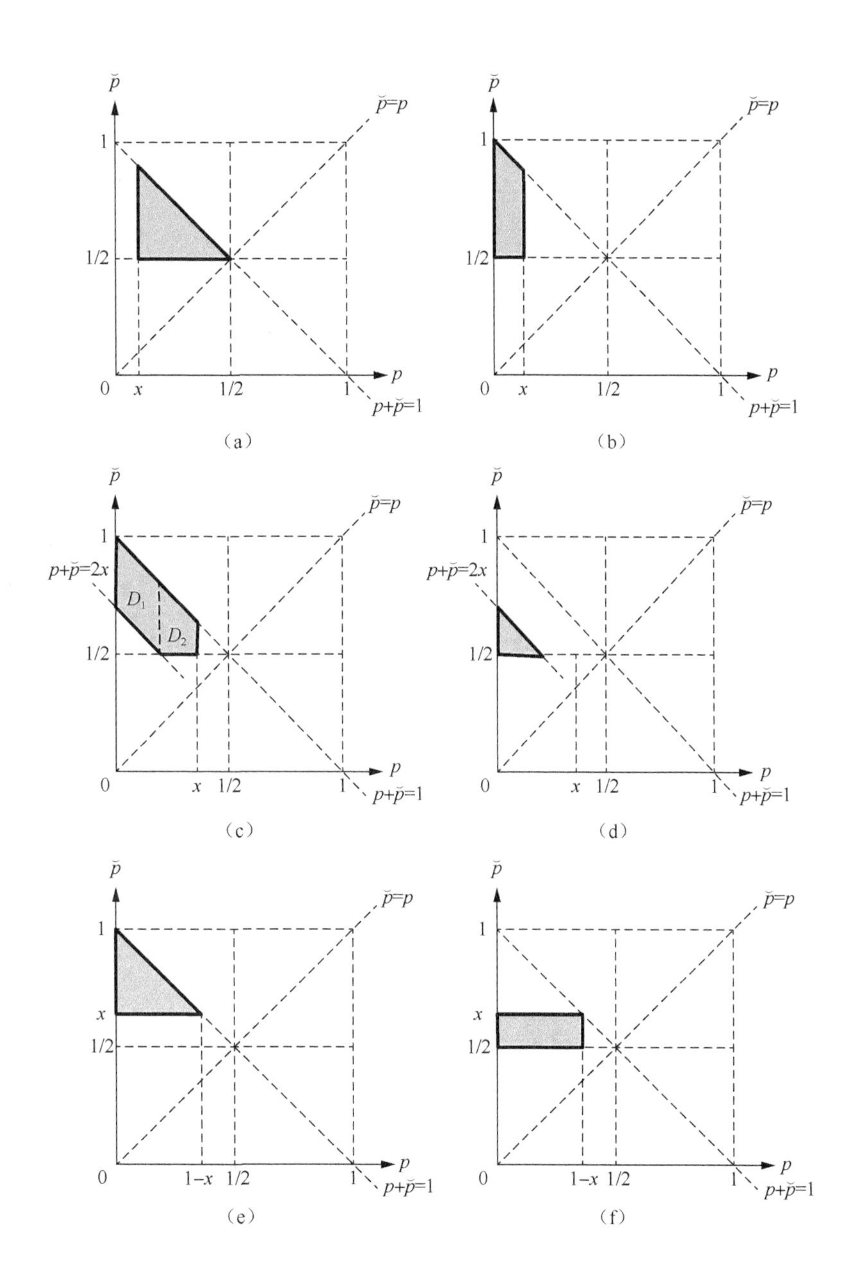

$\breve{p}$
$\breve{p}=p$
1
1/2
0
x
1/2
1
p
$p+\breve{p}=1$
（a）
$\breve{p}$
$\breve{p}=p$
1
1/2
0
x
1/2
1
p
$p+\breve{p}=1$
（b）
$\breve{p}$
$\breve{p}=p$
1
$p+\breve{p}=2x$
D_1
D_2
1/2
0
x
1/2
1
p
$p+\breve{p}=1$
（c）
$\breve{p}$
$\breve{p}=p$
1
$p+\breve{p}=2x$
1/2
0
x
1/2
1
p
$p+\breve{p}=1$
（d）
$\breve{p}$
$\breve{p}=p$
1
x
1/2
0
$1-x$
1/2
1
p
$p+\breve{p}=1$
（e）
$\breve{p}$
$\breve{p}=p$
1
x
1/2
0
$1-x$
1/2
1
p
$p+\breve{p}=1$
（f）

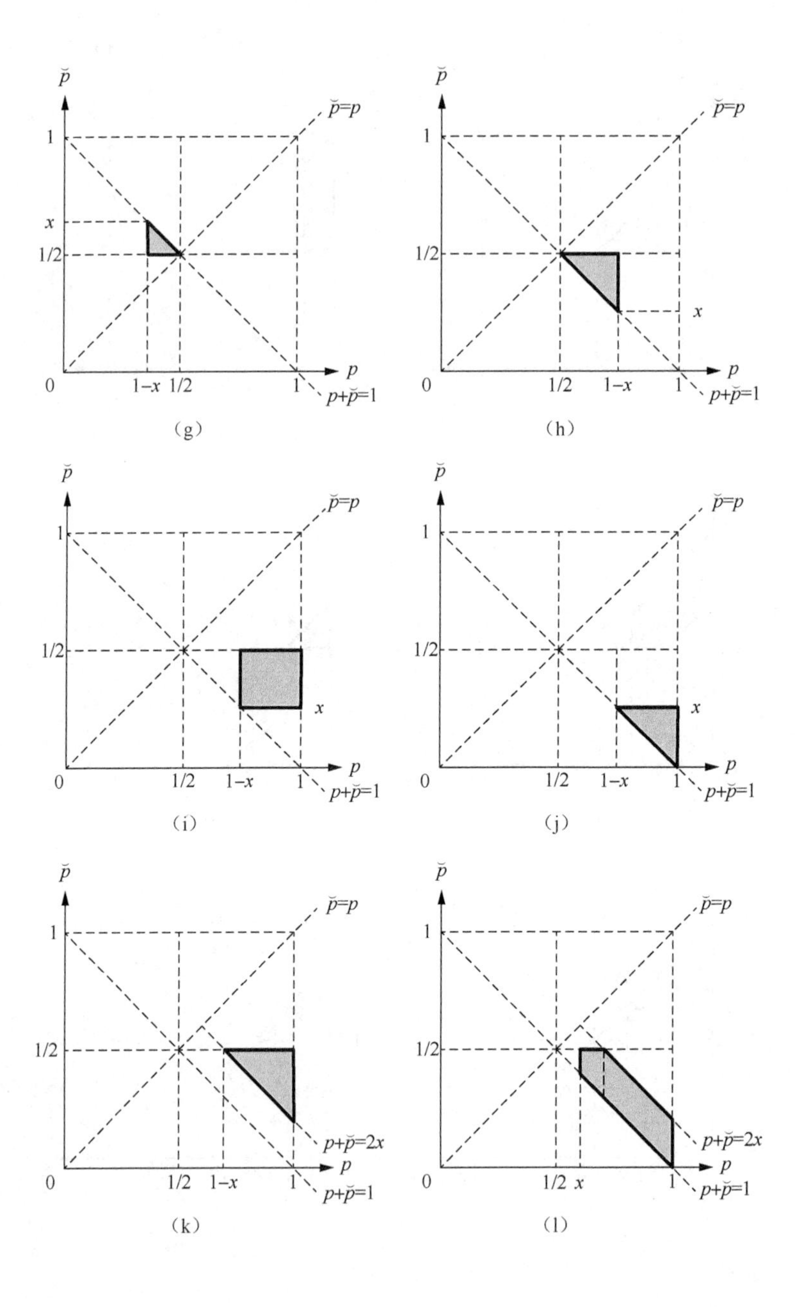

p̆
p̆=p
1
x
1/2
0
1−x 1/2
1
p
p+p̆=1
(g)
p̆
p̆=p
1
1/2
x
0
1/2 1−x
1
p
p+p̆=1
(h)
p̆
p̆=p
1
1/2
x
0
1/2 1−x
1
p
p+p̆=1
(i)
p̆
p̆=p
1
1/2
x
0
1/2 1−x
1
p
p+p̆=1
(j)
p̆
p̆=p
1
1/2
p+p̆=2x
0
1/2 1−x
1
p
p+p̆=1
(k)
p̆
p̆=p
1
1/2
p+p̆=2x
0
1/2 x
1
p
p+p̆=1
(l)

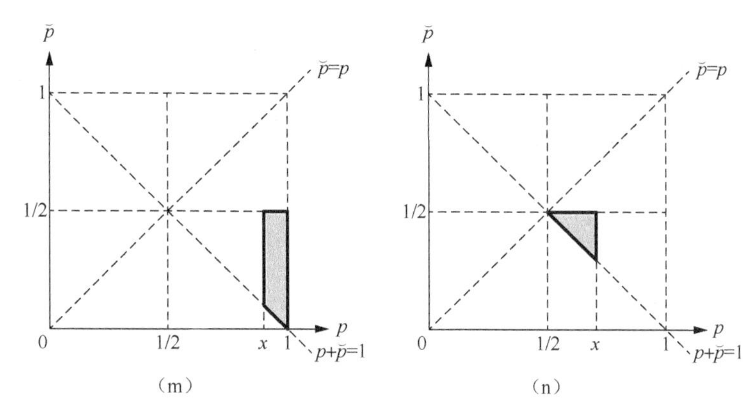

图5.5　完整空间的积分区域

讨论评估函数如下。

区域1：假定 $0<x<p<(p+\breve{p})/2<1/2<\breve{p}<1-p<1$。因此，如图5.5（a）所示，可以得 $g(x)=E\left(\min\left\{|p-x|,|\breve{p}-x|\right\}\right)=\int_{-\infty}^{\infty}\int_{-\infty}^{\infty}(p-x)f(p)f(\breve{p})\mathrm{d}p\mathrm{d}\breve{p}=\int_x^{\frac{1}{2}}\mathrm{d}p\int_{\frac{1}{2}}^{1-p}\frac{p-x}{-p+\frac{1}{2}}\mathrm{d}\breve{p}=\frac{1}{2}\left(x-\frac{1}{2}\right)^2$。

区域2：假定 $0<p<x<(p+\breve{p})/2<1/2<\breve{p}<1-p<1$。因此，如图5.5（b）所示，如果 $0<x<1/4$，可以得到 $g(x)=\int_0^x\mathrm{d}p\int_{\frac{1}{2}}^{1-p}\frac{x-p}{\frac{1}{2}-p}\mathrm{d}\breve{p}=\frac{1}{2}x^2$；如图5.5（c）所示，如果 $1/4<x<1/2$，可以得到 $g(x)=\int_0^{2x-\frac{1}{2}}\mathrm{d}p\int_{2x-p}^{1-p}\frac{x-p}{\frac{1}{2}-p}\mathrm{d}\breve{p}+\int_{2x-\frac{1}{2}}^{x}\mathrm{d}p\int_{\frac{1}{2}}^{1-p}\frac{x-p}{\frac{1}{2}-p}\mathrm{d}\breve{p}=(1-2x)\left[\left(2x-\frac{1}{2}\right)+\left(\frac{1}{2}-x\right)\ln(1-2x)\right]+\frac{1}{2}\left(x-\frac{1}{2}\right)^2$。

区域3：假定 $0<p<(p+\breve{p})/2<x<1/2<\breve{p}<1-p<1$。因此，如果 $0<x<1/4$，可以得到 $g(x)=0$；如图5.5（d）所示，如果 $1/4<x<1/2$，可以得到 $g(x)=\int_0^{2x-\frac{1}{2}}\mathrm{d}p\int_{\frac{1}{2}}^{2x-p}\frac{\breve{p}-x}{\frac{1}{2}-p}\mathrm{d}\breve{p}=\left(x-\frac{1}{4}\right)^2$。

区域4：假定 $0<p<(p+\breve{p})/2<1/2<x<\breve{p}<1-p<1$。因此，如图5.5（e）所示，可以得到 $g(x)=\int_0^{1-x}\mathrm{d}p\int_x^{1-p}\frac{\breve{p}-x}{\frac{1}{2}-p}\mathrm{d}\breve{p}=\frac{1}{4}(x-1)(3x-2)-\frac{1}{2}\left(x-\frac{1}{2}\right)^2\ln(2x-1)$。

区域5：假定 $0<p<(p+\breve{p})/2<1/2<\breve{p}<x<1-p<1$。因此，如图5.5（f）所

示，可以得到 $g(x)=\int_{\frac{1}{2}}^{x}\mathrm{d}\breve{p}\int_{0}^{1-x}\frac{x-\breve{p}}{\frac{1}{2}-p}\mathrm{d}p=-\frac{1}{2}\left(x-\frac{1}{2}\right)^{2}\ln(2x-1)$。

区域 6：假定 $0<p<(p+\breve{p})/2<1/2<\breve{p}<1-p<x<1$。因此，如图 5.5（g）所示，可以得到 $g(x)=\int_{1-x}^{\frac{1}{2}}\mathrm{d}p\int_{\frac{1}{2}}^{1-p}\frac{x-\breve{p}}{\frac{1}{2}-p}\mathrm{d}\breve{p}=\frac{3}{4}\left(x-\frac{1}{2}\right)^{2}$。

区域 7：假定 $0<x<1-p<\breve{p}<1/2<(p+\breve{p})/2<p<1$。因此，如图 5.5（h）所示，可以得到 $g(x)=\int_{x}^{\frac{1}{2}}\mathrm{d}\breve{p}\int_{1-\breve{p}}^{1-x}\frac{\breve{p}-x}{\frac{1}{2}-p}\mathrm{d}p=\frac{3}{4}\left(x-\frac{1}{2}\right)^{2}$。

区域 8：假定 $0<1-p<x<\breve{p}<1/2<(p+\breve{p})/2<p<1$。因此，如图 5.5（i）所示，可以得到 $g(x)=\int_{x}^{\frac{1}{2}}\mathrm{d}\breve{p}\int_{1-x}^{1}\frac{\breve{p}-x}{p-\frac{1}{2}}\mathrm{d}p=-\frac{1}{2}\left(x-\frac{1}{2}\right)^{2}\ln\frac{1}{1-2x}$。

区域 9：假定 $0<1-p<\breve{p}<x<1/2<(p+\breve{p})/2<p<1$。因此，如图 5.5（j）所示，可以得到 $g(x)=\int_{1-x}^{1}\mathrm{d}p\int_{1-p}^{x}\frac{x-\breve{p}}{p-\frac{1}{2}}\mathrm{d}\breve{p}=\frac{1}{4}x(3x-1)+\frac{1}{2}\left(x-\frac{1}{2}\right)^{2}\ln\frac{1}{1-2x}$。

区域 10：假定 $0<1-p<\breve{p}<1/2<x<(p+\breve{p})/2<p<1$。因此，如果 $3/4<x<1$，可以得到 $g(x)=0$；如图 5.5（k）所示，如果 $1/2<x<3/4$，可以得到 $g(x)=\int_{2x-\frac{1}{2}}^{1}\mathrm{d}p\int_{2x-p}^{\frac{1}{2}}\frac{x-\breve{p}}{p-\frac{1}{2}}\mathrm{d}\breve{p}=\left(x-\frac{3}{4}\right)^{2}$。

区域 11：假定 $0<1-p<\breve{p}<1/2<(p+\breve{p})/2<x<p<1$。因此，如图 5.5（l）所示，如果 $1/2<x<3/4$，可以得到 $g(x)=\int_{x}^{2x-\frac{1}{2}}\frac{p-x}{p-\frac{1}{2}}\mathrm{d}p\int_{1-p}^{\frac{1}{2}}\mathrm{d}\breve{p}+\int_{2x-\frac{1}{2}}^{1}\frac{p-x}{p-\frac{1}{2}}\mathrm{d}p\int_{1-p}^{2x-p}\mathrm{d}\breve{p}=$
$(2x-1)\left[\left(\frac{3}{2}-2x\right)+\left(x-\frac{1}{2}\right)\ln 2(2x-1)\right]+\frac{1}{2}\left(x-\frac{1}{2}\right)^{2}$；如图 5.5（m）所示，如果 $3/4<x<1$，可以得到 $g(x)=\int_{x}^{1}\frac{p-x}{p-\frac{1}{2}}\mathrm{d}p\int_{1-p}^{\frac{1}{2}}\mathrm{d}\breve{p}=\frac{1}{2}(x-1)^{2}$。

区域 12：假定 $0<1-p<\breve{p}<1/2<(p+\breve{p})/2<p<x<1$。因此，如图 5.5（n）所示，可以得到 $g(x)=\int_{\frac{1}{2}}^{x}\frac{x-p}{p-\frac{1}{2}}\mathrm{d}p\int_{1-p}^{\frac{1}{2}}\mathrm{d}\breve{p}=\frac{1}{2}\left(x-\frac{1}{2}\right)^{2}$。

最后，将这些数学期望相加，得到评估函数：

$$g(x)=\begin{cases}\dfrac{5}{2}x^2-\dfrac{3}{2}x+\dfrac{5}{16}-\left(x-\dfrac{1}{2}\right)^2\ln(1-2x), & 0<x\leqslant\dfrac{1}{4}\\ \dfrac{1}{2}x(1-x)+\left(x-\dfrac{1}{2}\right)^2\ln 4(1-2x), & \dfrac{1}{4}<x\leqslant\dfrac{1}{2}\\ \dfrac{1}{2}x(1-x)+\left(x-\dfrac{1}{2}\right)^2\ln 4(2x-1), & \dfrac{1}{2}<x\leqslant\dfrac{3}{4}\\ \dfrac{5}{2}x^2-\dfrac{7}{2}x+\dfrac{21}{16}-\left(x-\dfrac{1}{2}\right)^2\ln(2x-1), & \dfrac{3}{4}<x<1\end{cases}\tag{5.14}$$

采用相同的方法分析随机采样和其他反向策略，能够获得各自的评估函数，如下所述。对于随机采样：

$$g(x)=\begin{cases}2\times\left(-\dfrac{2}{3}x^3+x^2-\dfrac{1}{2}x+\dfrac{1}{6}\right), & 0<x\leqslant\dfrac{1}{2}\\ 2\times\left(\dfrac{2}{3}x^3-x^2+\dfrac{1}{2}x\right), & \dfrac{1}{2}<x<1\end{cases}$$

对于 OBL：

$$g(x)=\begin{cases}2\times\left(x^2-\dfrac{1}{2}x+\dfrac{1}{8}\right), & 0<x\leqslant\dfrac{1}{2}\\ 2\times\left(x^2-\dfrac{3}{2}x+\dfrac{5}{8}\right), & \dfrac{1}{2}<x<1\end{cases}$$

对于 QROBL：

$$g(x)=\begin{cases}-\dfrac{1}{2}\left(x+\dfrac{1}{2}\right)^2+\dfrac{9}{16}+\left(x-\dfrac{1}{2}\right)^2\ln(1-2x), & 0<x\leqslant\dfrac{1}{4}\\ \dfrac{5}{2}\left(x-\dfrac{1}{2}\right)^2+\dfrac{1}{8}-\left(x-\dfrac{1}{2}\right)^2\ln 4(1-2x), & \dfrac{1}{4}<x\leqslant\dfrac{1}{2}\\ \dfrac{5}{2}\left(x-\dfrac{1}{2}\right)^2+\dfrac{1}{8}-\left(x-\dfrac{1}{2}\right)^2\ln 4(2x-1), & \dfrac{1}{2}<x\leqslant\dfrac{3}{4}\\ -\dfrac{1}{2}\left(x-\dfrac{3}{2}\right)^2+\dfrac{9}{16}+\left(x-\dfrac{1}{2}\right)^2\ln(2x-1), & \dfrac{3}{4}<x<1\end{cases}$$

对于 CBS：

$$g(x)=\left(x-\dfrac{1}{2}\right)^2+\dfrac{1}{8}$$

对于 OCL：

$$g(x)=\begin{cases}\left(x-\frac{1}{2}\right)^2, & 0<x\leqslant\frac{1}{6},\quad \frac{5}{6}<x<1\\ 4x^2-2x+\frac{1}{3}, & \frac{1}{6}<x\leqslant\frac{1}{3}\\ -2x^2+2x-\frac{1}{3}, & \frac{1}{3}<x\leqslant\frac{2}{3}\\ 4x^2-6x+\frac{7}{3}, & \frac{2}{3}<x\leqslant\frac{5}{6}\end{cases}$$

5.3.3 仿真验证

为了验证上述方法的正确性，首先针对不同学习策略，计算出一维情况下的评估函数。计算方法与文献（Rahnamayan et al.，2012）中的方法相同：最优解的位置依次固定为[0.00,0.01,0.02,⋯,0.99,1.00]，对于每个最优解，抽样 10^4 个点对（候选解及其相应的反向解），结果如图 5.6 所示。

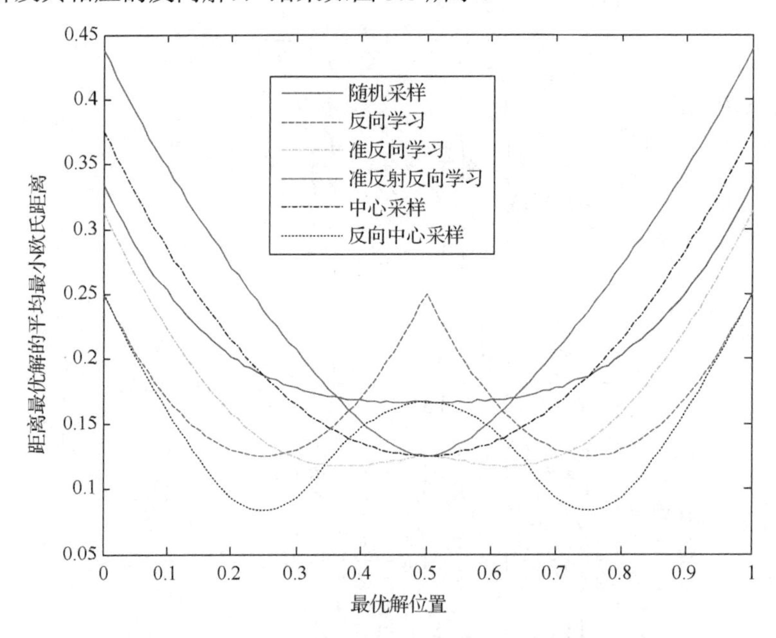

图 5.6　一维情况下评估函数的计算

接下来，计算这些评估函数的数学期望。例如，对于随机采样，

$$\begin{aligned}E(g(x))&=\int_{-\infty}^{\infty}g(x)f(x)\mathrm{d}x=\int_0^1 g(x)\mathrm{d}x\\&=\int_0^{\frac{1}{2}}2\times\left(-\frac{2}{3}x^3+x^2-\frac{1}{2}x+\frac{1}{6}\right)\mathrm{d}x+\int_{\frac{1}{2}}^{1}2\times\left(\frac{2}{3}x^3-x^2+\frac{1}{2}x\right)\mathrm{d}x=\frac{5}{24}\end{aligned}$$

其中，$f(x) = 1$，$0 < x < 1$。各种反向学习策略的评估函数的数学期望，如表 5.10 所示。

表 5.10　各种反向学习策略的评估函数的数学期望

反向学习策略	理论结果	仿真结果	相对误差/%
随机采样	0.2083 (5/24)	0.2025±0.06222	2.78
OBL	0.1667 (1/6)	0.1647±0.05074	1.20
QOBL	0.1667 (1/6)	0.1598±0.05054	4.14
QROBL	0.25 (1/4, 最差)	0.2401±0.07724	3.96
CBS	0.2083 (5/24)	0.1948±0.06363	6.48
OCL	0.1389 (5/36, 最优)	0.1354±0.04242	2.52

从表 5.10 可以观察到，理论结果与仿真结果非常相似，相对误差小于 6.5%。这表明提出的统一分析方法的有效性。基于数学期望，对这些反向策略进行排序：OCL（最优）>OBL≈QOBL>随机采样≈CBS>QROBL（最差）。

第 6 章　工程应用实例

6.1　Hoeffding 进化算法在视觉跟踪中的应用

6.1.1　问题描述

基于复杂适应度函数的计算模型能够求解函数优化、组合优化、分类/聚类、游戏与博弈论、资源规划与调度等问题，在超大规模集成电路和航天器设计、进化机器人、无线传感器网络、多智能体系统等重要领域得到广泛应用，取得了良好的经济效益和社会效益，展现了其勃勃生机和巨大的应用潜力。本节以处理大规模迭代型适应度函数的智能优化模型为例，展示其在机器人视觉跟踪方面的应用。

视觉跟踪是机器视觉领域一项举足轻重的研究任务，目的是检测、提取、识别、跟踪特定场景下的移动目标，并获取其移动参数，如位置、速度、加速度等。视觉跟踪是移动目标行为理解、行为获取、行为分析的基石，广泛应用在机器人导航、图像理解、三维建模以及其他许多领域（Kim et al.，2004；Magee，2004）。

许多基于颜色的跟踪方法的本质是基于色彩分布，大多数是基于色彩直方图（color histogram，CH）（Nummiaro et al.，2002；Comaniciu et al.，2000；Mckenna et al.，1999）。Swain 等（1991）提出了一种被称为“直方图交叉核”的方法，在大规模数据库中检索待查找目标。利用该方法，很容易抽象出目标的特征并进行目标图像与模型的比较。但是，在该方法中，没有考虑像素的分布信息。Pass 等（1996）提出了一种称为“改进直方图”的方法，将目标图像的像素分割为不同的类，只有相同类内部的像素才允许进行比较。这种切分后的直方图被称为色彩一致性矢量（color coherence vector，CCV），比色彩直方图具有更好的可辨别性。当大规模图像数据库中的图像具有相似的色彩直方图时，该方法更适合对图像进行检索、识别。相应地，CCV 的计算成本也要高于 CH，并且该方法对整体亮度的变化也更敏感。Huang 等（1997）定义了一种称为颜色相关图的特征提取方法，该方法能更有效、更廉价地提取目标的色彩分布特征。该方法对视角变化、摄像机缩放等因素引起的图像变化具有很好的鲁棒性。Cinque 等（1999）提出了一种称为空间色彩直方图的图像检索方法，用于编码被检索图像的空间颜色特征。该方法采用有限个数的调色板对图像中的色彩进行粗糙量化，考虑了色彩及其空间分布，对图像变形和噪声具有一定的鲁棒性，是一种有效、快速的检索方法。然而，该算法的空间计算参考标准是可变的，为了解决该问题，Lim 等（2003）提出用松弛系数来描述色彩的全局分布关系。在大多数图像检索算法中，色彩的分布信息和空间信息的重要性是不同的，Rao 等（1999）提出了一种算法，通过调整设定的量化参数，在最后生成的直方图中平衡色彩的分布信息和空间信息。但是，他提出的直方图特征是与图像大小相关的，因此 Sun 等（2006）用色彩分布熵来描述色彩的全局分布关系。还有一些其他的图像色彩特征的提取方法也经常被使用。例如，Jeong 等（2004）利用高斯混合矢量量化的方法来生成直方图；Li（2003）提出了一种基于目标的查询、检索方法，将整个图像切分为一定数量的子块，利用不同子块的色彩信息和相似性矩阵对特定目标进行检索。

然而，传统的 CH 及其改进算法并非基于物体本身的物理反射模型，天生具有许多不足。尽管其中一些方法对观测位置、缩放比例等因素鲁棒，但随着目标本身在场景内的移动或变形，视频图像的外观或形状改变较大，导致绝大多数算法不能鲁棒地对目标进行跟踪。而且，它们大多对光线的强度过于敏感，不具有预测能力。

给定一个离散的色彩空间，计算离散后的不同颜色在图像中出现的频率能够得到该图像的色彩直方图。由于材质表面反射光线的复杂性，色彩直方图中每个色彩的数量是随着目标的移动而变化的。因而，从某张图像中得到的色彩直方图很难作为目标在未来时刻预测的标准。

1. Dichromatic 反射模型

Shafer 提出的 Dichromatic 反射模型（Klinker et al.，1987；Shafer，1985）比目前计算机视觉中广泛使用的色彩更具有普遍性。许多特殊的色彩模型可以看作其特例。该模型很好地刻画了许多颜料以及漆制品、纸制品、塑料、陶器等材质的物理反射模型。

Dichromatic 反射模型将从某种非匀质绝缘体材质表面一点反射出来的光线 $L(\lambda, i, e, g)$，看作是由材质表面反射光线 $\mathrm{Ls}(\lambda, i, e, g)$和材质内部射出光线 $\mathrm{Lb}(\lambda, i, e, g)$的组合。参数 i、e 和 g 分别描述了入射光角度、散射光角度和相位角，λ 表示光线波长。Ls 被看作材质表面的反射成分，表现为目标表面的高光。Lb 被看作体反射成分，反映了目标材质的特征。

$$L(\lambda,i,e,g)=\mathrm{Ls}(\lambda,i,e,g)+\mathrm{Lb}(\lambda,i,e,g) \tag{6.1}$$

如果将光线的反射成分 $\mathrm{cs}(\lambda)$和 $\mathrm{cb}(\lambda)$、几何因素 $\mathrm{ms}(i,e,g)$和 $\mathrm{mb}(i,e,g)$从 Ls、Lb 中分离出来，可以得到 Dichromatic 反射模型的方程：

$$L(\lambda,i,e,g)=\mathrm{ms}(i,e,g)\mathrm{cs}(\lambda)+\mathrm{mb}(i,e,g)\mathrm{cb}(\lambda) \tag{6.2}$$

由于材质表面的复杂性，理论上从某材质表面获得的光线是由 $\mathrm{ms}(i,e,g)\mathrm{cs}(\lambda)$ 和 $\mathrm{mb}(i,e,g)\mathrm{cb}(\lambda)$的不同组合构成的复合光线（Klinker et al.，1990；Gershon et al.，

1987）。然而，在某一特定场景中，只有这些光线的部分组合会存在于某一图像中，代表这些组合的像素组合在一起，形成某种材质在特定场合下的像素轨道。从图 6.1 中看到这些不同的材质，从图 6.2 中观察到对应的不同材质轨道。其中，R、G、B 分别表示红、绿、蓝三种色彩通道。

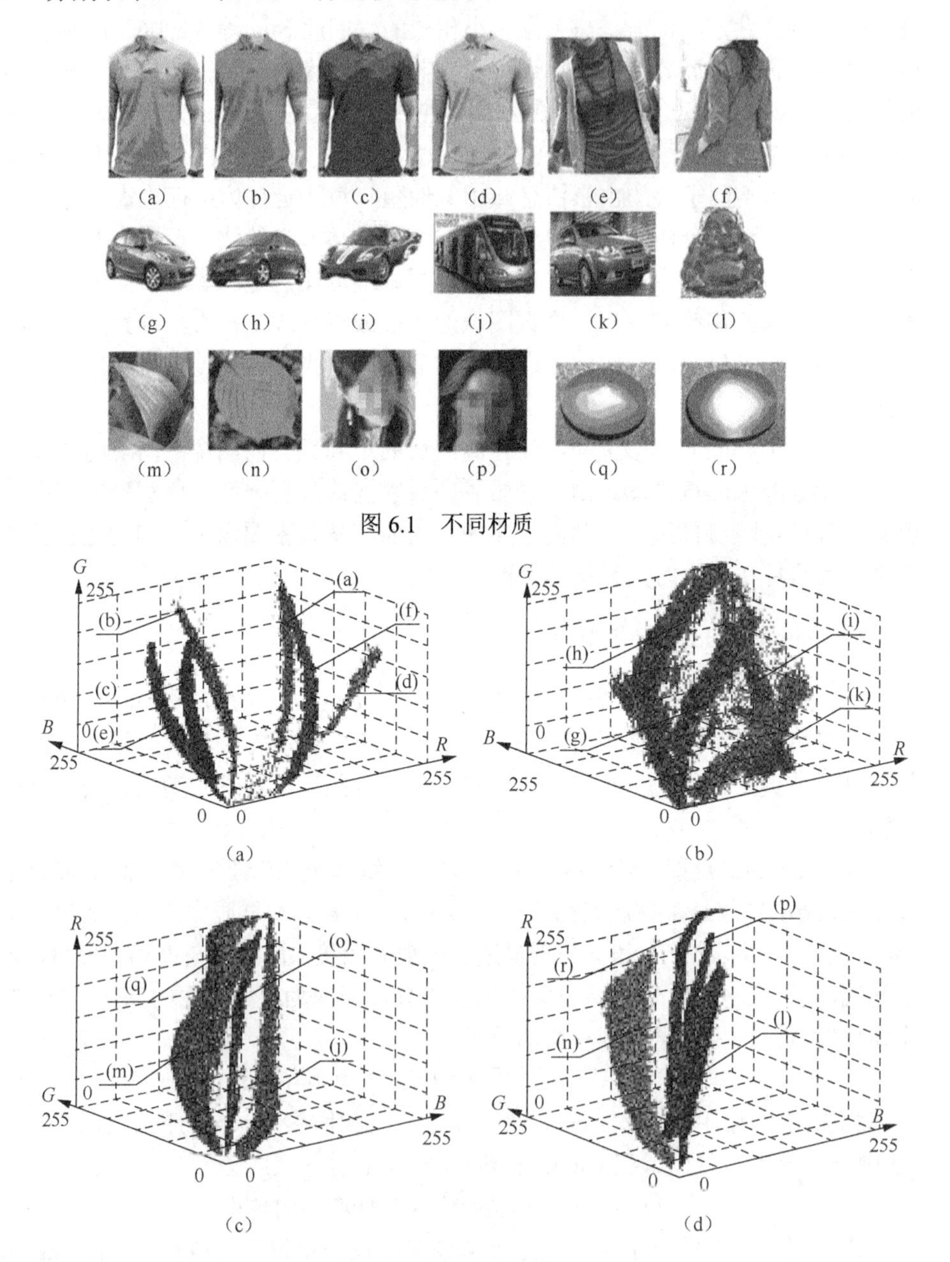

图 6.1　不同材质

图 6.2　不同材质轨道

2. 材质轨道

1）轨道定义

定义 6.1（轨道） 令 p_i 表示某非匀质绝缘体材质 M 表面一点，$p_i(r_i,g_i,b_i)$表示该点在 RGB 色彩空间内的位置，则材质 M 的轨道为所有材质表面的点在 RGB 色彩空间内构成的特定区域。某材质的轨道可由其轨道中心线方程和轨道半径来描述。

定义 6.2（轨道中心线方程） 若在三维色彩空间内存在一条曲线 L，从轨道上所有像素点到该曲线的垂直平均距离最短，则曲线 L 为该轨道的中心线，该曲线的方程为轨道中心线方程。

定义 6.3（轨道半径） 如果存在一点 A，从该点到轨道中心线 L 的距离 d 长于轨道内其他点到轨道中心线的距离，则距离 d 被称为轨道半径。

2）平移、镜像、缩放、错切对轨道的影响

令 $f(x,y)$表示材质图像中的某像素点，其中 x 和 y 表示在二维空间 xy 中一个坐标点的位置。$f_R(x,y)$表示该像素点红色色彩分量的值；$f_G(x,y)$表示该像素点绿色色彩分量的值；$f_B(x,y)$表示该像素点蓝色色彩分量的值。

定理 6.1　不丢失样本像素的平移不改变材质轨道中心线方程。

证明： 平移是将一幅图像上所有的点按给定的偏移量在 x 轴、y 轴方向移动一定坐标，即

$$x = x_0 + \Delta x$$
$$y = y_0 + \Delta y$$

若原图像矩阵 F 经过平移后变为 G，如公式（6.3）和公式（6.4）所示，则材质样本像素点的数量和各个颜色分量的值没有发生任何变化，材质的轨道由材质样本像素的值计算得出，因而材质轨道不会发生任何变化。若材质样本的图像矩阵被截断，如公式（6.5）所示，部分样本像素点被丢弃，原图像矩阵 F 经过平移后变为 G^*，则材质轨道有可能发生改变。

$$F = \begin{bmatrix} f_{11} & f_{12} & \cdots & f_{1n-1} & f_{1n} \\ f_{21} & f_{22} & \cdots & f_{2n-1} & f_{2n} \\ \vdots & \vdots & & \vdots & \vdots \\ f_{n1} & f_{n1} & \cdots & f_{nn-1} & f_{nn} \end{bmatrix} \tag{6.3}$$

$$G = \begin{bmatrix} 0 & 0 & 0 & \cdots & 0 & 0 \\ 0 & f_{11} & f_{12} & \cdots & f_{1n-1} & f_{1n} \\ 0 & f_{21} & f_{22} & \cdots & f_{2n-1} & f_{2n} \\ \vdots & \vdots & \vdots & & \vdots & \vdots \\ 0 & f_{n1} & f_{n2} & \cdots & f_{nn-1} & f_{nn} \end{bmatrix} \tag{6.4}$$

$$G^* = \begin{bmatrix} 0 & 0 & 0 & \cdots & 0 \\ 0 & f_{11} & f_{12} & \cdots & f_{1n-1} \\ 0 & f_{21} & f_{22} & \cdots & f_{2n-1} \\ \vdots & \vdots & \vdots & & \vdots \\ 0 & f_{n1} & f_{n2} & \cdots & f_{nn-1} \end{bmatrix} \tag{6.5}$$

定理 6.2　样本图像水平、垂直、中心镜像不改变材质轨道中心线方程。

证明：图像水平镜像操作是将图像左半部分和右半部分以图像垂直中轴线为中心进行镜像对换；垂直镜像操作是将图像上半部分和下半部分以图像水平中轴线为中心进行镜像对换；中心镜像操作是将图像以水平中轴线和垂直中轴线的交点为中心进行镜像对换。设图像大小为 $M\times N$，(i,j)为原图像 $F(i,j)$中像素点的坐标；(i',j')为对应像素点(i,j)经镜像变换后图像 $H(i',j')$中的坐标。则

水平镜像可表示为

$$\begin{cases} i' = i \\ j' = N - j + 1 \end{cases} \tag{6.6}$$

垂直镜像可表示为

$$\begin{cases} i' = M - i + 1 \\ j' = j \end{cases} \tag{6.7}$$

中心镜像可表示为

$$\begin{cases} i' = M - i + 1 \\ j' = N - j + 1 \end{cases} \tag{6.8}$$

因此，样本图像发生水平、垂直、中心镜像时，像素点的位置重新分布，但像素点的数量和色彩分量的取值并没有发生改变，所以不会对材质轨道中心线方程的计算产生影响。

定理 6.3　使用最近邻域法对图像进行放大时，对材质轨道中心线方程无影响。

证明：一般地，按比例将原图放大 k 倍时，如果使用最近邻域法，则是将一个像素值添加在一个新图像的 $k\times k$ 子块中，如公式（6.9）和公式（6.10）所示：

$$F = \begin{bmatrix} f_{11} & f_{12} & f_{13} \\ f_{21} & f_{22} & f_{23} \\ f_{31} & f_{32} & f_{33} \end{bmatrix} \tag{6.9}$$

$$F' = \begin{bmatrix} f_{11} & f_{11} & f_{11} & f_{12} & f_{12} & f_{12} & f_{13} & f_{13} & f_{13} \\ f_{11} & f_{11} & f_{11} & f_{12} & f_{12} & f_{12} & f_{13} & f_{13} & f_{13} \\ f_{11} & f_{11} & f_{11} & f_{12} & f_{12} & f_{12} & f_{13} & f_{13} & f_{13} \\ f_{21} & f_{21} & f_{21} & f_{22} & f_{22} & f_{22} & f_{23} & f_{23} & f_{23} \\ f_{21} & f_{21} & f_{21} & f_{22} & f_{22} & f_{22} & f_{23} & f_{23} & f_{23} \\ f_{21} & f_{21} & f_{21} & f_{22} & f_{22} & f_{22} & f_{23} & f_{23} & f_{23} \\ f_{31} & f_{31} & f_{31} & f_{32} & f_{32} & f_{32} & f_{33} & f_{33} & f_{33} \\ f_{31} & f_{31} & f_{31} & f_{32} & f_{32} & f_{32} & f_{33} & f_{33} & f_{33} \\ f_{31} & f_{31} & f_{31} & f_{32} & f_{32} & f_{32} & f_{33} & f_{33} & f_{33} \end{bmatrix} \tag{6.10}$$

虽然样本像素的数量扩大了 k 倍，但是非重复的样本像素数仍然没有变化，在构建材质轨道中心线方程时，使用的是无重复的样本像素点。因而，使用最近邻域法对图像进行放大时，对材质轨道中心线方程无影响。

定理 6.4　样本图像发生错切时，若无样本像素点被去除，则对材质轨道中心线方程无影响。

证明：图像的错切变换实际上是平面景物在投影平面上非垂直投影。错切使图像中的图形发生扭变，在水平方向上发生的扭变称为水平错切，在垂直方向上发生的扭变称为垂直错切。

水平错切时：

$$\begin{cases} x' = x + by \\ y' = y \end{cases} \tag{6.11}$$

垂直错切时：

$$\begin{cases} x' = x \\ y' = y + dy \end{cases} \tag{6.12}$$

若发生错切时，样本材质的有效像素点个数并没有减少，而只是发生了位置上的移动，由轨道中心线方程的计算过程可知，其与有效像素点之间的相对空间位置无关。

3. 色彩空间的选择

RGB 色彩空间是具有冗余的色彩空间，不适合人眼视觉系统。那么，为什么选择 RGB 色彩空间获取材质轨道呢？事实上，选择合适的色彩空间是件非常复杂的事。图 6.3 为不同色彩空间内的轨道对比。其中，Ballard 色彩空间的三个色彩轴可分别表示为

$$\text{rg}=r-g$$

$$\text{by}=2b-r-g$$

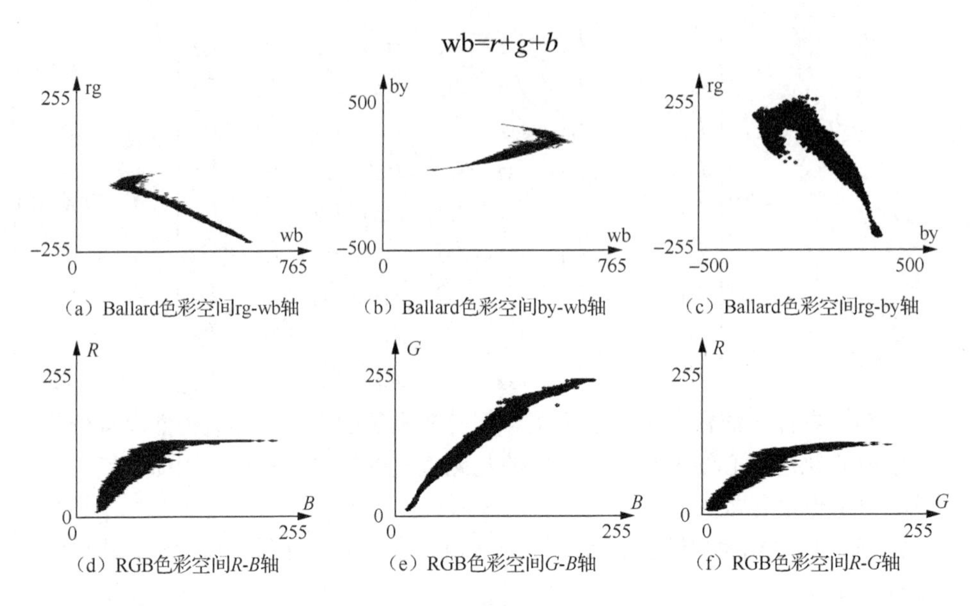

（a）Ballard色彩空间rg-wb轴　（b）Ballard色彩空间by-wb轴　（c）Ballard色彩空间rg-by轴

（d）RGB色彩空间*R-B*轴　（e）RGB色彩空间*G-B*轴　（f）RGB色彩空间*R-G*轴

图 6.3　不同色彩空间内的轨道对比

因此，在 RGB 色彩空间内所提出的两个二维的材质轨道分布为自变量的单调递增函数，而在 Ballard 色彩空间内，该材质的两个二维轨道却并不是自变量的单调函数。因此，为了便于计算，应当采用 RGB 色彩空间。

6.1.2　算法描述

1. Read 线性编码

实际上，从给定的像素集合中搜索最优的材质轨道是典型的回归问题。由于函数的结构和参数都未知，对于此类符号回归问题，可以使用 Hoeffding 框架下的遗传规划算法。给定一个个体树 $T=T(V, E)$，如图 6.4 所示，该树由代表顶点的集合 V 和代表边的集合 E 表示，Read 线性编码可通过遍历该树获得。此遍历过程从树根开始，接着从最左边子树向右边子树遍历。本节采用 Read 线性编码。

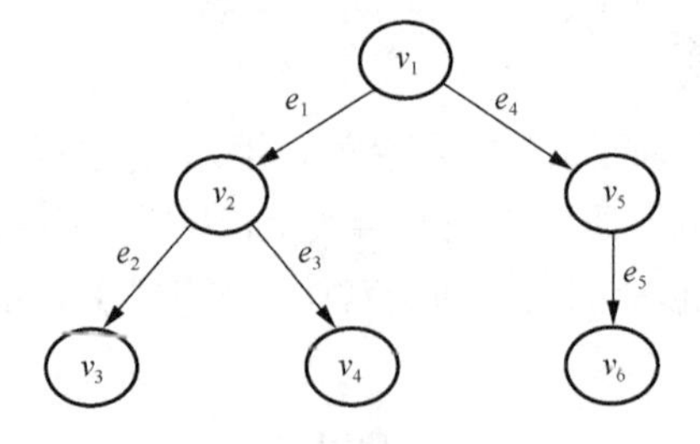

图 6.4　个体树样本 $T=T(V, E)$

2. 选择终端符和函数

材质轨道的中心线是由 R、G 和 B 三维坐标界定的一条空间曲线，该曲线可由 R-G 空间和 B-G 空间内的两条平面曲线表示。为了降低复杂度，分别用 $R=f_r(G)$ 和 $B=f_b(G)$表示。函数集由“+”“-”“*”“/”“sin(x)”“cos(x)”和“∧”组成（在图 6.5 中分别由“1”“2”…“7”表示）。终端符集合由“G”组成（图 6.5 中表示为“0”）。为了扩展线性编码能力，可以在终端符中引入乘系数（Koza，1994b，1992；Holland，1975）。

考虑到计算成本，表示轨道方程的树的最大树宽为 20，最大种群数量为 40。个体适应度函数可以用公式（6.13）和公式（6.14）表达：

$$F_r(j)=\frac{1}{\sum_{i=1}^{M}|r_i-F_{r,j}(g_i)|} \tag{6.13}$$

$$F_b(j)=\frac{1}{\sum_{i=1}^{M}|b_i-F_{b,j}(g_i)|} \tag{6.14}$$

$P=\{p_1,p_2,\cdots,p_M\}$表示像素集合；$p_i(r_i,g_i,b_i)$（$1\leqslant i\leqslant M$）表示第 i 个像素。式中，$F_r(j)$和 $F_b(j)$表示第 j 个个体的适应度函数；$F_{r,j}(g_i)$ 和 $F_{b,j}(g_i)$ 分别表示第 j 条候选轨道。

3. 交叉操作

交叉操作是遗传规划算法中的主要操作，该操作可由图 6.5 表示。其中，R_1 和 R_2 分别表示两个父代个体，R_1' 和 R_2' 表示子代个体。其步骤如下：

（1）选择两个父代个体进行复制；

（2）选择两个交叉点；

（3）在交叉点交换子树形成新的子代个体。

4. 变异操作

将变异操作定义为随机选择的一个子树，然后用新产生的一个新树代替它，如图 6.6 所示。

6.1.3 实验结果及讨论

在 3.0 GHz 奔腾 PC、512MB 内存、Microsoft Windows XP 操作系统下对该算法进行实验仿真，试验中用到的部分材质来源于“Amsterdam Library of Object Image (ALOI)”标准图像实验库（Geusebroek et al.，2005）。

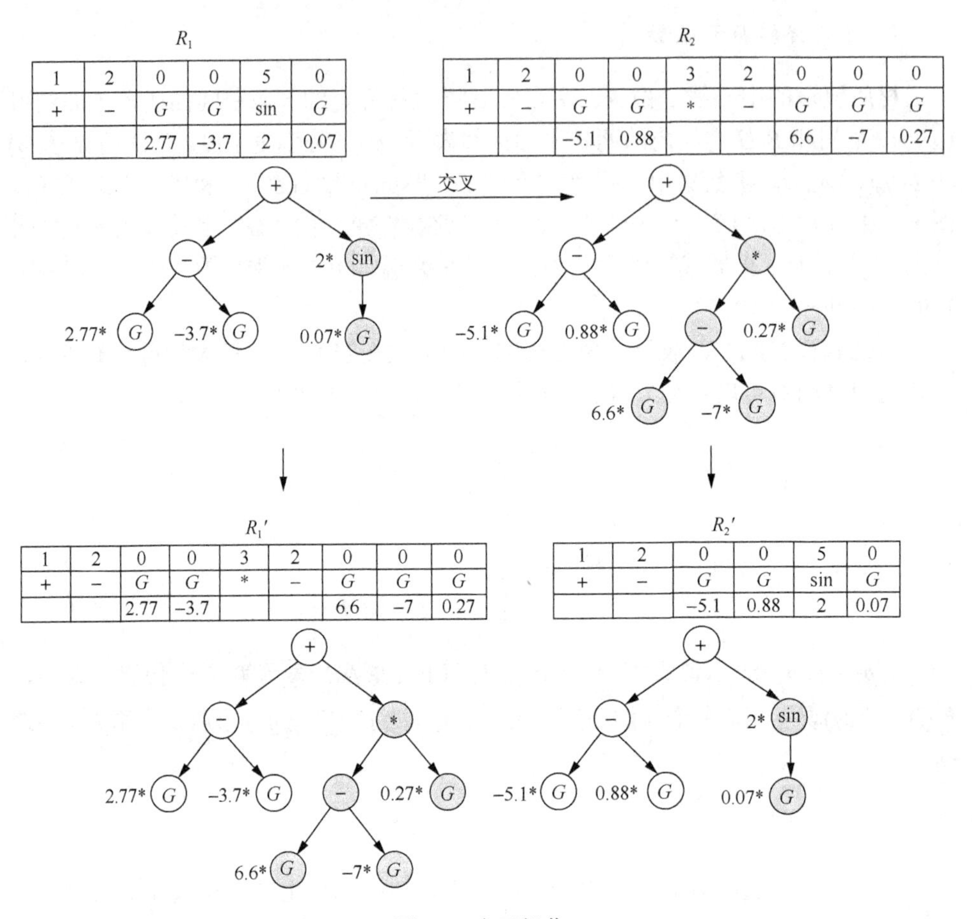

图 6.5　交叉操作

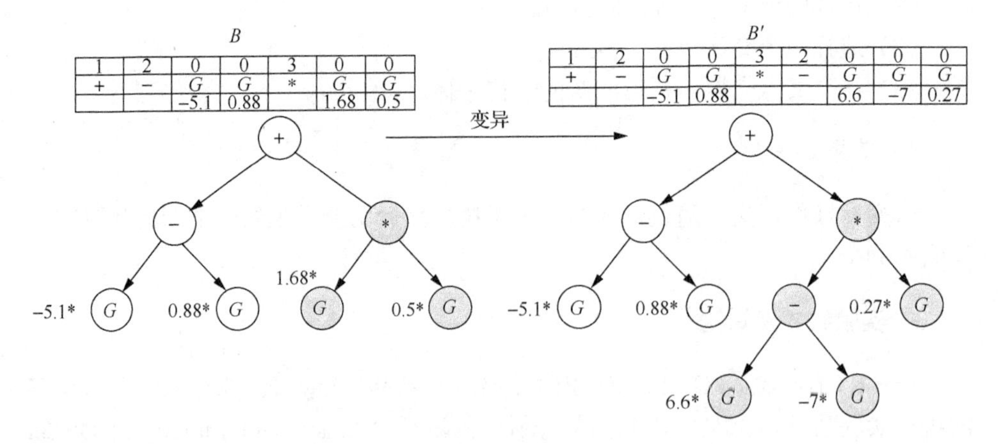

图 6.6　变异操作

1. 不同场景参数对轨道的影响

为了确定不同照明角度、照明色温和目标旋转角度对算法的影响，该系统选择以上参数的不同值来计算其对算法的影响。

图 6.7 中，轮流使用 5 个照明光源中的一个对鸭子进行照射，产生 5 种不同的照明角度，利用 3 个不同的摄像机记录下不同的图像效果。图 6.8 记录了在 5 个照明光源都打开的情况下，色温从 2175K 变化到 3075K 时，从正面获得的 12 幅鸭子照片。白平衡设置在 3075K 处。图 6.9 中，从正前方，对鸭子每旋转 45° 进行一次记录。

图 6.7　不同照明角度下的目标图像

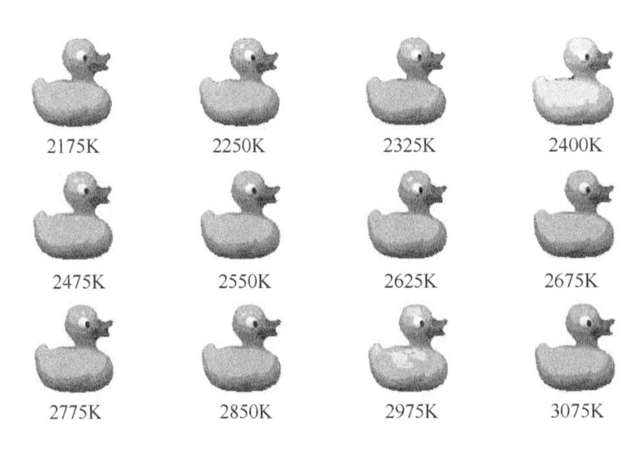

图 6.8　不同照明色温下的目标图像

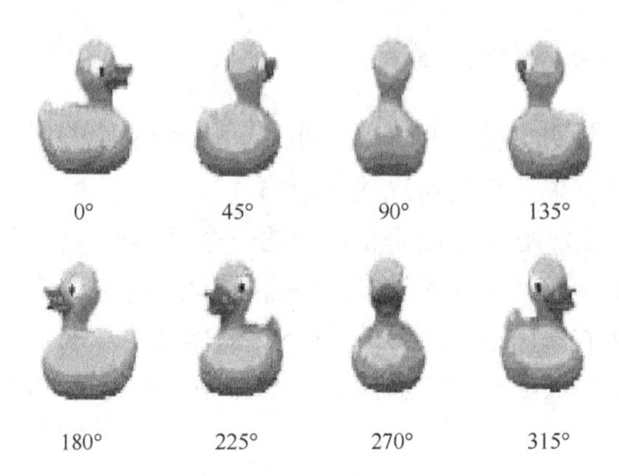

图 6.9　不同旋转角度下的目标图像

选取图 6.7 中左上第一幅图像作为样本，去除前景图像中鸭子的嘴和眼部区域像素，以及鸭子与背景图像连接边界处的像素，仅留下鸭子身体部分像素来提取该样本的轨道中心线方程。当设置轨道有效半径为 20 时，给出了由材质轨道捕获的该材质的像素点与图像前景所有像素点之间的比例关系，如表 6.1 所示。

表 6.1　轨道方程捕获的有效像素

场景号	材质像素点数目/前景像素点数目	场景号	材质像素点数目/前景像素点数目
摄像机 1-光源 1	8096/17156=47.19%	2400K	14665/24236=60.51%
摄像机 1-光源 2	7907/16685=47.39%	2475K	10450/19323=54.08%
摄像机 1-光源 3	10251/19089=53.70%	2550K	9970/18824=52.96%
摄像机 1-光源 4	8387/17129=48.96%	2625K	9550/18400=51.90%
摄像机 1-光源 5	9365/18798=49.82%	2675K	9098/17940=50.71%
摄像机 2-光源 1	8567/17494=48.97%	2775K	9320/18148=51.36%
摄像机 2-光源 2	8499/17116=49.66%	2850K	8878/17719=50.10%
摄像机 2-光源 3	10184/18823=54.10%	2975K	10327/19184=53.83%
摄像机 2-光源 4	11307/19944=56.69%	3075K	8328/17157=48.54%
摄像机 2-光源 5	11620/21063=55.17%	0°	8386/17216=48.71%
摄像机 3-光源 1	10549/19525=54.03%	45°	8713/16606=52.47%
摄像机 3-光源 2	12156/20777=58.51%	90°	8601/15478=55.57%
摄像机 3-光源 3	13637/22499=60.61%	135°	7844/15581=50.34%
摄像机 3-光源 4	14889/23527=63.28%	180°	8364/17231=48.54%
摄像机 3-光源 5	15300/25257=60.58%	225°	7549/15618=48.34%
2175K	11777/20732=56.81%	270°	8118/14964=54.25%
2250K	11790/20738=56.85%	315°	8139/15973=50.95%
2325K	11328/20239=55.97%		

表 6.1 中第 1 列和第 3 列列出了生成图像的实验环境，第 2 列和第 4 列列出了利用材质轨道中心线方程和半径捕获的像素点数目占鸭子表面像素点数目的比例：

$$E = \frac{\text{Pixels}(M)}{\text{Pixels}(F)} \times 100\% \tag{6.15}$$

式中，Pixels(M)表示由材质轨道中心线方程和半径捕获的像素点数目；Pixels(F)表示图像中出现的目标（鸭子）表面像素点数目。

从表 6.1 中可以看出，用材质轨道中心线方程的方法来表示某种材质是有效的。在三个影响因素中，照明色温影响最大，轨道中心线方程捕获的有效像素在 48.54%～60.51%变化。物体的旋转角度是影响最小的因素，轨道中心线方程捕获的有效像素在 48.34%～55.57%变化。不同的摄像机，由于传感器参数不同，对轨道的影响也不同。例如，由摄像机 3 获得的目标图像，用轨道中心线方程捕获的有效像素多于 54%，而由摄像机 1 获得的目标图像，用轨道中心线方程捕获的有效像素少于 54%。

2. 不同轨道半径的影响

对于相同的一幅图像，利用相同的轨道中心线方程，不同的轨道半径捕获的像素点的多少是不同的。一般来说，随着轨道半径的增大，捕获相同像素点的数目也会相应增多。然而，当图像内容比较复杂时，过大的轨道半径会捕获过多的杂质像素点。实验表明，轨道半径设置为能捕获样本材质 80%的像素点时，效果较好。图 6.10 为设置轨道半径分别为 10、20 和 30 时，利用图 6.8 左上角样本获得的材质轨道中心线方程捕获的图 6.8 右下角样本中的相同材质像素点。其中，白色表示捕获的像素点。

图 6.10　不同轨道半径捕获的像素点

3. 旋转、扭曲、缩放对材质轨道的影响

为了测试旋转、扭曲、缩放变形对材质轨道的影响，分别以图 6.11 中的 A、B、C、D 为样本，利用 HGP 算法得到 4 组该材质的轨道中心线方程。其中 $g=f_A(r)$、$g=f_B(r)$、$g=f_C(r)$、$g=f_D(r)$分别表示在标准、旋转、扭曲、缩放 4 种状态下，轨道中心线在 G-R 色彩平面内的投影；$g=f_A(b)$、$g=f_B(b)$、$g=f_C(b)$、$g=f_D(b)$分别表示在标准、旋转、扭曲、缩放 4 种状态下，轨道中心线在 G-B 色彩平面内的投影。

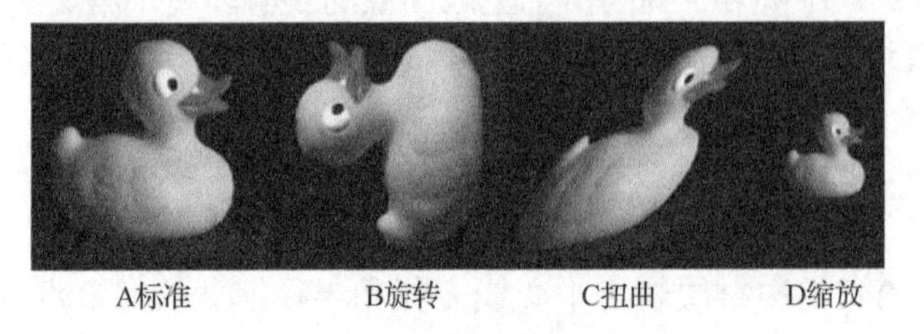

图 6.11　对图像进行不同的变形操作

由图 6.12 可见，图像旋转、扭曲、缩放变形对目标材质轨道方程影响很小，可以忽略。由定理 6.1～定理 6.4 可知，镜像、错切、平移等操作对轨道方程不应该产生影响。但是，在实际的操作中，往往旋转、扭曲后图像的尺寸发生了变化，同时又对图像进行了缩放等复合操作，导致实际得到的轨道方程略有变化。此外，遗传规划是一种基于概率基础上的进化算法，得到的最优结果具有一定的随机性，这也是导致轨道方程略有变化的原因之一。

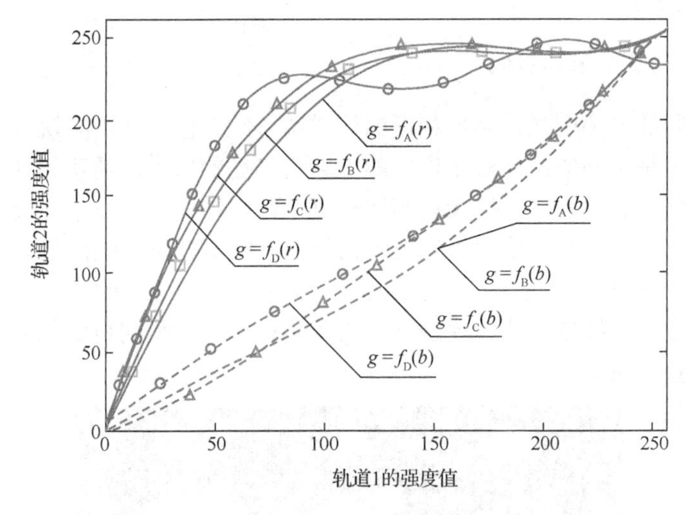

图 6.12　变形操作对材质轨道方程的影响

4. 不同颜色特征的影响

当前，色彩直方图广泛应用于基于内容的图像识别与跟踪系统中，许多基于色彩直方图的跟踪算法利用像素的分布信息和位置信息来进行跟踪。然而，在不同场景中，色彩的分布信息利用得越多，前景被识别的可能性就越小。本节将提出的材质轨道与标准的色彩直方图进行了对比。在图 6.7～图 6.9 所示的场景中，对两种算法的匹配效果做了对比。真实的材质轨道和色彩直方图通过图 6.11 中第一幅图（场景摄像机 1-光源 1）得到。色彩直方图与材质轨道所捕获的有效像素对比，列在表 6.2 中。

表 6.2　色彩直方图与材质轨道所捕获的有效像素对比

场景号	色彩直方图方法	材质轨道方法	场景号	色彩直方图方法	材质轨道方法
摄像机 1-光源 2	89.8%	93.9%	2675K	85.4%	96.2%
摄像机 1-光源 3	93.2%	94.2%	2775K	87.1%	95.1%
摄像机 1-光源 4	86.1%	92.6%	2850K	85.4%	96.2%
摄像机 1-光源 5	89.6%	98.3%	2975K	89.6%	93.9%
摄像机 2-光源 1	83.7%	93.0%	3075K	84.5%	94.5%
摄像机 2-光源 2	85.8%	94.8%	0°	84.5%	96.1%
摄像机 2-光源 3	84.9%	92.1%	45°	84.0%	93.9%
摄像机 2-光源 4	84.0%	94.6%	90°	83.2%	92.9%
摄像机 2-光源 5	77.3%	97.2%	135°	83.9%	93.9%
摄像机 3-光源 1	86.5%	98.6%	180°	84.7%	94.9%
摄像机 3-光源 2	89.9%	93.5%	225°	84.6%	96.1%
摄像机 3-光源 3	91.4%	93.4%	270°	83.7%	96.6%
摄像机 3-光源 4	90.7%	92.4%	315°	83.7%	96.1%
摄像机 3-光源 5	80.7%	97.2%	遮蔽 1	62.8%	97.3%
2175K	77.4%	92.2%	遮蔽 2	68.9%	97.1%
2250K	80.6%	93.2%	高斯模糊(1.0)	95.1%	89.3%
2325K	82.4%	94.1%	高斯模糊(2.0)	94.5%	89.6%
2400K	80.8%	89.5%	高斯模糊(3.0)	93.1%	90.6%
2475K	85.4%	94.8%	添加噪声(2.5%)	95.2%	87.6%
2550K	84.1%	94.7%	添加噪声(5%)	92.3%	87.3%
2625K	85.3%	96.4%	添加噪声(10%)	84.6%	86.4%

由表 6.2 可知，材质轨道比标准的色彩直方图更具有鲁棒性。当照明角度、照明色温、目标旋转角度按预定的规则改变时，材质轨道的匹配值的变动范围为 98.6%−89.5%=9.1%，而色彩直方图的变动范围为 93.2%−77.3%=15.9%。而且，材质轨道的匹配值远高于色彩直方图。对于同一个物体，变动范围越小，算法越具有鲁棒性；匹配值越高，算法的价值也越大。

当图像发生变形时，材质轨道的方法依然比色彩直方图鲁棒。例如，随着高斯模糊滤镜的半径增加，两个色彩直方图的匹配值变得越来越小。相反，两个材质轨道的匹配值基本保持稳定。当加大噪声滤镜的噪声数量时，两个色彩直方图的匹配值快速降低，而两个材质轨道的匹配值缓慢降低。

为什么本节提出的视觉特征（材质轨道）比传统的色彩直方图更具有鲁棒性呢？事实上，色彩直方图从图像中抽取的概要信息是特殊的像素点及其数量，而材质轨道所抽取的不是某个特殊的像素点本身，而是像素点在空间分布的趋势。因此，材质的轨道特征比标准的色彩直方图更具有鲁棒性。此外，可以将实验中的背景信息直接设置为黑色，当物体在不同的背景中运动时，色彩直方图的匹配效果更不稳定。但是，这种设置对材质轨道基本上没有影响。

5. 固定视角单目标跟踪

为了验证本节提出的算法，本节采取了公开的 PETS2001 dataset 视频数据集中的一组视频，对提出的算法进行测试。从第 125 帧中，人工对正在行驶的最左侧的一辆汽车提取材质轨道，以此轨道模型来识别从第 126 帧到第 276 帧的一段视频，在轨道保持不变的情况下，将跟踪得到的正在行驶的最左侧的一辆汽车运动轨迹，每隔 25 帧记录一次，以黑色矩形框表示，如图 6.13 所示。由结果可见，在场景变化不大的情况下，轨道模型不用动态更新，就能满足一般需要。

图 6.13　固定视角单目标跟踪实验

6. 单摄像机移动时对多材质轨道联合跟踪

视频中跟踪的目标可以由两种或多种材质组成，当跟踪多种材质组成的目标时，可以分别对单一材质区域进行采样，提取材质轨道，得到轨道系列集合。在目标跟踪时，将视频序列中每一帧的每一个像素点 $V(x_n)$的 $R(x_n)$、$G(x_n)$和 $B(x_n)$按分量顺序带入轨道集合，分别计算该像素点到该轨道的距离，取其中最小的距离 $d_{\min}$。如果 $d_{\min}$ 小于轨道平均半径 $d_{平}$ 的 2 倍，则认为该像素点属于样本材质，记录该点的坐标。当该帧的每一个像素点都计算完成后，包含所有被记录的像素点的最小的矩形框为所求的目标范围。

图 6.14 给出了同时具有两种材质的目标，在摄像机移动时进行跟踪的效果。由结果可知，摄像机移动对本算法影响很小，同时具有两种材质轨道时，算法依

然是健壮的。

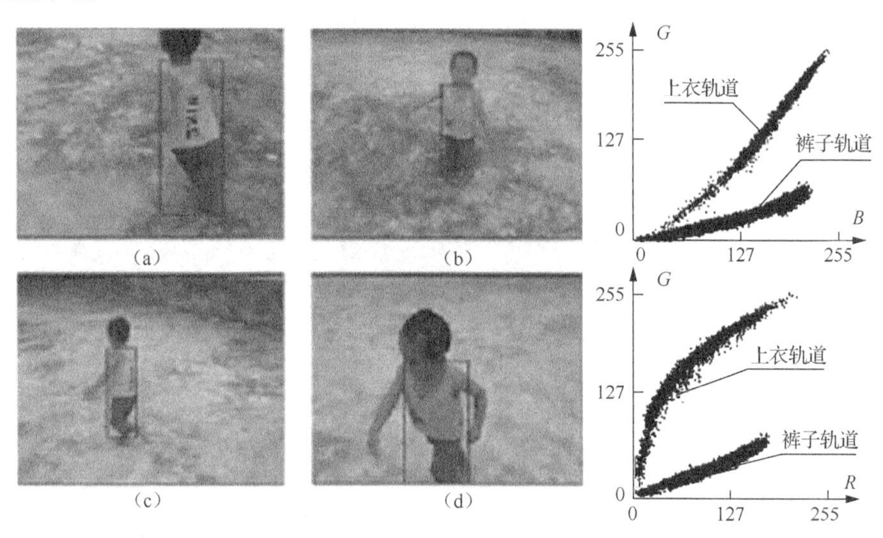

(a)　(b)　(c)　(d)

图 6.14　双材质轨道联合跟踪

7. 多摄像机联合跟踪

图 6.15 展示了同一个场景中，4 台摄像机分别从不同角度进行跟踪时的截图。每台摄像机以 800×592 分辨率，在 20 帧/秒速率下拍摄得到 4 组视频。

(a)　(b)　(c)　(d)

图 6.15　多摄像机联合跟踪

根据同一时刻、不同视角得到视频的质量跟踪函数的值，动态决定不同视角的视频播放，得到如图 6.16 所示的跟踪序列。由结果可知，利用材质轨道信息进行联合跟踪时，使用本节提出的质量跟踪函数作为视频切换依据，能够得到较理想的跟踪结果。

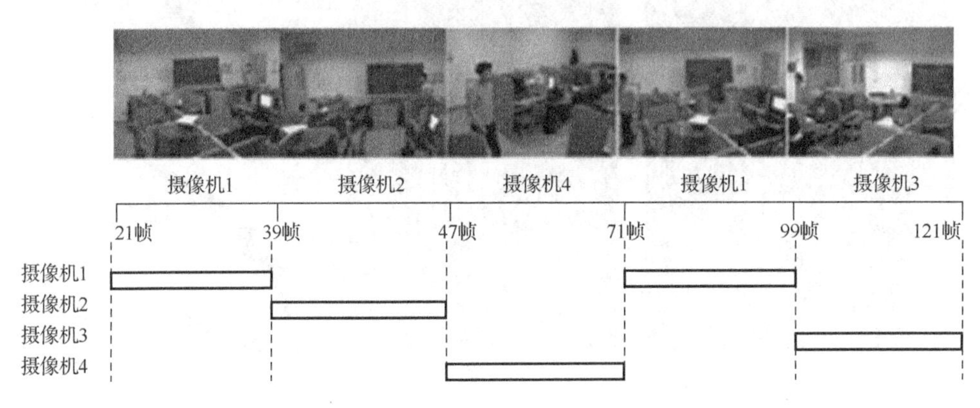

图 6.16　不同摄像机跟踪的时间段

8. 性能分析

基于色彩匹配的跟踪算法，虽然受目标形状变化、遮挡等影响较小，但在同一场景内出现相同色调的目标时，跟踪的鲁棒性要低于本节提出的基于材质轨道的跟踪算法；基于运动分析的跟踪算法，适合于目标与背景之间速度不同的情况下跟踪，但是当背景和目标的运动状态比较复杂时，跟踪的鲁棒性要低于本节提出的基于材质轨道的跟踪算法；利用 2D、3D 几何模型跟踪的方法虽然能很好地解决刚体的跟踪问题，但是对非刚体的跟踪，明显不如本节提出的基于材质轨道的跟踪算法实用。本节提出利用材质的底层视觉特征——轨道来进行跟踪的算法，由于该特征不受光照、旋转、遮挡等因素的影响，具有更高的鲁棒性。

一个实用的视觉跟踪系统必须能够实现对运动目标的实时跟踪，这就要求视觉跟踪算法必须具有快速性。基于区域的跟踪算法，当搜索区域较大时比较费时，而且要求目标变形不能太大，且不能有太大遮挡，其计算复杂度大于本节提出的基于材质轨道的跟踪算法。目前，基于其他特征的跟踪算法常与卡尔曼滤波器联合使用，跟踪效果较好，但当采用特征过多时，系统效率会降低，容易出错。基于模型的跟踪算法虽然能在运动目标姿态变化的情况下可靠地跟踪目标，但是在现实生活中要获得运动目标的精确几何模型是很困难的事情，而且这种算法的运算时间大大高于本节提出的基于材质轨道的跟踪算法，不适合实时跟踪。本节提出的基于材质轨道的跟踪算法在系统初始化阶段需要计算目标材质轨道模型，耗时稍多，但是在跟踪阶段，不要求对轨道模型动态更新，因此计算速度较快。

6.2　化学反应优化算法在车辆路径问题中的应用

6.2.1　问题描述

1. 问题概述

车辆路径问题（vehicle routing problem，VRP）是一种经典的组合优化问题，存在于许多实际问题中，如运输、物流和供应链管理等（Chiang et al.，2014；Ghannadpour et al.，2014；Baños et al.，2013；Goldbarg et al.，2012；Ghoseiri et al.，2010；Wen et al.，2010；Yu et al.，2009；Lin et al.，2006；Laporte，1992；Desrochers et al.，1992）。当顾客对物流有更多的要求时，具有不同约束的 VRP 不断出现。例如，包含时间窗、模拟送货或者取货时间对物流的要求等。到目前为止根据目标个数不同，VRP 主要分为两类：单目标 VRP 和多目标 VRP。

单目标 VRP 是将中央仓库作为起点，通过访问所有客户，最后返回到起点的一组车辆路线，目的在于找到一条最短路线（Yao et al.，2016；Escobar et al.，2014；Lin et al.，2014；Xu et al.，2008；Bräysy et al.，2005；Prins，2004；Baker et al.，2003；Gendreau et al.，1996）。依照不同的约束，VRP 被划分为不同的类型，带有时间窗的 VRP 是最典型的一种。随着环境问题日益严重，政府和商业机构大力提倡绿色制造和绿色物流，因此提出一种节能的 VRP 至关重要。为了发展绿色 VRP，一些学者提出逆向物流（Kaboudani et al.，2020；Govindan et al.，2015），也就是在送货返回时收集客户的报废产品，以便重复使用或妥善处置。逆向物流在分布系统中有两个特点，一个是分发货物，另一个是收取货物。具有投递货物的 VRP 被划为六种类型，第一种是分货第一、收货第二，或者称为回程的车辆路径问题（vehicle routing problem with backhauls, VRPB）（Brandão，2018；Wassan et al.，2017；Bortfeldt et al.，2015；Cuervo et al.，2014；Kassem et al.，2013）。第二种是模拟存取货，即同时提货和交货的车辆路径问题（vehicle routing problem with simultaneous pickup and delivery, VRPSPD）（Kalayci et al.，2016；Polat et al.，2015；Yu et al.，2014；Nagy et al.，2005；Angelelli et al.，2002），其要求交付和取货操作的客户必须访问一次。第三种是混合拾取和交付，即混合拾取和交付的车辆路径问题（vehicle routing problem with mixed pickup and delivery, VRPMPD）（Avci et al.，2015）。第四种是相关的拾取和交付问题。第五种是异构车辆路径问题，同时拾取和交付的车辆路径问题（Avci et al.，2016；Földesi et al.，2010）。第六种是同时提货和交货以及时间窗的车辆路径问题（vehicle routing problem with simultaneous pickup and delivery and time windows，VRPSPDTW）（Wang et al.，2015，2012；Mingyong et al.，2010），客户有时会要求在预定义的时间窗口内交付和提取货物。

当 VRP 的约束变多时，多个约束之间会相互限制，一些学者提出多目标 VRP（Cherkesly et al.，2015；Ramos et al.，2014；Kassem et al.，2013；Wang et al.，2012；Boubahri et al.，2011；Garcia-Najera et al.，2011；Mingyong et al.，2010；Jozefowiez et al.，2009；Tan et al.，2007，2006a，2006b；Angelelli et al.，2002）。决策者从多目标优化算法搜索到的一组折中解中选择一个自己满意的解。Wang 等（2016）提出一种带时间窗同时存取货的多目标车辆路径优化问题。也有一些学者使用不同的演化多目标优化算法解决此类问题。Iqbal 等（2015）提出人工蜂群优化算法解决带有软时间窗的车辆路径优化问题。Qi 等（2015）提出一种基于分解的 Memetic 算法解决带时间窗的多目标车辆路径优化问题。

本节提出一种基于分解多目标化学反应优化算法（multiobjective chemical reaction optimization algorithm based on decomposition，D-MOCRO）解决带时间窗同时存取货的多目标车辆路径优化问题。D-MOCRO 中，采用幂变换的方法（Liu et al.，2010）将带时间窗同时存取货的多目标车辆路径优化问题（multi-objective vehicle routing problem with simultaneous delivery and pickup and time windows, MO-VRPSDPTW）分解为一系列单目标子问题，每个子问题有一个邻域，并且使用所提出的 D-MOCRO 完成优化。

2. 带时间窗同时存取货的多目标车辆路径优化问题

物流过程中，在限定的时间内，有许多客户要求正向供应服务，并且在逆向返回时也需要提供服务，MO-VRPSDPTW 的目的是一个车队车辆在配送中心满足最低成本或目标的要求。

1）解的表示

在该问题中，每一个配送中心有一个时间窗$[0,e_0]$。仓库的送货数量 g_0，其初值设为 0 和送货需求 p_0，其初值为 0。带时间窗同时存取货的车辆路径优化问题的目的在于，设计一组具有最低成本的 M 个路径（如 $R=\{r_1,\cdots,r_M\}$），每个路径中的车辆离开仓库并且返回相同的仓库，一个车辆服务于一个顾客。在图 6.17 中，显示三条路径(M=3): $R=\{r_1,r_2,r_3\}$。$R_1=\langle c(1,1),c(2,1)\rangle$ 是路径 1 中两个顾客（顾客 2 和顾客 7）的顺序，也就是 $r_1=\langle 2,7\rangle$。另外，保持两个路径有两个到三个顾客分别被服务。

2）数学模型

第 j 条路径的总距离，如公式（6.16）所示：

$$\mathrm{Dist}_j=\sum_{i=0}^{N_j} d_{c(i,j)c(i+1,j)} \tag{6.16}$$

车辆 j 在第 i 个取/存货点的到达时间为

$$a_{c(i,j)} = l_{c(i-1,j)} + t_{c(i-1,j)c(i,j)} \tag{6.17}$$

式中，$l_{c(i-1,j)}$ 表示车辆 j 在第 i-1 个取/存货点的离开时间；$t_{c(i-1,j)c(i,j)}$ 表示车辆 j 从第 i-1 个取/存货点运动到第 i 个取/存货点所花费的时间；特别地，$l_{c(0,j)}=0$ 表示车辆 j 在时刻 0 时离开仓库。

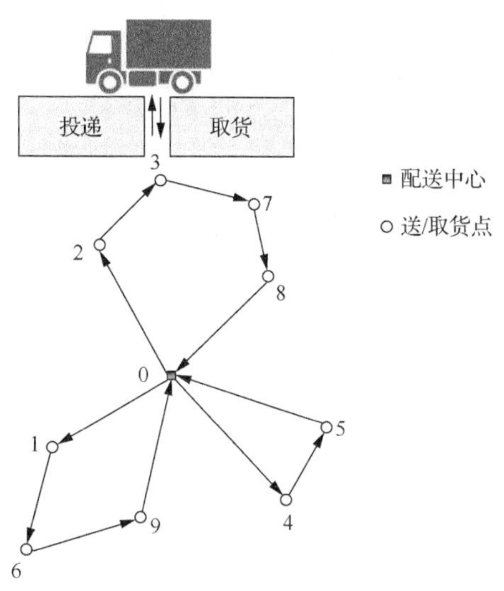

图 6.17　MO-VRPSDPTW 示意图

假如一个车辆在最早的服务时间到达顾客点，那么这将导致等待时间。车辆 j 在第 i 个顾客点的等待时间描述如下：

$$w_{c(i,j)} = \begin{cases} 0, & a_{c(i,j)} \geqslant b_{c(i,j)} \\ b_{c(i,j)} - a_{c(i,j)}, & a_{c(i,j)} < b_{c(i,j)} \end{cases} \tag{6.18}$$

车辆 j 从顾客 i 离开的时间为

$$l_c(i,j) = a_c(i,j) + w_c(i,j) + s_c(i,j) \tag{6.19}$$

因此，路径 r_j 总的旅行时间为

$$T_j = \sum_{i=0}^{N_j} (t_{c(i,j)c(i+1,j)} + w_{c(i+1,j)} + s_{c(i+1,j)}) \tag{6.20}$$

总的等待时间为

$$W_j = \sum_{i=1}^{N_j} w_{c(i,j)} \tag{6.21}$$

车辆 j 在第 i 个顾客点的延迟时间为

$$\text{delay}_{c(i,j)} = \begin{cases} 0, & a_{c(i,j)} \leqslant e_{c(i,j)} \\ a_{c(i,j)} - e_{c(i,j)}, & a_{c(i,j)} > e_{c(i,j)} \end{cases} \tag{6.22}$$

总的延迟时间为

$$\text{Delay}_j = \sum_{i=1}^{N_j} \text{delay}_{c(i,j)} \tag{6.23}$$

因此，带时间窗同时存取货的多目标车辆路径优化问题的数学模型描述如下：

$$\begin{cases} \min\ F(x) = (f_1, f_2, f_3, f_4, f_5) \\ f_1 = |R| = M \\ f_2 = \sum_{j=1}^{M} \text{Dist}_j \\ f_3 = \max\{T_j \mid j = 1, \cdots, M\} \\ f_4 = \sum_{j=1}^{M} W_j \\ f_5 = \sum_{j=1}^{M} \text{Delay}_j \end{cases} \tag{6.24}$$

式中，f_1 表示车辆的个数，函数 f_1 的目标是减少购买、雇佣和维修车辆的成本；f_2 表示总的旅行距离，反映路径的变化成本；f_3 表示最大完工时间，如从离开仓库到到达仓库的最长旅行时间；f_4 表示改进工作效率避免浪费时间；f_5 表示满足顾客的服务成本。

3）约束条件

MO-VRPSDPTW 的约束条件为

$$\sum_{i=1}^{N_j} g_{c(i,j)} \leqslant C \qquad \forall j = 1, \cdots, M \tag{6.25}$$

$$\text{delay}_{c(i,j)} \leqslant md \qquad \forall i = 1, \cdots, N_j,\ \ \forall j = 1, \cdots, M \tag{6.26}$$

$$a_{c(N_j+1,j)} \leqslant e_{c(N_j+1,j)} \qquad \forall j = 1, \cdots, M \tag{6.27}$$

其中，公式（6.25）代表车辆容量的约束，表示每一条路径的总需求不能超过车辆的容量。公式(6.26)表示延迟时间不能超过最大允许时延(maxium allowed delay time，MD)。公式（6.27）表示返回时间约束，就是每个车辆在关闭时间之前应该返回到仓库。

6.2.2 算法描述

MO-VRPSDTW 的解是以一种变长度的方式表示，其代表一个化学反应分子，表现形式如图 6.18 所示。图 6.17 和图 6.18 中表示一个解包含几条路径，每一条路径是由依次被服务的顾客组成。每一条路径向量从配送中心出发，对确定的客户集进行服务，完成服务后回到配送中心。

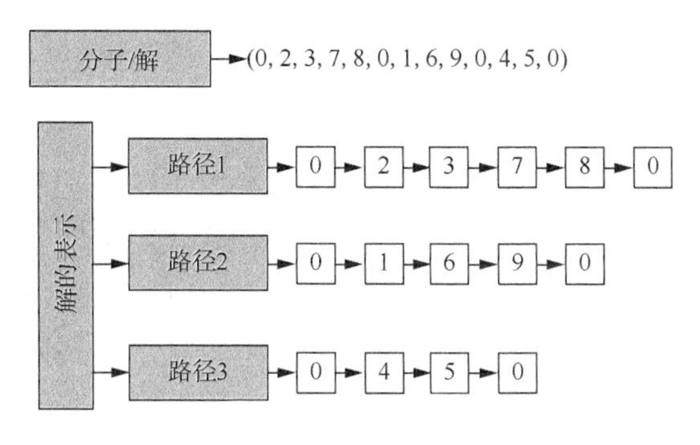

图 6.18　MO-VRPSDTW 解的表示

Ishibuchi 等（2015）分析了采用权重切比雪夫、权重和、边界惩罚整合函数的多目标分解方法解决组合优化问题的优缺点，指出权重和的方法用于解决组合优化问题时具有更高的多样性。因此，D-MOCRO 采用权重和的方法将多目标优化问题分解为一系列单目标优化问题，化学反应优化算法用于演化群体，寻找 Pareto 最优解集。

D-MOCRO 的初始化操作步骤，如下所述：

在执行 D-MOCRO 之前，首先要初始化解，一个顾客必须被选择，并且由所有顾客构成一条路径。解被创建以后，权重向量需要初始化并且计算其邻域。权重向量采用 Das 和 Dennis 的方法（Das et al.，1998）。权重向量采用单纯形格的方法采样，给定 H 和 M，权重向量的个数为 $N=\begin{pmatrix} H+M-1 \\ M-1 \end{pmatrix}$，其服从均匀分布，均匀间隔为 $\delta=1/H$，其中 $H>0$ 被认为是沿着每个目标坐标系分割的个数。图 6.19 展示了 $\delta=0.25$ 权重向量的结构产生过程。

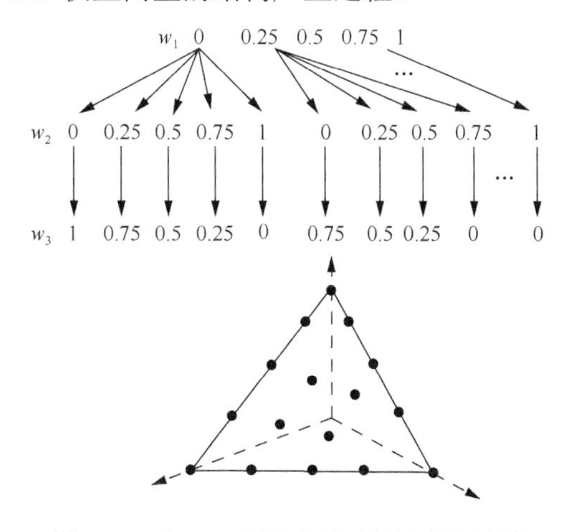

图 6.19　δ=0.25 权重向量的结构产生过程

m 个目标的权重向量为 $\Lambda^i=(\lambda_{i1},\lambda_{i2},\cdots,\lambda_{im})$，权重和的方法描述如下：

$$\min\ g^{ws}(x^i\mid\Lambda^i)=\lambda_{i1}f_1(x^i)+\lambda_{i2}f_2(x^i)+\cdots+\lambda_{im}f_m(x^i) \tag{6.28}$$

该目标函数个数 m 等于 5，$\Lambda^i=(\lambda_{i1},\lambda_{i2},\cdots,\lambda_{im})$ 对应一个子问题 $i(i=1,2,\cdots,Q)$，$\lambda_1+\lambda_2+\cdots+\lambda_m=1$，$x_i$ 是一个被优化的解。Zhang 等（2007）提出了一种杰出的基于分解的多目标优化方法，有效地解决了 Pareto 前沿面是某种已知的类型时，其使用高级分解的方法容易求出均匀分散在前沿面上的有效解。

然而，许多实际多目标优化问题，其 Pareto 前沿面通常是未知的。针对这种 Pareto 前沿面未知的性质，Liu 等（2010）提出了基于幂变换的多目标 MOEA/D（TMOEA/D）算法，利用幂函数对目标进行数学变换，使变换后的多目标优化问题的前沿面在算法的演化过程中逐渐接近希望得到的形状。本节解决实际的测试问题，对于问题的 Pareto 前沿并不知道是凸还是非凸的，可以采用基于幂变换的方法将 Pareto 前沿变换到一种更容易获得均匀的权重向量，使得算法在解决凸问题时仍然能够表现出较好的搜索性能。

1. 与容器壁无效碰撞算子

D-MOCRO 算法的与容器壁无效碰撞算子是随机地从路径中选择一个顾客，并且重新插入到一个更好的位置。如图 6.20 所示，与容器壁无效碰撞算子是通过领域搜索，一个顾客可能会被另外一个车辆服务。算法 6.1 描述了该算子的伪代码。这一过程包含两个重点，第一是选择一条路径，第二是定义一个好的位置插入被选择的顾客。选择一条路径需要依赖长的旅行时间，由公式（6.24）中的 f_3 表示。一个好的位置包括不同的目标、最小总距离的位置、所有路径总的旅行时间最低、总的等待时间和低的延时。简而言之，好的位置一定会达到成本最低。

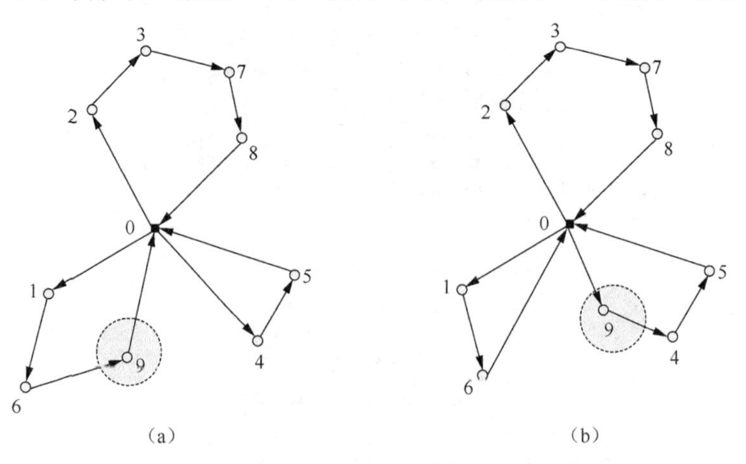

图 6.20　与容器壁无效碰撞算子

算法 6.1　D-MOCRO 算法与容器壁无效碰撞算子

1: 开始
2: **输入**：分子 w
3: 　将解 w 复制到 w'
4: 　从 w 中随机选择一条路径，将这一路径中的顾客移除并重新插入好的位置
5: 　修改 w'
6: **输出**：w'
7: 结束

2. 分解算子

D-MOCRO 算法的分解算子是执行两次与容器壁无效碰撞后得到两个分子。图 6.21 展示了该算子的具体操作，算法 6.2 描述了该算子的伪代码。

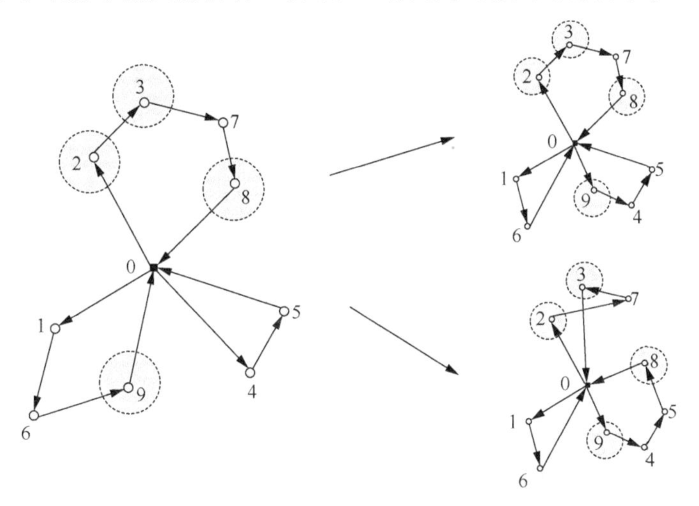

图 6.21　分解算子

算法 6.2　D-MOCRO 算法分解算子

1: 开始
2: **输入**：分子 w
3: 　将解 w 复制到 w_1 和 w_2 中
4: 　从 w_1 中随机选择一条路径，将这一路径中的顾客移除并重新插入好的位置
5: 　从 w_2 中随机选择一条路径，将这一路径中的顾客移除并重新插入好的位置

6: 　修改 w_1'和 w_2'
7: **输出**：w_1', w_2'
8: **结束**

3. 分子之间无效碰撞算子

D-MOCRO 算法的分子之间无效碰撞算子使得碰撞的两个分子的结构发生了改变，发生碰撞的两个分子，保持路径顺序不变的情况下有顺序的顾客发生信息交换。这一算子的具体操作如图 6.22 所示，算子的伪代码如算法 6.3 所示。

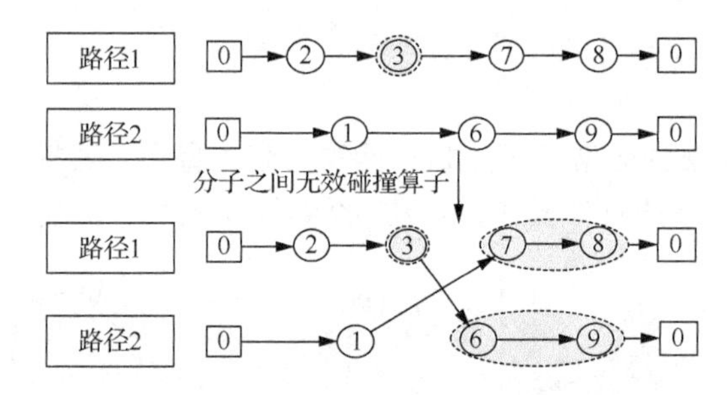

图 6.22　分子之间无效碰撞算子

算法 6.3　D-MOCRO 算法分子之间无效碰撞算子

1: **开始**
2: **输入**：分子 w_1 和 w_2
3: 　从 w_1 中选择两条不同顾客的路径并交换这两条路径中的顾客，得到 w_1'
4: 　从 w_2 中选择两条不同顾客的路径并交换这两条路径中的顾客，得到 w_2'
5: **输出**：w_1', w_2'
6: **结束**

4. 合成算子

D-MOCRO 算法的合成算子产生新解的过程描述如下。首先，选择合成的两个解。从第一个解中随机地选择路径复制到子代中，从第二个解中选择与第一个解中不冲突的解复制到子代中。从父代中选择通过合成算子遗传到下一代。假如一个顾客不能合适地插入到现存的路径中，那么这个顾客就要重新建立路径。合成算子的具体操作如图 6.23 所示，伪代码如算法 6.4 所示。

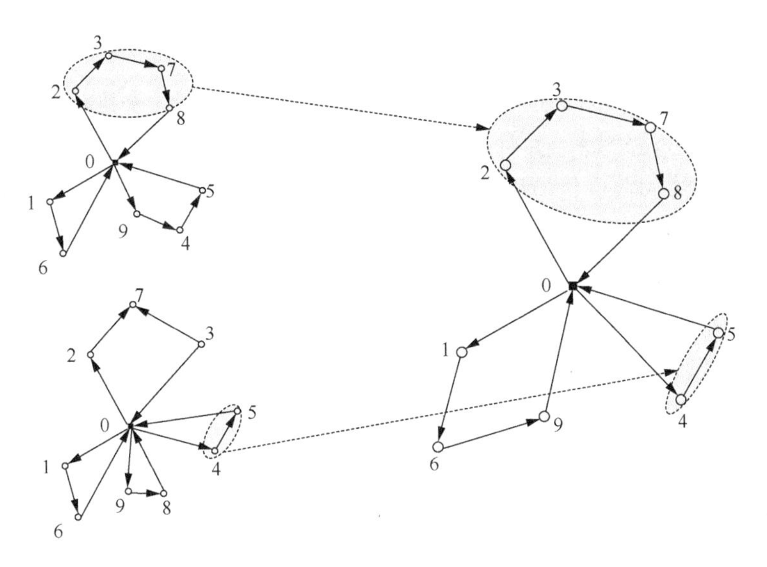

图 6.23　合成算子

算法 6.4　D-MOCRO 算法合成算子

1:　**开始**
2:　**输入**：分子 w_1 和 w_2
3:　　随机从集合$\{1,\cdots,n\}$中选择两个不同的顾客 i 和 j
4:　　对 $w_1'(i)$和 $w_2'(j)$执行合成操作
5:　　修改 w_1'和 w_2'，从 w_1'和 w_2'中随机选出一个分子
6:　**输出**：w_1'或 w_2'
7:　**结束**

5. 算法流程

针对一个优化算法，平衡演化群体的多样性和收敛性能是非常重要的。多样性能力是指算法探索或者算法在可行空间中搜索不同区域，而算法的收敛性能力是指所有个体能够快速地收敛到最优解附近。过多强调探索能力将导致算法粗劣的随机搜索能力，而过多强调全局开发能力将导致算法具有粗劣的局部搜索能力。本节中，多目标化学反应优化算法的分子之间无效碰撞算子和合成算子具备全局开发能力，而分解算子和与容器壁无效碰撞算子具备局部探索能力。

本节提出的 D-MOCRO 算法使用 TMOEA/D 框架优化 MO-VRPSDPTW。为了维持解的收敛性，D-MOCRO 算法使用外部精英档案存储非支配解。基本的 MOEA/D 是采用均匀分配权值。

当 Pareto 前沿出现不规则的情况时，MOEA/D 算法表现出较差的多样性。在 D-MOCRO 算法中，本节采用一种幂变换的方法，将 Pareto 解集转换到一种更容易通过分解的方法求解，并且在解决非凸问题时能够保持演化群体的多样性。D-MOCRO 算法的特点是使用权重和的分解方法，将具有五个目标的实际优化问题（MO-VRPSDPTW）分解为一系列单目标优化子问题，通过化学反应优化算子同时优化这一系列子问题，包括使用 CRO 算法优化 MO-VRPSDPTW 子问题；使用外部精英档案保存最优解集；采用一种有效的非支配排序（efficient nondominated sort，ENS）（Zhang et al.，2015）方法更新外部档案。D-MOCRO 算法的流程如图 6.24 所示，伪代码如算法 6.5 所示。

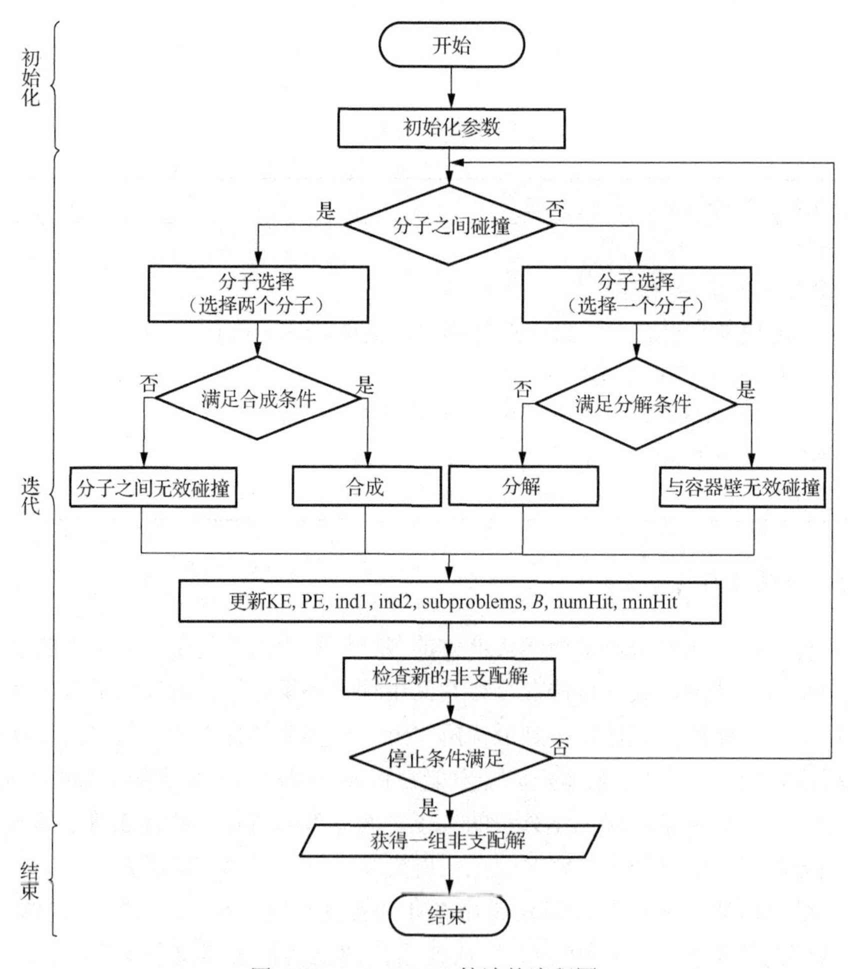

图 6.24　D-MOCRO 算法的流程图

算法 6.5　D-MOCRO 算法

1:**输入：** 测试问题 MO-VRPSDPTW, 问题规模 N，随机产生的权重向量 $\lambda_1,\cdots,\lambda_N$，以及最大的函数评价次数 Max_FES

2:**输出：** 一组非支配解集

3:开始

4:　**Step 1**: 初始化

　Step 2: 初始化演化群体

　初始化具有 N 个随机产生的分子组成的演化群体 P_0，设置外部精英档案 $X^* = \varnothing$；

　初始化 N 个均匀分布的方向向量 $\lambda^1,\lambda^2,\cdots,\lambda^N$，计算任意两个权重向量之间的欧氏距离，并且设置每一个解 $i=1,\cdots,N$ 中的邻域 $B(i)=\{i_1,\cdots,i_T\}$。

5:　**Step 3**:**While** (FES≤Max_FES) **do**

6:　　**Step 4**:演化

　　将 MO-VRPSDPTW 分解为 N 个单目标优化子问题 SO-VRPSDPTW $g_1,\cdots,g_N$。

　　选择反应或者更新的范围：随机产生一个[0, 1]的随机数，

$$P=\begin{cases} B(i)\ , \text{随机数} < \delta \\ \text{Archive}(i)\ , \text{随机数} \geqslant \delta \end{cases}$$

　　选择分子个数：产生一个在[0, 1]的均匀分布的随机数

7:　　**if** 产生的随机数> collRate 或者演化群体规模为 1　// ((rand > collRate) || (pop.size ()==1))

8:　　　**if**　子问题 i 的当前碰撞次数减去子问题 i 的最小碰撞次数大于阈值 threshold

　　　// ((subproblems (i). curHitIndex − subproblems(i).minHitIndex) > threshold)

9:　　　　**分解算子（子问题 *i*）**;//**Decomposition** (subproblems (i))

　　　　函数评价次数加 2;　　//FES = FES + 2

10:　　　**else**

11:　　　　**与容器壁无效碰撞算子（子问题 *i*）;// On-wall** (subproblems (i))

　　　　函数评价次数加 1;　　// FES = FES + 1

12:　　　**end if**

13:　　**else**

14:　　　从子问题 i 的邻域中随机地选择子问题 j;

　　　// Selection subproblems (j) from the neighborhood of the subproblems (i)

15: **if** 子问题 *i* 的 KE 小于 SynThres 并且子问题 *j* 的 KE 小于 SynThres // (subproblems (*i*).KE < SynThres) && (subproblems (*j*).KE < SynThres)

16: **合成算子（子问题 *i* 和子问题 *j*）**;//**Synthesis**(subproblems (*i*), subproblems (*j*))

函数评价次数加 2; //FES = FES + 2

17: **else**

18: **分子之间无效碰撞算子（子问题 *i* 和子问题 *j*）**;// **InterMolecular** (subproblems (*i*), subproblems (*j*))

函数评价次数加 2; //FES = FES + 2

19: **end if**

20: **end if**

21: **修改：**子问题 *i* 和子问题 *j* 的邻域知识

22: **更新参考点 *z*：**对于每一个目标 **if** $z_j > f_j(y)$，设置 $z_j = f_j(y)$

23: **更新解：**假如迭代次数等于 0 执行下一步

24: **if** count< FES_{max}

25: 跳转至 **Step 3**;

26: **else**

27: 从外部档案和演化群体中挑出 *N* 个较优的个体作为非支配解;

28: **end if**

29: **end while**

30:结束

6.2.3 实验结果及讨论

1. 实验设置

1）测试函数

为了测试算法的性能，将所提算法运用于 45 个实际测试集，测试集使用三种类型的客户、三种类型的车辆容量和五种时间窗构成，如表 6.3 所示。

车辆工作的时间为 8 小时。时间窗模拟物流公司每天所面临的各种情况，各种情况被描述为五种时间窗，通过 0～4 配置窗口表示。

在配置窗口 0 中，所有的客户在全天 480 分钟内使用车辆。

在配置窗口 1 中，考虑三种类型的客户，早晨客户、中午客户和下午客户。为了使这些客户布局在一整天中，每种类型的时间窗创建的时间长度为 160 分钟。其中，早晨客户、中午客户和下午客户分别在时间窗[0,160]、[160,320]和[320,480]分钟被服务。

在配置窗口 2 中，每个时间窗的时间长度设置为 130 分钟，[0,130]服务早晨客户，[175,305]服务中午客户，[350,480]服务下午客户。

在配置窗口 3 中，每个时间窗的长度设置为 100 分钟，因此早、中、晚的客户被服务的时间段分别为[0,100]、[190,290]和[380,480]。

在配置窗口 4 中，客户与上述三种配置窗口中的某一个时间窗存在相关联性。每一个车辆的容量设置为 $C=D+\delta/100(E-D)$，其中，δ在[0,100]，$D=\max_i\{g_i\}$，$E=\sum_{i=1}^{N}g$。若δ值为 0，车辆的容量 C 是非常有限的。若δ值为 100，则车辆的容量接近总的需求量。

MO-VRPSDPTW 测试集的创建使用三种组合，其包含客户数量{50, 150, 250}、δ的类型{60, 20, 5}和时间窗{0, 1, 2, 3, 4}。因此，总共产生 45(3×3×5)组测试问题。表 6.3 列出了 45 个测试问题的客户数、车辆容量和时间窗文件。每个客户的需求量分别设置为 10、20 和 30，概率是 1/3，每个客户的提货数量设置为 10、20 和 30，概率为 1/3，每个顾客的服务时间设置为 10、20 和 30 分钟，概率为 1/3。每个客户允许 30 分钟的最大时延，因此 md=30。

表 6.3　实际测试集和每个测试集的停止时间

测试实例	客户数	车辆容量	时间窗文件	停止时间/min
50-0-0	50	690	Profile 1	117
50-0-1	50	690	Profile 2	245
50-0-2	50	690	Profile 3	282
50-0-3	50	690	Profile 4	253
50-0-4	50	690	Profile 5	142
50-1-0	50	250	Profile 1	114
50-1-1	50	250	Profile 2	222
50-1-2	50	250	Profile 3	270
50-1-3	50	250	Profile 4	221
50-1-4	50	250	Profile 5	139
50-2-0	50	85	Profile 1	130
50-2-1	50	85	Profile 2	199
50-2-2	50	85	Profile 3	200
50-2-3	50	85	Profile 4	184
50-2-4	50	85	Profile 5	146
150-0-0	150	1854	Profile 1	183
150-0-1	150	1854	Profile 2	267
150-0-2	150	1854	Profile 3	301
150-0-3	150	1854	Profile 4	309

续表

测试实例	客户数	车辆容量	时间窗文件	运行时间/min
150-0-4	150	1854	Profile 5	239
150-1-0	150	638	Profile 1	163
150-1-1	150	638	Profile 2	245
150-1-2	150	638	Profile 3	300
150-1-3	150	638	Profile 4	308
150-1-4	150	638	Profile 5	239
150-2-0	150	182	Profile 1	163
150-2-1	150	182	Profile 2	258
150-2-2	150	182	Profile 3	295
150-2-3	150	182	Profile 4	341
150-2-4	150	182	Profile 5	220
250-0-0	250	3087	Profile 1	258
250-0-1	250	3087	Profile 2	345
250-0-2	250	3087	Profile 3	354
250-0-3	250	3087	Profile 4	407
250-0-4	250	3087	Profile 5	292
250-1-0	250	1046	Profile 1	225
250-1-1	250	1046	Profile 2	303
250-1-2	250	1046	Profile 3	338
250-1-3	250	1046	Profile 4	400
250-1-4	250	1046	Profile 5	261
250-2-0	250	284	Profile 1	237
250-2-1	250	284	Profile 2	292
250-2-2	250	284	Profile 3	329
250-2-3	250	284	Profile 4	395
250-2-4	250	284	Profile 5	282

2）参数设置

所有的实验测试在配置为 Inter(R) Core(TM) i7-3770 CPU @ 3.40GHz 以及 4.00GB 的台式电脑上运行完成，测试软件为 Windows 7 操作系统下的 Microsoft Visual Studio 2013（C++）。最大函数评价次数作为所有比较算法的终止条件。为了消除随机误差，每种算法在每个测试函数上独立运行 20 次，记录每次算法运行的性能指标。

各个算法共同的实验参数为 Max_FES=30000，*N*=495，邻域规模 *T*=5，initKE=10000，initBuffer=100，decThres=800，synThres=15，lossRate=0.1，collRate=0.2。

2. 结果及讨论

MO-VRPSDPTW 算法（Wang et al.，2016）之前的算法大多用于解决两个目标或者具有三个目标的 VRPSDPTW。本节提出的 D-MOCRO 算法能够解决具有五个目标的车辆路径优化问题。为了平衡多样性和收敛性，所提算法采用 CRO 算法的局部搜索能力和自适应权重增加多样性，使用一个外部档案的方法保存精英解，使得该方法能够有效地找到最优解集，便于增加算法收敛性。本节的多目标测试指标采用 HV 指标，它不需要知道理想前沿，而是采用理想点就可以测得算法所得 Pareto 最优解集的性能指标。实际优化问题的理想前沿是未知的，HV 指标计算只需要设置参考点就能够计算其性能指标，因此采用 HV 指标比较方便。

表 6.4 给出了 D-MOCRO、MOLS 和 MOMA 三种算法的 HV 指标。为了更客观地比较算法性能，采用 0.05 显著性水平的 Wilcoxon 秩和检验对实验结果数据进行统计分析。若得到的概率值 $p<0.05$，则认为两种算法的性能具有显著性差异，否则，没有显著性差异。其中，“†”“§”和“≈”分别表示 D-MOCRO 算法显著优于、劣于和相似于对比算法。表 6.4 中的粗体表示对于每一个测试函数显著性水平最高的算法所得到的结果。从实验结果可以看出，D-MOCRO 算法在 45 个实际的测试实例上表现出比 MOLS 算法和 MOMA 算法显著的特性。特别是，D-MOCRO 算法比 MOLS 算法在 22 个测试实例上表现出较好的收敛性和多样性。D-MOCRO 算法比 MOMA 算法在 44 个测试实例上表现出较好的收敛性和多样性。

表 6.4　D-MOCRO、MOLS 和 MOMA 三种算法的 HV 指标

测试实例	HV 指标		
	D-MOCRO	MOLS	MOMA
50-0-0	0.8570	**0.8690** §	0.5540†
50-0-1	0.7190	**0.7500** §	0.4870†
50-0-2	0.6110	**0.6820** §	0.5660†
50-0-3	**0.5570**	0.5340†	0.5240†
50-0-4	**0.7020**	0.6460†	0.6630†
50-1-0	0.8450	**0.8540** §	0.6270†
50-1-1	**0.7290**	0.7150†	0.5460†
50-1-2	**0.6950**	0.6720†	0.5810†
50-1-3	**0.5780**	0.5560†	0.5290†
50-1-4	**0.6900**	0.6880†	0.6460†

续表

测试实例	HV 指标		
	D-MOCRO	MOLS	MOMA
50-2-0	**0.7120**	0.7020†	0.6600†
50-2-1	**0.6070**	0.5890†	0.5420†
50-2-2	0.5740	**0.6080** §	0.5440†
50-2-3	0.5600	0.5800≈	**0.5990** §
50-2-4	0.5850	**0.6080** §	0.5330†
150-0-0	**0.8960**	0.8770†	0.6150†
150-0-1	0.7470	**0.7570** §	0.5820†
150-0-2	0.7170	**0.7450** §	0.5410†
150-0-3	**0.6903**	0.6150†	0.5010†
150-0-4	0.7060	**0.7410** §	0.5540†
150-1-0	0.8570	**0.8830** §	0.6270†
150-1-1	**0.7670**	0.7530†	0.5660†
150-1-2	0.7170	**0.7370** §	0.5380†
150-1-3	**0.6220**	0.5930†	0.4940†
150-1-4	0.7140	**0.7145** §	0.5580†
150-2-0	**0.8450**	0.8290†	0.5990†
150-2-1	**0.7390**	0.7380†	0.5540†
150-2-2	0.6640	**0.7050** §	0.4870†
150-2-3	**0.6060**	0.5890†	0.5060†
150-2-4	**0.7300**	0.7160†	0.5400†
250-0-0	**0.8470**	0.8410†	0.5790†
250-0-1	**0.7650**	0.7620†	0.5500†
250-0-2	0.7140	**0.7260** §	0.5210†
250-0-3	0.5850	**0.5970** §	0.4840†
250-0-4	0.6990	**0.7050** §	0.5640†
250-1-0	**0.8450**	0.8420†	0.6020†
250-1-1	0.7280	**0.7690** §	0.5660†
250-1-2	0.6990	**0.7170** §	0.5320†
250-1-3	0.5960	**0.6300** §	0.5010†
250-1-4	**0.6901**	0.6900≈	0.5070†
250-2-0	0.7610	**0.8210** §	0.6120†
250-2-1	0.7662	**0.7690** §	0.5040†
250-2-2	**0.8012**	0.7180†	0.4820†
250-2-3	**0.6318**	0.5970†	0.4840†
250-2-4	**0.7001**	0.6970†	0.5230†
†/ § /≈		22/21/2	44/1/0

为了更直观地展示所提算法和对比算法的收敛性和多样性，图 6.25 给出了 D-MOCRO、MOLS、MOMA 三种算法所得非支配解。圆点是 D-MOCRO 算法所获得的 Pareto 前沿，十字是 MOLS 算法所获得的 Pareto 前沿，星号是 MOMA 算法所获得的 Pareto 前沿。从图中可以看出，D-MOCRO 算法所获得的 Pareto 前沿较 MOMA 算法和 MOLS 算法均取得较好的非支配解集，且圆点所在的曲线比较均匀。因此，D-MOCRO 算法较 MOMA 算法和 MOLS 算法均取得较好的收敛性和多样性。

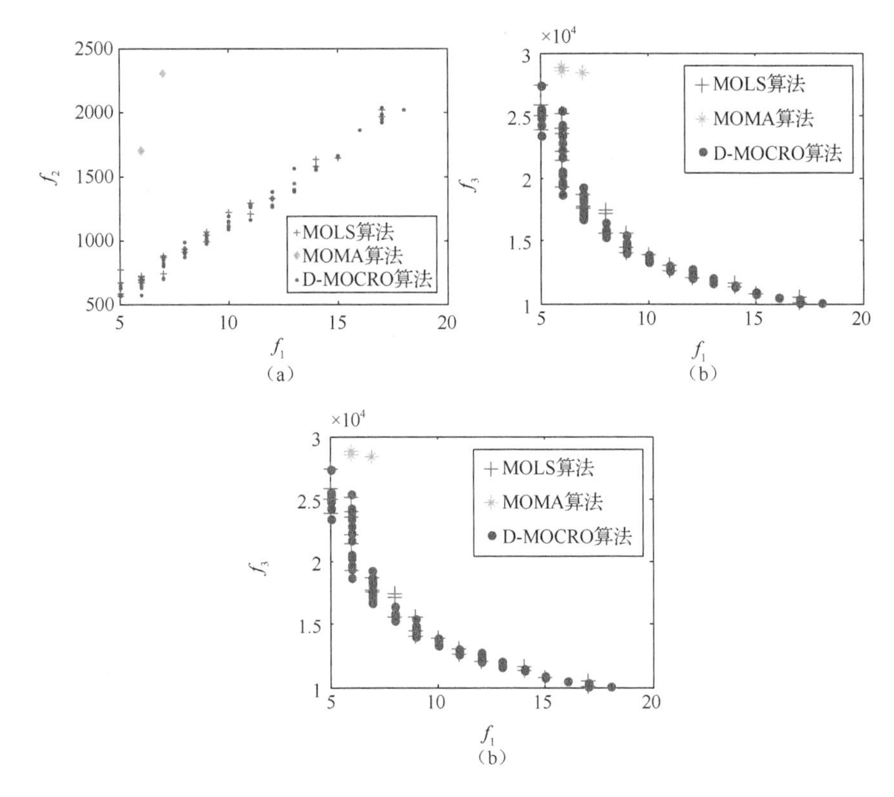

图 6.25 D-MOCRO、MOLS 和 MOMA 三种算法所得非支配解

为了更进一步显示算法的收敛性和多样性，使用盒图表示 D-MOCRO 算法和另外两种算法的性能。图 6.26 表示 D-MOCRO 算法、MOLS 算法和 MOMA 算法通过多次运行所获得的 HV 指标的盒图，从图中可以看出测试实例 50-0-1、50-0-3、50-1-1、50-1-3、50-2-0、50-2-4、150-0-2、150-1-0、150-1-1、150-1-3、150-2-0、150-2-1、150-2-2、150-2-4、250-0-0、250-0-2、250-0-3、250-0-4、250-1-0、250-1-1、250-1-3、250-2-1、250-2-3 和 250-2-4 上，所提算法 D-MOCRO 表现出较其他两

种算法较好的性能指标。尤其是在实际测试用例 50-2-0 上 D-MOCRO 表现出最好的性能，因为 D-MOCRO 采用化学反应优化算法中的两个局部探索算子和自适应权重向量的设置使得算法能够维持多样性，在搜索过程中使用合成算子和分解算子使得算法保持较好的收敛性，化学反应系统中的能量维持平衡，保持局部和全局动态平衡，使得 D-MOCRO 算法较其他两种算法取得较好的性能。

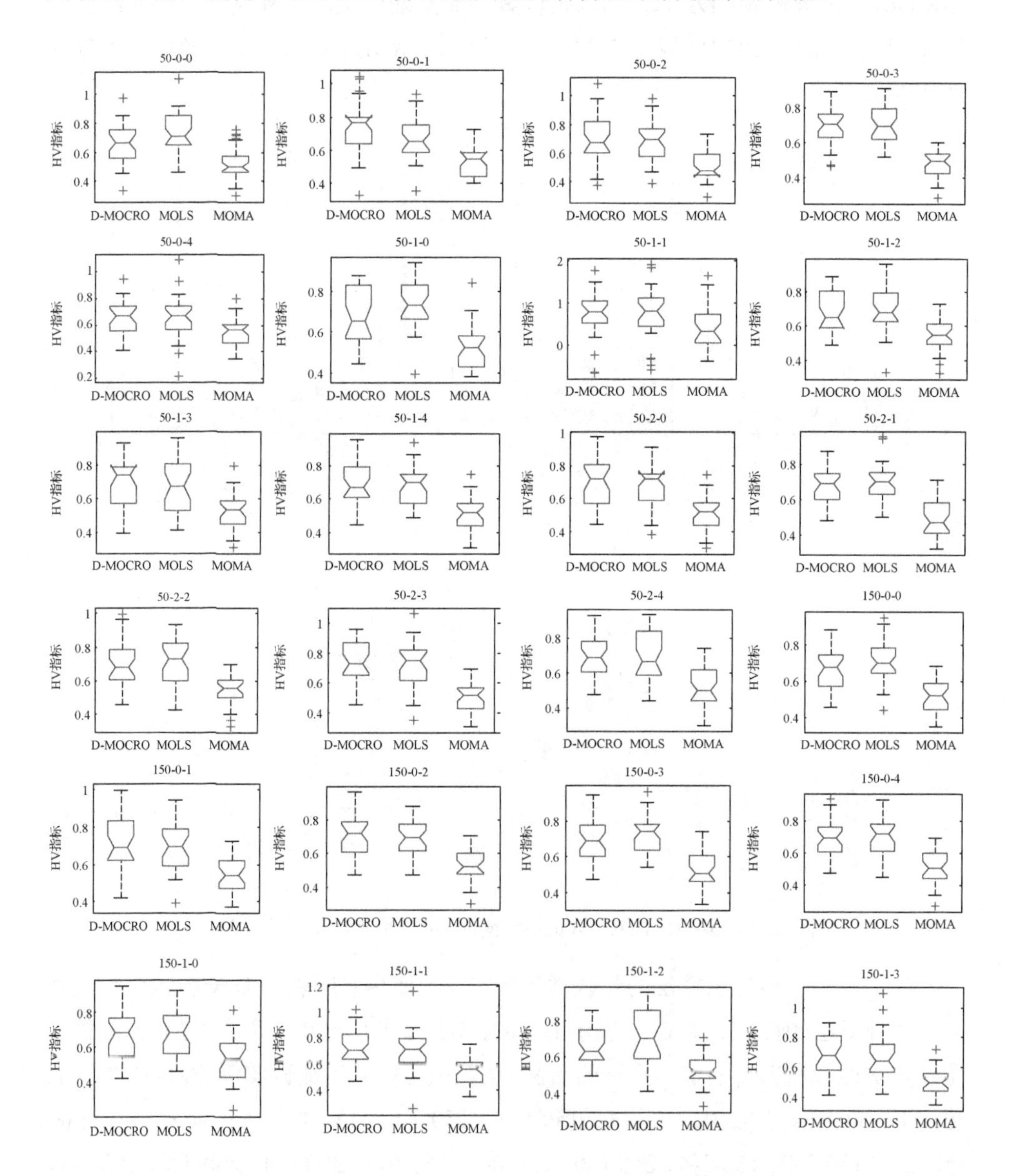

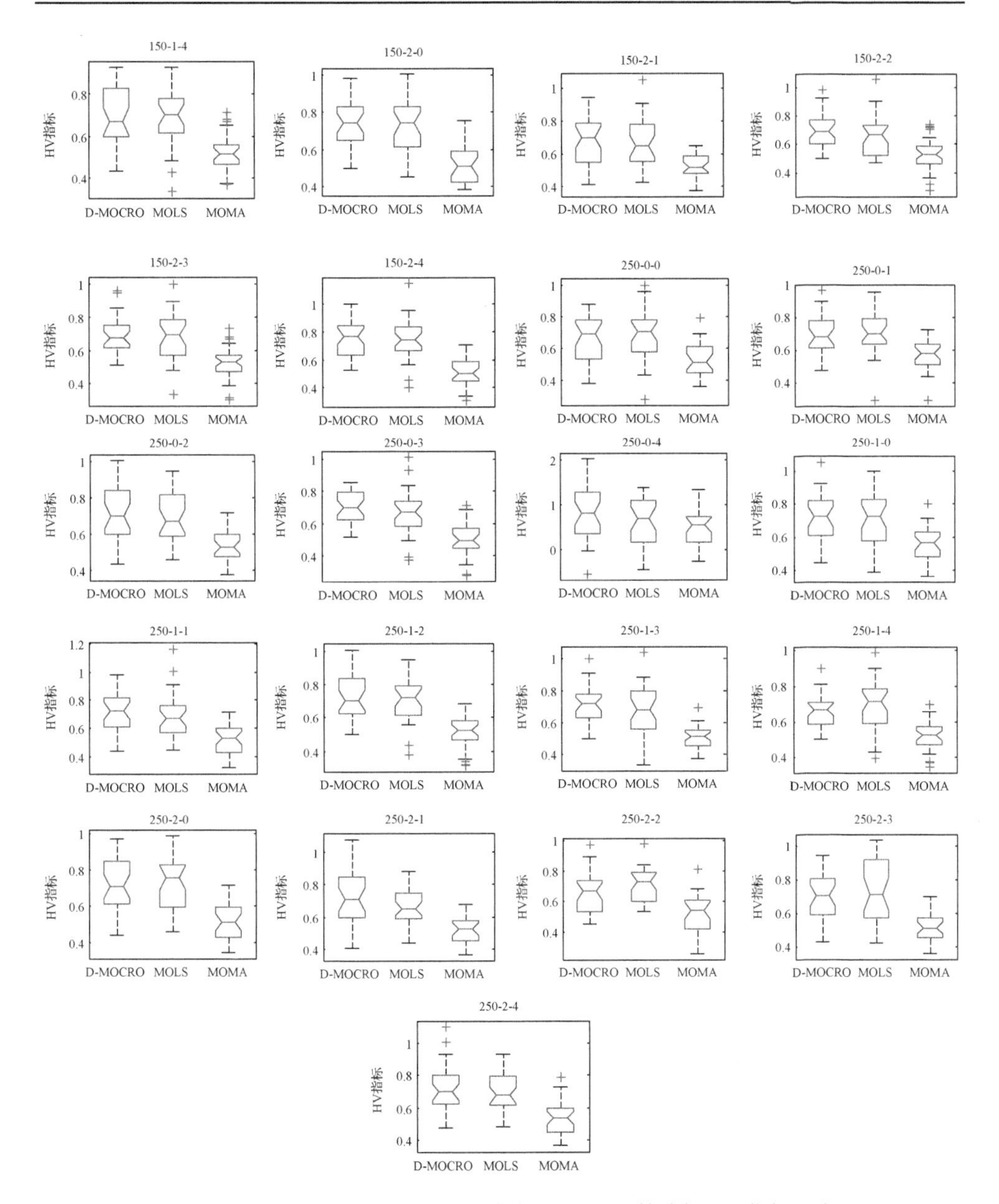

图 6.26　D-MOCRO 算法、MOLS 算法和 MOMA 算法的 HV 指标的盒图

6.3　人工内分泌系统模型在群体机器人系统中的应用

6.3.1　算法描述

将第 4 章 LAES 模型中的算法 A 扩展为可应用于群体机器人系统的算法，为

叙述方便，称为算法 A-robotic，其伪代码如算法 6.6 所示。与算法 A 相比，新算法 A-robotic 引入了增强型内分泌细胞 EC_E 和中性内分泌细胞 EC_N 两个概念。其中，增强型内分泌细胞是从内分泌细胞种群中随机分离出来的，它释放一定量的吸引激素，有利于其他机器人沿着相似的路径前进，但它采取随机移动的方式来搜索全局空间，不受相邻激素浓度的影响，体现了人体内分泌系统中激素间的允许作用。内分泌细胞一旦进入靶细胞的作用区域，就转化为中性内分泌细胞，不释放任何种类的激素，因而不会对其他机器人的行为活动产生影响，另外，其也不受其他机器人的影响，体现了人体内分泌系统中激素间的中性作用。

算法 6.6　算法 A-robotic

```
1:  输入：环境空间 L_d: Width×Length、内分泌细胞的初始分布: {(EC_ix, EC_iy)
2:        i = 1, 2, ··· , M}和靶细胞的初始分布: {TC_ix, TC_iy) i = 1, 2, ··· , N}
3:  输出：内分泌细胞移动轨迹
4:  算法步骤：
5:  Initialize                                              // 初始化
6:  t = 0
7:  while N ≠ 0 do
8:      EC_A = Ø
9:      EC_I = Ø
10:     EC_E = Ø
11:     EC_N = Ø
12:     for j = 1:M do
13:         Determine a category and add it into EC_A, EC_I, EC_E or EC_N// 分化
14:         for (x, y) ∈ N_moore-r do
15:             Compute H_rj(x, y, t) and/or H_aj(x, y, t) according to Eqn. (4.5) // 转运
16:         end for
17:     end for
18:     for j = 1:N do
19:         for (x, y) ∈ N_moore-r do
20:             Compute H_aj(x, y, t) according to Eqn. (4.5)     // 转运
21:         end for
22:     end for
23:     for i = 1:Width do
24:         for j = 1:Length do
```

25: Compute $H'(x, y, t)$ according to Eqn. (4.7) // 新陈代谢
26: Compute $H(x, y, t)$ according to Eqn. (4.6) // 合成和释放
27: **end for**
28: **end for**
29: **for** $j = 1{:}M$ **do**
30: EC_{jx} x: EC_{jx} according to move rule R // 更新位置
31: EC_{jy} y: EC_{jy} according to move rule R
32: **if** endocrine cell j is coincide with one of Target Cells **do**
33: Do the job // 完成任务
34: $N \leftarrow N-1$ // 靶细胞死亡
35: **end if**
36: **end for**
37: $t \leftarrow t+1$
38: **end while**

6.3.2　实验结果及讨论

第一组实验的目的是检验基于 LAES 模型的群体机器人系统在未知环境下的搜索能力，如图 6.27 所示。场景设置相对简单，整个环境空间被墙体等障碍物分割为三个区域，每个墙体有两扇门来连接各个相互独立的区域。假定无线信号可以穿越墙体，且所有的机器人都位于左部区域。在激素信息的作用下，一些机器人进入中部区域，随后又进入右部区域。这就表明，无须复杂的集中控制策略，基于 LAES 模型的机器人能够在任意环境下展开有效的搜索活动，这对探测危险环境时减少人员损失会产生积极作用。图 6.28 显示了 20 次独立实验不同区域内内分泌细胞数量的平均值，也可以看出随着时间的不断延续，中部区域和右部区域内机器人分布数量持续增加。

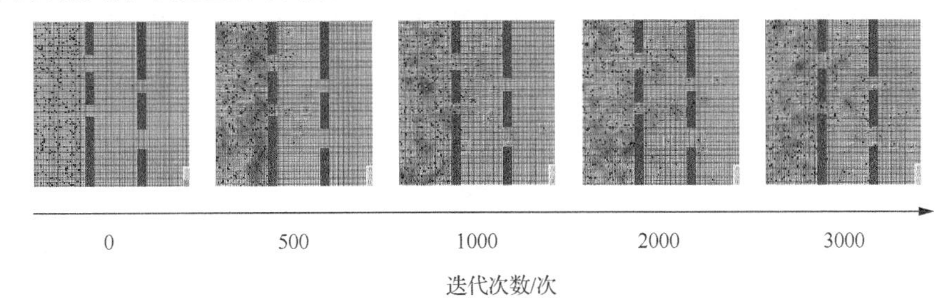

图 6.27　搜索未知环境示意图

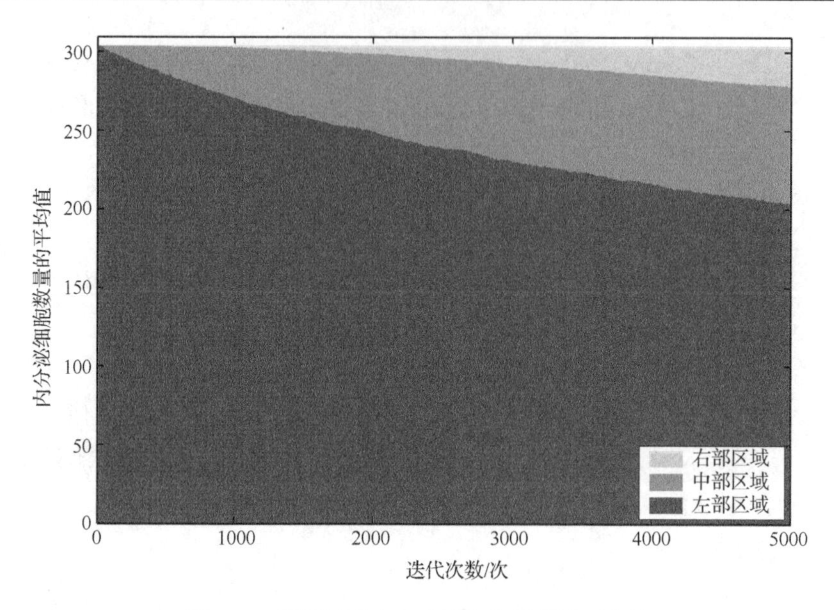

图 6.28　不同区域内内分泌细胞数量的平均值

在第二组实验中，可以假定在环境空间中存在两个靶细胞，分别位于(60,10)和(60,50)晶格单元处，它们可以被机器人感知和识别，群体机器人系统的任务就是搜索和捕获这些靶细胞（图 6.29）。起初，所有的内分泌细胞位于左上角，集中分布在(8,8)晶格单元附近。机器人首先在全局空间中搜索，很快，一些机器人会被靶细胞释放的激素吸引。最终，机器人可以捕获到该靶细胞。值得注意的是，并非所有的机器人都搜索和捕获同一个靶细胞，存在大量的机器人在一个更加开放的环境空间搜索其他潜在目标。分配搜索环境和捕获目标这两个任务之间的平衡性，一方面是由于 LAES 模型不是基于确定性函数，而是基于概率函数；另一方面是引入增强型内分泌细胞使得群体机器人系统在全局搜索环境和局部捕获目标之间处于一种动态平衡状态。

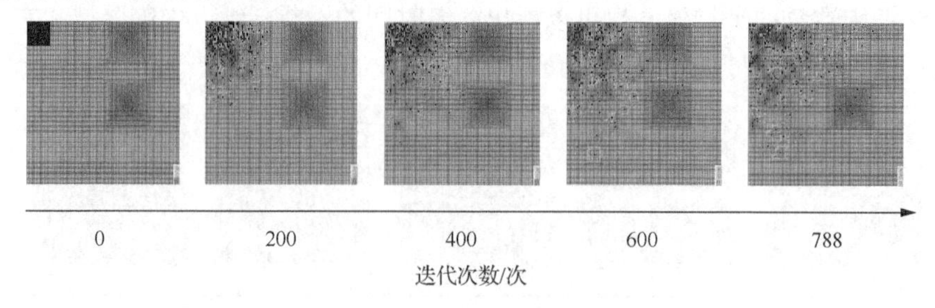

图 6.29　搜索和捕获多目标示意图

在搜索环境和捕获目标的过程中，机器人不可避免地会遇到一些障碍物，如房屋、墙体、沟壑、河流等。第三组实验主要是检验基于 LAES 模型的群体机器人系统绕过障碍物的能力（图 6.30），可以假定内分泌细胞同样集中分布在(8,8)晶格单元附近，环境空间中存在一个靶细胞，位于(85,85)晶格单元处，设置一组障碍物，在(35,35)晶格单元处呈十字状分布。从图 6.30 中可以看出，当越来越多的机器人集中于障碍物附近时，会释放大量的抑制激素，使得一些机器人可以从侧面绕过障碍物。反过来，这些自由的机器人又可以吸引其他机器人绕过障碍物。随着越来越多的机器人选择正确的搜索路径，机器人系统最终可以捕获靶细胞。通常情况下，障碍物的属性和分布是任意复杂且难以预料的。但是，借助 LAES 模型的自组织和自修复特性，基于 LAES 模型的群体机器人系统有能力克服障碍物，并成功捕获目标。

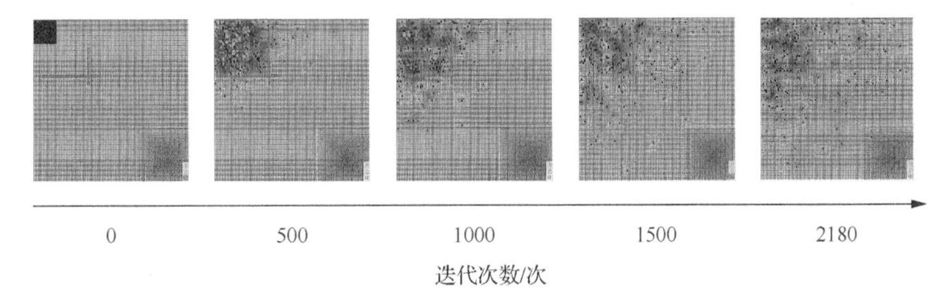

图 6.30　绕过障碍物示意图

表 6.5 统计了 20 次独立实验不同场景下多机器人系统各性能指标的平均值和均方差。人工内分泌系统的环境中存在障碍物以后，LAES 模型经过若干的迭代，能成功越过障碍物，并继续搜索和捕获靶细胞，但迭代次数和花费时间等性能指标有一定程度的降低。有意思的是，该障碍物设置比较特别，如图 6.27 所示，留有两个出口，右上方出口宽度为 15，左下方出口宽度为 5。作者统计了当算法停止时，内分泌细胞位于环境空间不同区域的数量分布情况。由表 6.5 可以看出，右上部分（表 6.5 的第 4 列）的内分泌细胞数量与左下部分（表 6.5 的第 5 列）内分泌细胞数量之比约为 1.5，显然不是 $15/5=3$ 。原因在于随着时间的不断推移，绕过障碍物的内分泌细胞会在全部的自由空间有规则的移动，起初分布在不同区域的内分泌细胞会逐渐融合。

表 6.5　不同场景下多机器人系统性能的对比

场景设置	迭代次数/次	花费时间/s	内分泌细胞数量/个			
			右上部分	左下部分	中轴线	总计
无障碍物	1721±252	118±19	70±8	70±6	2.1±1.2	142±10
有障碍物	2286±442	144±40	65±8	43±8	1.5±0.7	110±14

参 考 文 献

黄国锐, 2003. 人工内分泌模型及其应用研究[D]. 合肥: 中国科学技术大学.

黄国锐, 曹先彬, 徐敏, 等, 2004. 基于内分泌调节机制的行为自组织算法[J]. 自动化学报, 30(3): 460-465.

廖二元, 莫朝晖, 2007. 内分泌学[M]. 2 版. 北京: 人民卫生出版社.

刘宝, 2006. 基于生物网络的智能控制系统及其应用[D]. 上海: 东华大学.

刘宝, 丁永生, 2006a. 一种基于睾丸素分泌调节原理的双层结构控制器[J]. 上海交通大学学报, 40(5): 822-824.

刘宝, 丁永生, 王君红, 2008. 基于 NEI 调节机制的非线性智能优化控制器[J]. 控制与决策, 23(10): 1159-1162.

刘宝, 张中炜, 丁永生, 2006b. 基于生长激素双向调节原理的解耦控制[J]. 东南大学学报(自然科学版), 36(增刊): 5-8.

杨钢, 1996. 内分泌生理与病理生理学[M]. 天津: 天津科学技术出版社.

云庆夏, 2000. 进化算法[M]. 北京: 冶金工业出版社.

张文修, 梁怡, 2000. 遗传算法的数学基础[M]. 西安: 西安交通大学出版社.

郑金华, 邹娟, 2017. 多目标进化优化[M]. 北京: 科学出版社.

ALATAS B, 2011. ACROA: Artificial chemical reaction optimization algorithm for global optimization[J]. Expert Systems with Applications, 38(10): 13170-13180.

ALI M, PANT M, ABRAHAM A, 2009. A hybrid ant colony differential evolution and its application to water resources problems[C]. World Congress on Nature and Biologically Inspired Computing, Coimbatore, India: 1133-1138.

AL-QUNAIEER F S, TIZHOOSH H R, RAHNAMAYAN S, 2010a. Oppositional fuzzy image thresholding[C]. IEEE International Conference on Fuzzy Systems, Barcelona, Spain: 1-7.

AL-QUNAIEER F S, TIZHOOSH H R, RAHNAMAYAN S, 2010b. Opposition based computing—A survey[C]. The 2010 International Joint Conference on Neural Networks, Barcelona, Spain: 1-7.

ANDERSON J D, 1995. Computational fluid dynamics: The Basics with Applications[M]. New York: McGraw Hill.

ANDRE J, SIARRY P, DOGNON T, 2001. An improvement of the standard genetic algorithm fighting premature convergence in continuous optimization[J]. Advance in Engineering Software, 32(1): 49-60.

ANGELELLI E, MANSINI R, 2002. The Vehicle Routing Problem with Time Windows and Simultaneous Pick-up and Delivery[M]. KLOSE A, SPERANZA M G, WASSENHOVE L N V. Quantitative approaches to distribution logistics and supply chain management. Berlin: Springer-Verlag.

AVCI M, TOPALOGLU S, 2015. An adaptive local search algorithm for vehicle routing problem with simultaneous and mixed pickups and deliveries[J]. Computers & Industrial Engineering, 83(1): 15-29.

AVCI M, TOPALOGLU S, 2016. A hybrid metaheuristic algorithm for heterogeneous vehicle routing problem with simultaneous pickup and delivery[J]. Expert Systems with Applications, 53(1): 160-171.

AVILA-GARCIA O, CANAMERO L, 2004. Using hormonal feedback to modulate action selection in a competitive scenario[C]. The 8th International Conference on Simulation of Adaptive Behavior, Los Angeles, USA: 243-252.

AVILA-GARCIA O, CANAMERO L, 2005. Hormonal modulation of perception in motivation-based action selection architectures[C]. The Symposium on Agents that Want and Like: Motivational and Emotional Roots of Cognition and Action, Hatfield, UK: 9-16.

BAGLEY J D, 1967. The behavior of adaptive systems which employ genetic and correlation algorithms[D]. Ann Arbor: University of Michigan.

BAKER B M, AYECHEW M A, 2003. A genetic algorithm for the vehicle routing problem[J]. Computers & Operations Research, 30(5): 787-800.

BALASUBRAMANIAM S, BOTVICH D, DONNELLY W, et al., 2007. A biologically inspired policy based management system for survivability in autonomic networks[C]. The 4th International Conference on Broadband Communications, Networks and System, Raleigh, USA: 160-168.

BAÑOS R, ORTEGA J, GIL C, et al., 2013. A simulated annealing-based parallel multi-objective approach to vehicle routing problems with time windows[J]. Expert Systems with Applications, 40(5): 1696-1707.

BARTELEMY J F M, HAFTKA R T, 1989. Approximation concepts for optimum structural design—A review[J]. Structural optimization, 5(3): 129-144.

BAYINDIR L, SAHIN E, 2007. A review of studies in swarm robotics[J]. Turkish Journal Electrical Engineering and Computer Sciences, 15(2): 115-147.

BECHIKH S, CHAABANI A, SAID L B, 2015. An efficient chemical reaction optimization algorithm for multiobjective optimization[J]. IEEE Transactions on Cybernetics, 45(10): 2051-2064.

BEUME N, NAUJOKS B, EMMERICH M, 2007. SMS-EMOA: Multiobjective selection based on dominated hypervolume[J]. European Journal of Operational Research, 181(3): 1653-1669.

BHATTACHARYAA A, CHATTOPADHYAY P K, 2010. Solution of economic power dispatch problems using oppositional biogeography-based optimization[J]. Electric Power Components and Systems, 38(10): 1139-1160.

BIERWIRTH C, MATTFELD D C, 1999. Production scheduling and rescheduling with genetic algorithms[J]. Evolutionary Computation, 7(1): 1-17.

BLACKWELL T M, BENTLEY P J, 2002. Dynamic search with charged swarms[C]. Genetic and Evolutionary Computation Conference, New York, USA: 19-26.

BLACKWELL T, BRANKE J, 2004. Multi-swarm optimization in dynamic environments[C]. EvoWorkshops: Workshops on Applications of Evolutionary Computation, Coimbra, Portugal : 489-500.

BORTFELDT A, HAHN T, MÄNNEL D, et al., 2015. Hybrid algorithms for the vehicle routing problem with clustered backhauls and 3D loading constraints[J]. European Journal of Operational Research, 243(1): 82-96.

BOSKOVIC B, BREST J, ZAMUDA A, et al., 2011. History mechanism supported differential evolution for chess evaluation function tuning[J]. Soft Computing, 15(4): 667-683.

BOUBAHRI L, ADDOUCHE S A, MHAMEDI A E, et al., 2011. Multi-ant colonies algorithms for the VRPSPDTW[C]. International Conference on Communications, Computing and Control Applications, Hammamet, Tunisia: 1-6.

BRADSHAW P, MIZNER G A, UNSWORTH K, 1976. Calculation of compressible turbulent boundary layerson straight-tapered swept wings[J]. AIAA Journal, 14(3): 399-400.

BRANDÃO J, 2018. Metaheuristic for the Vehicle Routing Problem with Backhauls and Time Windows[M]. KLIEWER N, EHMKE J, BORNDÖRFER R. Operations Research Proceedings 2017. Cham: Springer.

BRANKE J, 1998. Creating robust solutions by means of evolutionary algorithms[C]. International Conference on Parallel Problem Solving from Nature, Amsterdam, The Netherlands: 119-128.

BRANKE J, MATTFELD D C, 2000. Anticipation in dynamic optimization: The scheduling case[C]. International Conference on Parallel Problem Solving from Nature, Paris, France: 253-262.

BRANKE J, SCHMECK H, 2003a. Designing evolutionary algorithms for dynamic optimization problems[M]. GHOSH A, TSUTSUI S. Advances in Evolutionary Computing Theory and Applications. Berlin: Springer-Verlag.

BRANKE J, SCHMIDT C, 2003b. Selection in the presence of noise[C]. Genetic and Evolutionary Computation Conference, Chicago, USA: 766-777.

BRÄYSY O, GENDREAU M, 2005. Vehicle routing problem with time windows, Part I: Route construction and local search algorithms[J]. Transportation Science, 39(1): 104-118.

BRINKSCHULTE U, PACHER M, VON RENTELN A, 2007. Towards an artificial hormone system for self-organizing real-time task allocation[C]. IFIP Workshop on Software Technologies for Future Embedded and Ubiquitous Systems, Santorini, Greece: 339-347.

BRINKSCHULTE U, PACHER M, VON RENTELN A, 2008. An Artificial Hormone System for Self-organizing Real-time Task Allocation in Organic Middleware[M]. WURTZ R P. Organic Computing. Berlin: Springer-Verlag.

BROOKER A J, DENNIS JR J E, FRANK P D, et al., 1999. A rigorous framework for optimization of expensive functions by surrogates[J]. Structural Optimization, 17(1): 1-13.

BROOKS R A, 1991. Integrated systems based on behaviors[J]. ACM SIGART Bulletin, 2(4): 46-50.

BULL L, 1999. On model-based evolutionary computation[J]. Soft Computing, 3(2): 76-82.

CARPENTER W C, BARTHELEMY J F M, 1993. A comparison of polynomial approximations and artificial neural nets as response surfaces[J]. Structural optimization, 5(3): 166-174.

CHANG H H, FENG Z R, REN Z G, 2017. Community detection using dual-representation chemical reaction optimization[J]. IEEE Transactions on Cybernetics, 47(12): 4328-4341.

CHENG R, JIN Y, NARUKAWA K, et al., 2015. A multiobjective evolutionary algorithm using Gaussian process-based inverse modeling[J]. IEEE Transactions on Evolutionary Computation, 19(6): 838-856.

CHERKESLY M, DESAULNIERS G, LAPORTE G, 2015. A population-based metaheuristic for the pickup and delivery problem with time windows and LIFO loading[J]. Computers & Operations Research, 62(1): 23-35.

CHIANG T C, HSU W H, 2014. A knowledge-based evolutionary algorithm for the multiobjective vehicle routing problem with time windows[J]. Computers & Operations Research, 45(1): 25-37.

CINQUE L, LEVIALDI S, OLSEN K A, et al., 1999. Color-based image retrieval using spatial-chromatic histogram[C]. IEEE International Conference on Multimedia Computing and System, Florence, Italy: 969-973.

CIVICIOGLU P, 2013. Backtracking search optimization algorithm for numerical optimization problems[J]. Applied Mathematics and Computation, 219(15): 8121-8144.

COMANICIU D, RAMESH V, MEER P, 2000. Real-time tracking of non-rigid objects using mean shift[J]. Computer Vision and Pattern Recognition, 2(1): 142-149.

CORNE D W, JERRAM N R, KNOWELS J D, et al., 2001. PESA-Ⅱ: Region-based selection in evolutionary multiobjective optimization[C]. Genetic and Evolutionary Computation Conference, San Francisco, USA: 283-290.

CORNE D W, KNOWLES J D, OATES M J, 2000. The Pareto envelope-based selection algorithm for multiobjective optimization[C]. International Conference on Parallel Problem Solving from Nature, Paris, France: 839-848.

CUERVO D P, GOOS P, SÖRENSEN K, et al., 2014. An iterated local search algorithm for the vehicle routing problem with backhauls[J]. European Journal of Operational Research, 237(2): 454-464.

DAIDA J M, BERTRAM R R, STANHOPE S A, et al., 2003a. What makes a problem GP-hard? Analysis of a tunably difficult problem in genetic programming[J]. Genetic Programming and Evolvable Machines, 2(2): 165-191.

DAIDA J M, LI H, TANG R, et al., 2003b. What makes a problem GP-hard? Validating a hypothesis of structural causes[C]. Genetic and Evolutionary Computation Conference, Chicago, USA: 1665-1677.

DANZIGER L, ELMERGREEN G L, 1957. Mathematical models of endocrine systems[J]. Bulletin of Mathematical Biophysics, 19(1): 9-18.

DAS I, 2000. Robustness optimization for constrained nonlinear programming problem[J]. Engineering Optimization, 32(5): 585-618.

DAS I, DENNIS J E, 1998. Normal-boundary intersection: A new method for generating the Pareto surface in nonlinear multicriteria optimization problems[J]. SIAM Journal on Optimization, 8(3): 631-657.

DASGUPTA D, MCGREGOR D R, 1992. Nonstationary function optimization using the structured genetic algorithm[C]. Parallel Problem Solving from Nature Conference, Brussels, Belgium: 145-154.

DEB K, GUPTA H, 2006. Introducing robustness in multi-objective optimization[J]. Evolutionary Computation, 14(4): 463-494.

DEB K, PRATAP A, AGARWAL S, et al., 2002. A fast and elitist multiobjective genetic algorithm: NSGA-Ⅱ[J]. IEEE Transactions on Evolutionary Computation, 6(2): 182-197.

DEB K, THIELE L, LAUMANNS M, et al., 2005. Scalable Test Problems for Evolutionary Multiobjective Optimization[M]. ABRAHAM A, JAIN L, GOLDBERG R. Evolutionary Multiobjective Optimization. London: Springer.

DESROCHERS M, DESROSIERS J, SOLOMON M, 1992. A new optimization algorithm for the vehicle routing problem with time windows[J]. Operations Research, 40(2): 342-354.

DO T D, HUI S C, FONG A C M, et al., 2009. Associative classification with artificial immune system[J]. IEEE Transactions on Evolutionary Computation, 13(2): 217-228.

DONG N, WANG Y P, 2009. Multiobjective differential evolution based on opposite operation[C]. International Conference on Computational Intelligence and Security, Beijing, China: 123-127.

DORIGO M, MANIEZZO V, COLORNI A, 1996. Ant system: Optimization by a colony of cooperating agents[J]. IEEE Transactions on Systems, Man, and Cybernetics, Part B (Cybernetics), 26(1): 29-41.

DUAN H B, GAN L, 2014. Orthogonal multiobjective chemical reaction optimization approach for the brushless DC motor design[J]. IEEE Transactions on Magnetics, 51(1): 1-7.

EGGERMONT J, VAN HEMERT J I, 2001. Adaptive genetic programming applied to new and existing simple regression problems[C]. European Conference on Genetic Programming, Lake Como, Italy: 23-35.

EIBEN A E, SMITH J, 2015. From evolutionary computation to the evolution of things[J]. Nature, 521(7553): 476-482.

ERGEZER M, SIMON D, 2014. Mathematical and experimental analyses of oppositional algorithms[J]. IEEE Transaction on Cybernetics, 44(11): 2178-2189.

ERGEZER M, SIMON D, DU D W, 2009. Oppositional biogeography-based optimization[C]. IEEE International Conference on Systems, Man and Cybernetics, San Antonio, USA: 1009-1014.

ESCOBAR J W, LINFATI R, TOTH P, et al., 2014. A hybrid granular tabu search algorithm for the multi-depot vehicle routing problem[J]. Journal of Heuristics, 20(5): 483-509.

FARHY L S, 2004. Modeling of oscillations of endocrine networks with feedback[J]. Methods in Enzymology, 384(1): 54-81.

FARHY L S, STRAUME M, JOHNSON M L, et al., 2001. A construct of interactive feedback control of the GH axis in the male[J]. American Journal of Physiology-Regulatory, Integrative Comparative Physiology, 281(1): R38-R51.

FELIG P, FROHMAN L A, 2001. Endocrinology and Metabolism (4th ed) [M]. New York: McGraw Hill.

FOGEL D B, 1998. Evolutionary Computation: The Fossil Record[M]. New York: IEEE Press.

FÖLDESI P, BOTZHEIM J, 2010. Modeling of loss aversion in solving fuzzy road transport traveling salesman problem using eugenic bacterial memetic algorithm[J]. Memetic Computing, 2(4): 259-271.

FRASER D A S, 1961. On fiducial inference[J]. The Annals of Mathematical Statistics, 32(3): 661-676.

GARCIA-NAJERA A, BULLINARIA J A, 2011. An improved multi-objective evolutionary algorithm for the vehicle routing problem with time windows[J]. Computers & Operations Research, 38(1): 287-300.

GEEM Z W, KIM J H, LOGANATHAN G V, 2001. A new heuristic optimization algorithm: Harmony search [J]. Simulation, 76(2): 60-68.

GENDREAU M, LAPORTE G, SÉGUIN R, 1996. Stochastic vehicle routing[J]. European Journal of Operational Research, 88(1): 3-12.

GERSHON R, JEPSON A D, TSOTSOS J K, 1987. Highlight identification using chromatic information[C]. International Conference on Computer Vision, London, UK: 161-171.

GEUSEBROEK J M, BURGHOUTS G J, SMEULDERS A W M, 2005. The amsterdam library of object images[J]. International Journal of Computer Vision, 61(1): 103-112.

GHANNADPOUR S F, NOORI S, TAVAKKOLI-MOGHADDAM R, et al., 2014. A multi-objective dynamic vehicle routing problem with fuzzy time windows: Model, solution and application[J]. Applied Soft Computing, 14(Part C): 504-527.

GHOSEIRI K, GHANNADPOUR S F, 2010. Multi-objective vehicle routing problem with time windows using goal programming and genetic algorithm[J]. Applied Soft Computing, 10(4): 1096-1107.

GOLDBARG M C, ASCONAVIETA P H, GOLDBARG E F G, 2012. Memetic algorithm for the traveling car renter problem: An experimental investigation[J]. Memetic Computing, 4(2): 89-108.

GOVINDAN K, SOLEIMANI H, KANNAN D, 2015. Reverse logistics and closed-loop supply chain: A comprehensive review to explore the future[J]. European Journal of Operational Research, 240(3): 603-626.

GREENSTED A J, TYRRELL A M, 2003. Fault tolerance via endocrinologic based communication for multiprocessor systems[C]. International Conference on Evolvable Systems: From Biology to Hardware, Trondheim, Norway: 24-34.

GREENSTED A J, TYRRELL A M, 2004. An endocrinologic-inspired hardware implementation of a multicellular system[C]. NASA/DOD Conference on Evolution Hardware, Seattle, USA: 245-252.

GREENSTED A J, TYRRELL A M, 2005. Implementation results for a fault-tolerant multicellular architecture inspired by endocrine communication[C]. NASA/DOD Conference on Evolution Hardware, Washington D. C., USA: 253-261.

GU F, LIU H L, TAN K C, 2012. A multiobjective evolutionary algorithm using dynamic weight design method[J]. International Journal of Innovative Computing, Information and Control, 8(5B): 3677-3688.

HAN L, HE X S, 2007. A novel opposition-based particle swarm optimization for noisy problems[C]. International Conference on Natural Computation, Haikou, China: 624-629.

HART W E, BELEW R K, 1996. Optimization with Genetic Algorithm Hybrids that Use Local Search[M]. BELEW R K, MITCHELL M. Adaptive Individuals in Evolving Populations: Models and Algorithms. Boston: Addison-Wesley Longman.

HOAI N X, MCKAY R I, ESSAM D, 2006. Representation and structural difficulty in genetic programming[J]. IEEE Transactions on Evolutionary Computation, 10(2): 168-179.

HOAI N X, MCKAY R I, ESSAM D, et al., 2004. Solving the symbolic regression problem with tree-adjunct grammar guided genetic programming: The comparative results[C]. Congress on Evolutionary Computation, Honolulu, USA : 1326-1331.

HOEFFDING W, 1963. Probability inequalities for sums of bounded random variables[J]. Journal of the American Statistical Association, 58(301): 13-30.

HOLLAND J H, 1975. Adaptation in Natural and Artificial Systems[M]. Ann Arbor: University of Michigan Press.

HRSTKA O, KUCEROVA A, 2004. Improvement of real coded genetic algorithm based on differential operators preventing premature convergence[J]. Advance in Engineering Software, 35(3/4): 237-246.

HUANG J, KUMAR S R, MITRA M, et al., 1997. Image indexing using color correlograms[C]. IEEE Computer Society Conference on Computer Vision and Pattern Recognition, San Juan, USA : 762-768.

HUBAND S, BARONE L, WHILE L, et al., 2005. A scalable multi-objective test problem toolkit[C]. International Conference on Evolutionary Multi-Criterion Optimization, Guanajuato, Mexico: 280-295.

IHARA H, MORI K, 1984. Autonomous decentralized computer control systems[J]. IEEE Computer, 17(8): 57-66.

IQBAL S, KAYKOBAD M, RAHMAN M S, 2015. Solving the multi-objective vehicle routing problem with soft time windows with the help of bees[J]. Swarm and Evolutionary Computation, 24(1): 50-64.

ISHIBUCHI H, AKEDO N, NOJIMA Y, 2015. Behavior of multiobjective evolutionary algorithms on many-objective knapsack problems[J]. IEEE Transactions on Evolutionary Computation, 19(2): 264-283.

JEONG S, WON C S, GRAY R M, 2004. Image retrieval using color histograms generated by Gauss mixture vector quantization[J]. Computer Vision and Image Understanding, 94(1/2/3): 44-66.

JIANG T X, WIDELITZ R B, SHEN W M, et al., 2004. Integument pattern formation involves genetic and epigenetic controls: Feather arrays simulated by digital hormone models[J]. International Journal of Developmental Biology, 48(2/3): 117-135.

JIN Y, 2005. A comprehensive survey of fitness approximation in evolutionary computation[J]. Soft Computing, 9(1): 3-12.

JIN Y C, BRANKE J, 2005. Evolutionary optimization in uncertain environments-A survey[J]. IEEE Transactions on Evolutionary Computation, 9(3): 303-317.

JIN Y C, OLHOFER M, SENDHOFF B, 2000. On evolutionary optimization with approximate fitness functions[C]. Genetic and Evolutionary Computation Conference, Las Vegas, USA: 786-792.

JIN Y C, OLHOFER M, SENDHOFF B, 2002. A framework for evolutionary optimization with approximate fitness functions[J]. IEEE Transactions on Evolutionary Computation, 6(5): 481-494.

JOHANSON B, POLI R, 1998. GP-music: An interactice genetic programming system for music generation with automated fitness raters[C]. Genetic Programming 1998 Conference, Madison, USA: 181-186.

JOHNSON R A, WICHERN D W, 1988. Applied Multivariate Statistical Analysis (2nd edition)[M]. Upper Saddle River: Prentice-Hall.

JOZEFOWIEZ N, SEMET F, TALBI E G, 2009. An evolutionary algorithm for the vehicle routing problem with route balancing[J]. European Journal of Operational Research, 195(3): 761-769.

KABOUDANI Y, GHODSYPOUR S H, KIA H, et al., 2020. Vehicle routing and scheduling in cross docks with forward and reverse logistics[J]. Operational Research, 20(3): 1589-1622.

KALAYCI C B, KAYA C, 2016. An ant colony system empowered variable neighborhood search algorithm for the vehicle routing problem with simultaneous pickup and delivery[J]. Expert Systems with Applications, 66(1): 163-175.

KARABOGA D, BASTURK B, 2007. A powerful and efficient algorithm for numerical function optimization: Artificial bee colony (ABC) algorithm[J]. Journal of Global optimization, 39(3): 459-471.

KASSEM S, CHEN M, 2013. Solving reverse logistics vehicle routing problems with time windows[J]. International Journal of Advanced Manufacturing Technology, 68(1-4): 57-68.

KEENAN D M, LIEINIO J, VELDHUIS J D, 2001. A feedback-controlled ensemble model of the stress-responsive hypothalamo-pituitary-adrenal axis[J]. Proceedings of the National Academy of Sciences of the United States of America, 98(7): 4028-4033.

KENNEDY J, EBERHART R, 1995. Particle swarm optimization[C]. IEEE International Conference on Neural Networks, Perth, Australia: 1942-1948.

KHALVATI F, TIZHOOSH H R, AAGAARD M D, 2007. Opposition-based window memoization for morphological algorithms[C]. IEEE Symposium on Computational Intelligence in Image and Signal Processing, Honolulu, USA: 425-430.

KIM B, PARK R, 2004. A fast automation VOP generation using boundary block segmentation[J]. Real-Time Imaging, 10(2): 117-125.

KIM H S, CHO S B, 2001. An efficient genetic algorithms with less fitness evaluation by clustering[C]. IEEE Congress on Evolutionary computation, Seoul: 887-894.

KLINKER G J, SHAFER S A, KANDADE T, 1987. Using a color reflection model to separate highlights from object color[C]. International Conference on Computer Vision, London, UK: 145-150.

KLINKER G J, SHAFER S A, KANADE T, 1990. A physical approach to color image understanding[J]. Internation Journal of Computer Vision, 4(1): 7-38.

KOHONEN T, 1998. The self-organizing map[J]. Neurocomputing , 21(1-3): 1-6.

KÖNIG R, JOHANOOSON U, LÖFSTRÖM T, et al., 2010. Improving GP classification performance by injection of decision trees[C]. IEEE Congress on Evolutionary Computation, Barcelona, Spain: 1-8.

KOZA J R, 1990. Genetic programming: A paradigm for genetically breeding populations of computer programs to solve problems [R]. Stanford: Stanford University.

KOZA J R, 1992. Genetic Programming: On the Programming of Computers by Means of Natural Selection[M]. Cambridge: MIT Press.

KOZA J R, 1994a. Genetic Programming Ⅱ: Automatic Discovery of Reusable Programs[M]. Cambridge: MIT Press.

KOZA J R, 1994b. Introduction to Genetic Programming[M]. Cambridge: MIT Press.

KOZA J R, BENNETT F H, ANDRE D, et al., 1999. Genetic Programming Ⅲ: Darwinian Invention and Problem Solving[M]. San Francisco: Morgan Kaufmann.

KOZA J R, KEANE M A, STREETER M J, et al., 2003. Genetic Programming Ⅳ: Routine Human-Competitive Machine Intelligence[M]. Norwell: Kluwer Academic Publishers.

KRAVITZ E A, 1988. Hormonal control of behavior: Amines and the biasing of behavioral output in lobsters[J]. Science, 241(4874): 1175-1181.

KRIVOKON M, WILL P, SHEN W M, 2005. Hormone-inspired distributed control of self-reconfiguration[C]. IEEE International Conference on Networking, Sensing and Control, Tucson, USA: 514-519.

KYRYLOV V, SEVERYANOVA L A, VIEIRA A, 2005. Modeling robust oscillatory behavior of the hypothalamic-pituitary adrenal axis[J]. IEEE Transactions on Biomedical Engineering, 52(12): 1977-1983.

LAM A Y S, LI V O K, 2010. Chemical-reaction-inspired metaheuristic for optimization[J]. IEEE Transactions on Evolutionary Computation, 14(3): 381-399.

LAM A Y S, LI V O K, 2012a. Chemical reaction optimization: A tutorial[J]. Memetic Computing, 4(1): 3-17.

LAM A Y S, LI V O K, JAMES J Q, 2012b. Real-coded chemical reaction optimization[J]. IEEE Transactions on Evolutionary Computation, 16(3): 339-353.

LAPORTE G, 1992. The vehicle routing problem: An overview of exact and approximate algorithms[J]. European Journal of Operational Research, 59(3): 345-358.

LI G Q, LIU B Z, LIU Y W, 1995. A dynamical model of the pulsatile secretion of the hypothalamo-pituitary-thyroid axis[J]. Biosystems, 35(1): 83-92.

LI H, ZHANG Q F, 2009. Multiobjective optimization problems with complicated Pareto sets, MOEA/D and NSGA- Ⅱ [J]. IEEE Transactions on Evolutionary Computation, 13(2): 284-302

LI X L, 2003, Image retrieval based on perceptive weighted color blocks[J]. Pattern Recognition Letters, 24(12): 1935-1941.

LI Z Y, LI Z, NGUYEN T T, et al., 2015a. Orthogonal chemical reaction optimization algorithm for global numerical optimization problems[J]. Expert Systems with Applications, 42(6): 3242-3252.

LI Z Y, NGUYEN T T, CHEN S M, et al., 2015b. A hybrid algorithm based on particle swarm and chemical reaction optimization for multi-object problems[J]. Applied Soft Computing, 35(1): 525-540.

LIANG K H, YAO X, NEWTON C, 2000. Evolutionary search of approximated N-dimensional landscape[J]. International Journal of Knowledge-Based and Intelligent Engineering Systems, 4(3): 172-183.

LIM S, LU G J, 2003. Spatial statistics for content based image retrieval[C]. International Conference on Information Technology: Computers and Communications, Las Vegas, USA: 155-159.

LIN C, CHOY K L, HO G T S, et al., 2014. Survey of green vehicle routing problem: Past and future trends[J]. Expert Systems with Applications, 41(4): 1118-1138.

LIN C K Y, KWOK R C W, 2006. Multi-objective metaheuristics for a location-routing problem with multiple use of vehicles on real data and simulated data[J]. European Journal of Operational Research, 175(3): 1833-1849.

LIN Q, LI J, DU Z, et al., 2015. A novel multi-objective particle swarm optimization with multiple search strategies[J]. European Journal of Operational Research, 247(3): 732-744.

LIN Z Y, WANG L L, 2010. A new opposition-based compact genetic algorithm with fluctuation[J]. Journal of Computational Information Systems, 6(3): 897-904.

LIU B, HAN H, DING Y S, 2005a. A decoupling control based on the bi-regulation principle of growth hormone[C]. ICSC Congress on Computational Intelligence: Methods and Application, Istanbul, Turkey: 1-4.

LIU B, HSU H, MA Y, 1998. Integrating classification and association rule mining[C]. International Conference on Knowledge Discovery and Data Mining, New York, USA: 80-86.

LIU B, MA Y, WONG C K, 2001. Classification Using Association Rules: Weaknesses and Enhancements[M]. GROSSMAN R L, KAMATH C, KEGELMEYER P, et al. Data Mining for Scientific and Engineering Applications. Boston: Springer.

LIU B, REN L H, DING Y S, 2005b. A novel intelligent controller based on modulation of neuroendocrine system[C]. International Symposium on Neural Network, Chongqing, China: 119-124.

LIU H L, GU F, CHEUNG Y, 2010. T-MOEA/D: MOEA/D with objective transform in multi-objective problems[C]. International Conference of Information Science and Management Engineering, Xi'an, China: 282-285.

LIU Y W, HU Z H, PENG J H, et al., 1999. A dynamical model for the pulsatile secretion of the hypothalamo-pituitary-adrenal axis[J]. Mathematical and Computer Modeling, 29(4): 103-110.

MAGEE D, 2004. Tracking multiple vehicles using foreground, background and motion models[J]. Image and Vision Computing, 22(2): 143-155.

MAHOOTCHI M, TIZHOOSH H R, PONNAMBALAM K, 2007. Opposition-based reinforcement learning in the management of water resources[C]. IEEE International Symposium on Approximate Dynamic Programming and Reinforcement Learning, Honolulu, USA: 217-224.

MAHOOTCHI M, TIZHOOSH H R, PONNAMBALAM K, 2008. Opposition Mining in Reservoir Management[M]. TIZHOOSH H R, VENTRESCA M. Studies in Computational Intelligence: Oppositional Concepts in Computational Intelligence. Heidelberg: Springer-Verlag.

MALISIA A R, TIZHOOSH H R, 2007. Applying opposition-based ideas to the ant colony system[C]. IEEE Swarm Intelligence Symposium, Honolulu, USA: 182-189.

MARON O, MOORE A W, 1994. Hoeffding races: Accelerating Model Selection Search for Classification and Function Approximation[M]. COWAN J D, TESAURO G, ALSPECTR J. Advances in Neural Information Processing Systems 6. San Francisco: Morgan Kaufmann.

MARON O, MOORE A W, 1997. The racing algorithm: Model selection for lazy learners[J]. Artificial Intelligence Review, 11(1-5): 193-225.

MARTÍNEZ S Z, COELLO C A C, 2011. A multi-objective particle swarm optimizer based on decomposition[C]. Genetic and Evolutionary Computation Conference, Dublin, Ireland: 69-76.

MCKENNA S, RAJA Y, GONG S, 1999. Tracking colour objects using adaptive mixture models[J]. Image and Vision Computing, 17(2): 225-231.

MENDAO M, 2007. A neuro-endocrine control architecture applied to mobile robotics[D]. Canterbury: University of Kent.

MINGYONG L, ERBAO C, 2010. An improved differential evolution algorithm for vehicle routing problem with simultaneous pickups and deliveries and time windows[J]. Engineering Applications of Artificial Intelligence, 23(2): 188-195.

MIRJALILI S, MIRJALILI S M, LEWIS A, 2014. Grey wolf optimizer[J]. Advances in Engineering Software, 69(1): 46-61.

MIRJALILI S Z, MIRJALILI S, SAREMI S, et al., 2018. Grasshopper optimization algorithm for multi-objective optimization problems[J]. Applied Intelligence, 48(4): 805-820.

MIYAMOTO S, MORI K, IHARA H, 1984. Autonomous decentralized control and its application to the rapid transit system[J]. International Journal of Computer in Industry, 5(2): 115-124.

MOIOLI R C, VARGAS P A, VON ZUBEN F J, et al., 2008a. Evolving an artificial homeostatic system[C]. Brazilian Symposium on Artificial Intelligence, Salvador, Brazil: 278-288.

MOIOLI R C, VARGAS P A, VON ZUBEN F J, et al., 2008b. Towards the evolution of an artificial homeostatic system[C]. IEEE Congress on Evolutionary Computation, Hong Kong, China: 4023-4030.

MONTGOMERY J, RANDALL M, 2002. Anti-pheromone as a tool for better exploration of search space[C]. International Workshop on Ant Algorithms, Brussels, Belgium: 100-110.

MORE J J, 1983. Recent Developments in Algorithms and Software for Trust Region Methods[M]. BACHEM A, KORTE B, GROTSCHEL M. Mathematical Programming The State of the Art, Berlin: Springer.

MORI K, 2001. Autonomous Decentralized System Technologies and Their Application to Train Transport Operation System[M]. WINTER V L, BHATTACHARYA S. High Integrity Software. Norwell: Kluwer Academic Publishers.

MYERS R H, MONTGOMERY D C, 1995. Response Surface Methodology: Process and Product Optimization Using Designed Experiments[M]. NewYork: John Wiley and Sons.

NAGY G, SALHI S, 2005. Heuristic algorithms for single and multiple depot vehicle routing problems with pickups and deliveries[J]. European journal of operational research, 162(1): 126-141.

NEAL M, TIMMIS J, 2003. Timidity: A useful emotional mechanism for robot control?[J]. Informatica, 27(2): 197-204.

NEAL M, TIMMIS J, 2004. Once More Unto the Breach-Towards Artificial Homeostasis? [M]. DE CASTRO L N, VON ZUBEN F J. Recent Development in Biologically Inspired Computing. Hershey: Idea Group Publishing.

NEBRO A J, DURILLO J J, GARCIA-NIETO J, et al., 2009. SMPSO: A new PSO-based metaheuristic for multi-objective optimization[C]. IEEE Symposium on Computational Intelligence in Multi-Criteria Decision-Making, Nashville, USA: 66-73.

NEWMAN D J, HETTICH S, BLAKE C, et al., 1998. UCI Repository of Machine Learning Databases, Berleley [R]. CA: Dept. Information Comput. Sci. , University of California.

NUMMIARO K, KOLLER-MEIER E, VAN GOOL L, 2002. An adaptive color-based particle filter[J]. Image and Vision Computing, 21(1): 99-110.

OGATA T, SUGANO S, 1999. Emotional communication between humans and the autonomous robot which has the emotion model[C]. IEEE International Conference on Robotics and Automation, Detroit, USA: 3177-3182.

OMRAN M G H, 2010. CODEQ: An effective metaheuristic for continuous global optimization[J]. International Journal of Metaheuristics, 1(2): 108-131.

OMRAN M G H, SALMAN A, 2009. Constrained optimization using CODEQ[J]. Chaos, Solitons and Fractals, 42(2): 662-668.

ONG Y S, NAIR P B, KEANE A J, 2003. Evolutionary optimization of computationally expensive problems via surrogate modeling[J]. AIAA Journal, 41(4): 687-696.

PASS G, ZABIH R, 1996. Histogram refinement for content-based image retrieval[C]. IEEE Workshop on Application of Computer Vision, Sarasota, USA: 96-102.

PENG L, WANG Y Z, DAI G M, 2008. A novel opposition-based multi-objective differential evolution algorithm for multi-objective optimization[C]. International Symposium on Intelligence Computation and Applications, Wuhan, China: 162-170.

PIERRET S, VAN DEN BRAEMBUSSCHE R A, 1999. Turbomachinery blade design using a Navier-Stokes solverand artificial neural network[J]. ASME Journal of Turbomach, 121(2): 326-332.

POLAT O, KALAYCI C B, KULAK O, et al., 2015. A perturbation based variable neighborhood search heuristic for solving the vehicle routing problem with simultaneous pickup and delivery with time limit[J]. European Journal of Operational Research, 242(2): 369-382.

PRICE K V, STORN R M, LAMPINEN J A, 2005. Differential Evolution: A Practical Approach to Global Optimization[M]. Berlin: Springer-Verlag.

PRINS C, 2004. A simple and effective evolutionary algorithm for the vehicle routing problem[J]. Computers & Operations Research, 31(12): 1985-2002.

QI Y T, HOU Z T, LI H, et al., 2015. A decomposition based memetic algorithm for multi-objective vehicle routing problem with time windows[J]. Computers & Operations Research, 62(1): 61-77.

RAHNAMAYAN S, TIZHOOSH H R, 2008a. Image thresholding using micro opposition-based differential evolution (Micro-ODE)[C]. IEEE Congress on Evolutionary Computation, Hong Kong, China: 1409-1416.

RAHNAMAYAN S, TIZHOOSH H R, SALAMA M M A, 2006a. Opposition-based differential evolution algorithms[C]. IEEE Congress on Evolutionary Computation, Vancouver, Canada: 2010-2017.

RAHNAMAYAN S, TIZHOOSH H R, SALAMA M M A, 2006b. Opposition-based differential evolution for optimization of noisy problems[C]. IEEE Congress on Evolutionary Computation, Vancouver, Canada: 1865-1872.

RAHNAMAYAN S, TIZHOOSH H R, SALAMA M M A, 2007. Quasi-oppositional differential evolution[C]. IEEE Congress on Evolutionary Computation, Singapore: 2229-2236.

RAHNAMAYAN S, TIZHOOSH H R, SALAMA M M A, 2008b. Opposition-based differential evolution[J]. IEEE Transactions on Evolutionary Computation, 12(1): 64-79.

RAHNAMAYAN S, TIZHOOSH H R, SALAMA M M A, 2008c. Opposition versus randomness in soft computing techniques[J]. Applied Soft Computing, 8(2): 906-918.

RAHNAMAYAN S, WANG G G, 2008d. Solving large scale optimization problems by opposition-based differential evolution (ODE)[J]. WSEAS Transactions on Computers, 10(7): 1792-1804.

RAHNAMAYAN S, WANG G G, 2009. Center-based sampling for population-based algorithms[C]. IEEE Congress on Evolutionary Computation, Trondheim, Norway: 933-938.

RAHNAMAYAN S, WANG G G, VENTRESCA M, 2012. An intuitive distance-based explanation of opposition-based sampling[J]. Applied Soft Computing, 12(1): 2828-2839.

RAMOS T R P, GOMES M I, BARBOSA-PÓVOA A P, 2014. Planning a sustainable reverse logistics system: Balancing costs with environmental and social concerns[J]. Omega, 48(1): 60-74.

RAO A B, SRIHARI R K, ZHANG Z F, 1999. Spatial color histogram for content-based image retrieval[C]. IEEE International Conference on Tools with Artificial Intelligence, Chicago, USA: 183-186.

RAO R V, SAVSANI V J, VAKHARIA D P, 2012. Teaching-learning-based optimization: An optimization method for continuous non-linear large scale problems[J]. Information Sciences, 183(1): 1-15.

RASHID M, BAIG A R, 2010. Improved opposition-based pso for feedforward neural network training[C]. International Conference on Information Science and Applications, Seoul, Korea: 1-6.

RATLE A, 1998. Accelerating the convergence of evolutionary algorithms by fitness landscape approximation[C]. International Conference on Parallel Problem Solving from Nature, Amsterdam, The Netherlands : 87-96.

RATLE A, 1999. Optimal sampling strategies for learning a fitness model [C]. Congress Evolutionary Computation, Washington, USA: 2078-2085.

RECHENBERG I, 1973. Evolutionsstrategie-Optimierung Technischer Systeme Nach Prinzipien der Biologischen Evolution[M]. Stuttgart: Frommann-Holzboog.

REDMOND J, PARKER G, 1996. Actuator placement based on reachable set optimization for expected disturbance[J]. Journal of Optimization Theory and Applications, 90(2): 279-300.

SACKS J, WELCH W J, MITCHELL T J, et al., 1989. Design and analysis of computer experiments[J]. Statistic Science, 4(4): 409-423.

SAHBA F, TIZHOOSH H R, 2008. Opposite Actions in Reinforced Image Segmentation[M]. TIZHOOSH H R, VENTRESCA M. Studies in Computational Intelligence: Oppositional Concepts in Computational Intelligence. Heidelberg: Springer-Verlag.

SAHBA F, TIZHOOSH H R, SALAMA M M A, 2007. Application of opposition-based reinforcement learning in image segmentation[C]. IEEE Symposium on Computational Intelligence in Image and Signal Processing, Honolulu, USA: 246-251.

SALEMI B, SHEN W M, WILL P, 2001. Hormone-controlled metamorphic robots[C]. IEEE International Conference on Robotics and Automation, Seoul, Korea: 4194-4199.

SCHRAMM H, ZOWE J, 1992. A version of the bundle idea for minimizing a nonsmooth function: Conceptual idea, convergence analysis, numerical results[J]. SIAM Journal on Optimization, 2(1): 121-152.

SCHWEFEL H P, 1977. Numerische Optimierung von Computer-Modellen Mittels Der Evolutionsstrategie[M]. Basel Switzerland: Birkhäuser.

SHAFER S A, 1985. Using color to separate reflection components[J]. Color Research and Application, 10(4): 210-218.

SHEN W M, 2003. Self-organization through digital hormones[J]. IEEE Intelligent Systems, 18(4): 81-83.

SHEN W M, CHUONG C M, WILL P, 2002a. Digital hormone model for self-organization[C]. International Conference on Artificial Life, Sydney, Australia: 116-120.

SHEN W M, CHUONG C M, WILL P, 2002b. Simulating self-organization for multi-robot systems[C]. IEEE/RSJ International Conference on Intelligent Robots and System, Lausanne, Switzerland: 2776-2781.

SHEN W M, LU Y M, WILL P, 2000a. Hormone-based control for self-reconfigurable robots[C]. International Conference on Autonomous Agents, Barcelona, Spain: 1-8.

SHEN W M, SALEMI B, WILL P, 2000b. Hormones for self-reconfigurable robots[C]. International Conference on Intelligent Autonomous Systems, Venice, Italy: 918-925.

SHEN W M, SALEMI B, WILL P, 2002c. Hormone-inspired adaptive communication and distributed control for CONRO self-reconfigurable robots[J]. IEEE Transactions on Robotics and Automation, 18(5): 700-712.

SHEN W M, WILL P, GALSTYAN A, et al., 2004. Hormone-inspired self-organization and distributed control of robotic swarms[J]. Autonomous Robots, 17(17): 93-105.

SHOKRI M, TIZHOOSH H R, KAMEL M S, 2008. Tradeoff between exploration and exploitation of OQ(λ) with non-markovian update in dynamic environments[C]. IEEE International Joint Conference on Neural Networks, Hong Kong, China: 2915-2921.

SHYY W, TUCKER P K, VAIDYANATHAN R, 2001. Response surface and neural network techniques for rocket engine injector optimization [J]. Journal of Propulsion and Power, 17(2): 391-401.

SIERRA M R, COELLO C A C, 2005. Improving PSO-based multi-objective optimization using crowding, mutation and ε-dominance[C]. International Conference on Evolutionary Multi-Criterion Optimization, Guanajuato, Mexico: 505-519.

SIMON D, 2008. Biogeography-based optimization[J]. IEEE Transactions on Evolutionary Computation, 12(6): 702-713.

SIMPSON T W, MAUERY T M, KORTE J J, et al., 1998. Comparison of response surface and kriging models for multidiscilinary design optimization[C]. AIAA/USAF/NASA/ISSMO Symposium on Multidisciplinary Analysis and Optimizaiton, St. Louis, USA: 381-390.

SMITS G, KORDON A, VLADISLAVLEVA K, et al., 2006. Variable Selection in Industrial Datasets Using Pareto Genetic Programming[M]. YU T, RIOLO R, WORZEL B. Genetic Programming Theory and Practice Ⅲ. Boston: Springer.

SMITS G F, KOTANCHEK M, 2005. Pareto-front Exploitation in Symbolic Regression [M]. O'REILLY U M, YU T, RIOLO R, et al. Genetic Programming Theory and Practice Ⅱ. Boston: Springer.

STORN R, PRICE K, 1995. Differential evolution-A simple and efficient adaptive scheme for global optimization over continuous spaces[R]. Berkeley: Technical Report TR-95-012.

STORN R, PRICE K, 1997. Differential evolution-A simple and efficient heuristic for global optimization over continuous spaces[J]. Journal of Global Optimization, 11(4): 341-359.

STREICHERT T, 2007. Self-adaptive hardware/software reconfigurable networks-Concepts, methods, and implementation[D]. Nürnberg: Universität Erlangen-Nürnberg.

SUBUDHI B, JENA D, 2011. A differential evolution based neural network approach to nonlinear system identification[J]. Applied Soft Computing, 11(1): 861-871.

SUGANO S, OGATA T, 1996. Emergence of mind in robots for human interface-Research methodology and robot modal[C]. IEEE International Conference on Robotics and Automation, Minneapolis, USA: 1191-1198.

SUN J, WU X, 2006. Image retrieval based on color distribution features[J]. Journal of Optoelectronics & Laser, 17(8): 1009-1013.

SWAIN M J, BALLAND D H, 1991. Color indexing[J]. International Journal of Computer Vision, 7(1): 11-32.

TAN K C, CHEONG C Y, GOH C K, 2007. Solving multiobjective vehicle routing problem with stochastic demand via evolutionary computation[J]. European Journal of Operational Research, 177(2): 813-839.

TAN K C, CHEW Y H, LEE L H, 2006a. A hybrid multi-objective evolutionary algorithm for solving truck and trailer vehicle routing problems[J]. European Journal of Operational Research, 172(3): 855-885.

TAN K C, CHEW Y H, LEE L H, 2006b. A hybrid multiobjective evolutionary algorithm for solving vehicle routing problem with time windows[J]. Computational Optimization and Applications, 34(1): 115-151.

TANG J, ZHAO X J, 2009. An enhanced opposition-based particle swarm optimization[C]. WRI Global Congress on Intelligent Systems, Xiamen, China: 149-153.

TIZHOOSH H R, 2005. Opposition-based learning: A new scheme for machine intelligence[C]. International Conference on Computational Intelligence for Modelling, Control and Automation, and International Conference on Intelligent Agents, Web Technologies and Internet Commerce, Vienna, Austria: 695-701.

TIZHOOSH H R, 2006. Opposition-based reinforcement learning[J]. Journal of Advanced Computational Intelligence and Intelligent Informatics, 10(4): 578-585.

TIZHOOSH H R, 2009. Opposite fuzzy sets with applications in image processing[C]. Joint 2009 International Fuzzy Systems Association World Congress and 2009 European Society of Fuzzy Logic and Technology Conference, Lisbon, Portugal: 36-41.

TIZHOOSH H R, VENTRESCA M, 2008. Oppositional Concepts in Computational Intelligence[M]. Heidelberg: Springer-Verlag.

TRUMLER W, THIEMANN T, UNGERER T, 2006. An Artificial Hormone System for Self-organization of Networked Nodes[M]. PAN Y, RAMMING F J, SCHMECK H, et al. Biologically Inspired Cooperative Computing. New York: Springer.

TRUONG T K, LI K, XU Y, 2013. Chemical reaction optimization with greedy strategy for the 0-1 knapsack problem[J]. Applied Soft Computing, 13(4): 1774-1780.

VARGAS P A, MOIOLI R, DE CASTRO L N, et al., 2005. Artificial homeostatic system: A novel approach[C]. European Conference on Artificial Life, Canterbury, UK: 754-764.

VENTRESCA M, TIZHOOSH H R, 2006. Improving the convergence of backpropagation by opposite transfer functions[C]. International Joint Conference on Neural Networks, Vancouver, Canada: 4777-4784.

VENTRESCA M, TIZHOOSH H R, 2007a. Opposite transfer functions and backpropagation through time[C]. IEEE Symposium on Foundations of Computational Intelligence, Honolulu, USA: 570-577.

VENTRESCA M, TIZHOOSH H R, 2007b. Simulated annealing with opposite neighbors[C]. IEEE Symposium on Foundations of Computational Intelligence, Honolulu, USA: 186-192.

VENTRESCA M, TIZHOOSH H R, 2008. A diversity maintaining population-based incremental learning algorithm[J]. Information Sciences, 178(21): 4038-4056.

VENTRESCA M, TIZHOOSH H R, 2009. Improving gradient-based learning algorithms for large scale feedforward networks[C]. International Joint Conference on Neural Networks, Atlanta, USA: 3212-3219.

VESTERSTROEM J, THOMSEN R, 2004. A comparative study of differential evolution, particle swarm optimization, and evolutionary algorithms on numerical benchmark problems[C]. IEEE Congress on Evolutionary Computation, Portland, USA: 1980-1987.

VON RENTELN A, BRINKSCHULTE U, WEISS M, 2008. Examinating task distribution by an artificial hormone system based middleware[C]. IEEE Symposium on Object Oriented Real-Time Distributed Computing, Orlando, USA: 119-123.

WALKER J, WILSON M, 2008. A performance sensitive hormone-inspired system for task distribution amongst evolving robots[C]. IEEE/RSJ International Conference on Intelligent Robots and Systems, Nice, France: 1293-1298.

WANG C, MU D, ZHAO F, et al., 2015. A parallel simulated annealing method for the vehicle routing problem with simultaneous pickup-delivery and time windows[J]. Computers & Industrial Engineering, 83(1): 111-122.

WANG H, LIU Y, ZENG S Y, et al., 2007. Opposition-based particle swarm algorithm with cauchy mutation[C]. IEEE Congress on Evolutionary Computation, Singapore: 4750-4756.

WANG H, WU Z J, LIU Y, et al., 2009a. Space transformation search: A new evolutionary technique[C]. ACM/SIGEVO Summit on Genetic and Evolutionary Computation, Shanghai, China: 537-544.

WANG H, WU Z J, RAHNAMAYAN S, 2011. Enhanced opposition-based differential evolution for solving high-dimensional continuous optimization problems [J]. Soft Computing, 15(11): 2127-2140.

WANG H, WU Z J, RAHNAMAYAN S, et al., 2009b. A scalability test for accelerated DE using generalized opposition-based learning[C]. International Conference on Intelligent Systems Design and Applications, Pisa, Italy: 1090-1095.

WANG H F, CHEN Y Y, 2012. A genetic algorithm for the simultaneous delivery and pickup problems with time window[J]. Computers & Industrial Engineering, 62(1): 84-95.

WANG J, ZHOU Y, WANG Y, et al., 2016. Multiobjective vehicle routing problems with simultaneous delivery and pickup and time windows: Formulation, instances, and algorithms[J]. IEEE Transactions on Cybernetics, 46(3): 582-594.

WASSAN N, WASSAN N, NAGY G, et al., 2017. The multiple trip vehicle routing problem with backhauls: Formulation and a two-level variable neighbourhood search[J]. Computers & Operations Research, 78(1): 454-467.

WEN M, CORDEAU J F, LAPORTE G, et al., 2010. The dynamic multi-period vehicle routing problem[J]. Computers & Operations Research, 37(9): 1615-1623.

WOLPERT D H, MACREADY W G, 1997. No free lunch theorems for optimization[J]. IEEE Transactions on Evolutionary Computation, 1(1): 67-82.

XU J, LAM A Y S, LI V O K, 2011a. Chemical reaction optimization for task scheduling in grid computing[J]. IEEE Transactions on Parallel and Distributed Systems, 22(10): 1624-1631.

XU Q Z, WANG L, 2011b. Recent advances in artificial endocrine system[J]. Journal of Zhejiang University-SCIENCE C: Computers & Electronics, 12(3): 171-183.

XU Q Z, WANG L, WANG N, 2010. Lattice-based artificial endocrine system[C]. International Conference on Life System Modeling and Simulation & International Conference on Intelligent Computing for Sustainable Energy and Environment, Wuxi, China: 375-385.

XU Y L, LIM M H, ONG Y S, 2008. Automatic configuration of metaheuristic algorithms for complex combinatorial optimization problems[C]. IEEE Congress on Evolutionary Computation, Hong Kong, China: 2380-2387.

YANG X S, DEB S, 2009. Cuckoo search via Levy flights[C]. World Congress on Nature & Biologically Inspired Computing, Coimbatore, India: 210-214.

YANG X S, DEB S, 2010. Engineering Optimisation by Cuckoo Search[J]. International Journal of Mathematical Modelling and Numerical Optimisation, 1(4): 330-343.

YAO B, YU B, HU P, et al., 2016. An improved particle swarm optimization for carton heterogeneous vehicle routing problem with a collection depot[J]. Annals of Operations Research, 242(2): 303-320.

YU B, YANG Z Z, YAO B, 2009. An improved ant colony optimization for vehicle routing problem[J]. European Journal of Operational Research, 196(1): 171-176.

YU V F, LIN S W, 2014. Multi-start simulated annealing heuristic for the location routing problem with simultaneous pickup and delivery[J]. Applied soft computing, 24(1): 284-290.

YUCHI K, YASUNORI E, SADAAKI M, 2007. Fuzzy *c*-means algorithms for data with tolerance based on opposite criterions[J]. IEICE Transactions on Fundamentals of Electronics, Communications and Computer Sciences, E90-A(10): 2194-2202.

ZHANG C, NI Z W, WU Z J, et al., 2009. A novel swarm model with quasi-oppositional particle[C]. International Forum on Information Technology and Applications, Chengdu, China: 325-330.

ZHANG H, ZHOU A, SONG S, et al., 2016. A self-organizing multiobjective evolutionary algorithm[J]. IEEE Transactions on Evolutionary Computation, 20(5): 792-806.

ZHANG Q F, LI H, 2007. MOEA/D: A multiobjective evolutionary algorithm based on decomposition[J]. IEEE Transactions on Evolutionary Computation, 11(6): 712-731.

ZHANG Q F, ZHOU A M, ZHAO S Z, et al., 2008. Multiobjective optimization test instances for the CEC 2009 special session and competition: University of Essex, Colchester, UK and Nanyang technological University, Singapore, special session on performance assessment of multi-objective optimization algorithms, technical report[R/OL]. (2008-09-05)[2021-07-14]. https://www.al-roomi.org/multimedia/CEC_Database/CEC2009/MultiObjectiveEA/CEC2009_MultiObjectiveEA_TechnicalReport.pdf.

ZHANG X, TIAN Y, JIN Y, 2015. A knee point-driven evolutionary algorithm for many-objective optimization[J]. IEEE Transactions on Evolutionary Computation, 19(6): 761-776.

ZHU Q, LIN Q, CHEN W, et al., 2017. An external archive-guided multiobjective particle swarm optimization algorithm[J]. IEEE Transactions on Cybernetics, 47(9): 2794-2808.

ZITZLER E, DEB K, THIELE L, 2000. Comparison of multiobjective evolutionary algorithms: Empirical results[J]. Evolutionary Computation, 8(2): 173-195.

附　　录

附录 A　十种算法所获得的 Pareto 最优前沿

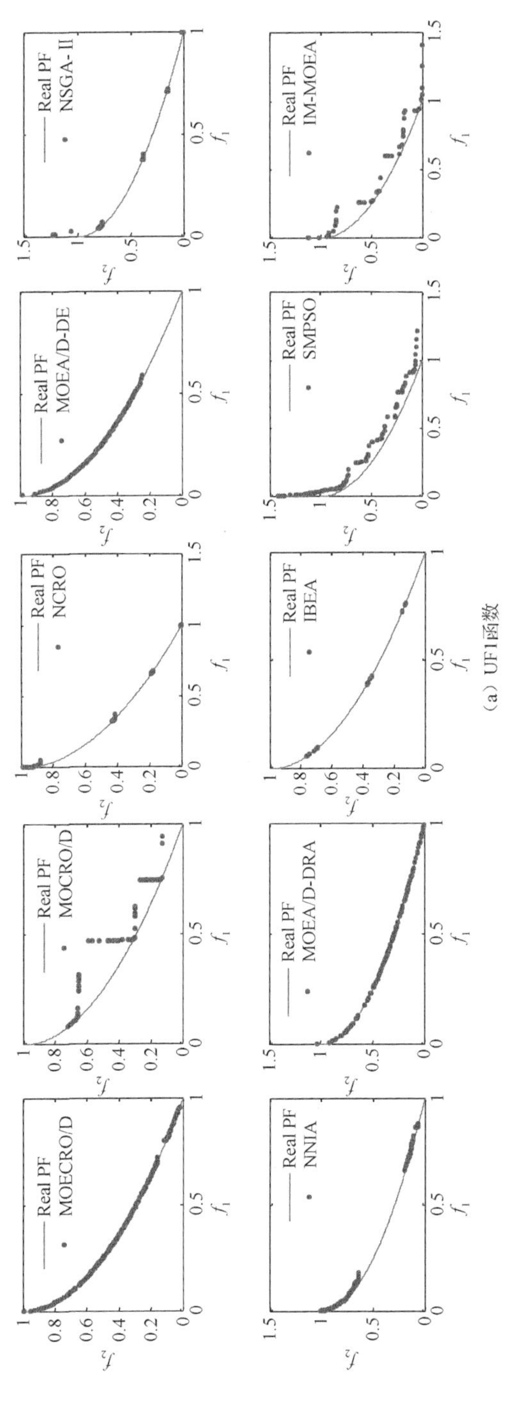

（a）UF1函数

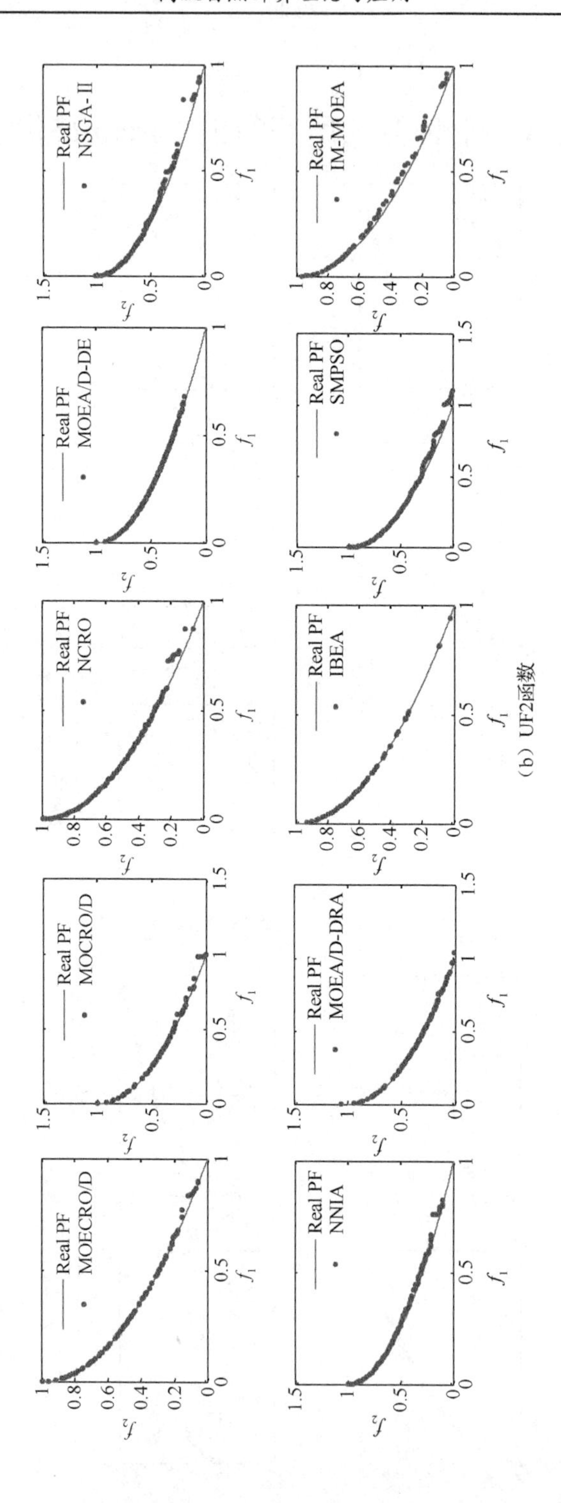
Real PF
MOECRO/D
MOCRO/D
NCRO
MOEA/D-DE
NSGA-II
NNIA
MOEA/D-DRA
IBEA
SMPSO
IM-MOEA
f_1
f_2

（b）UF2函数

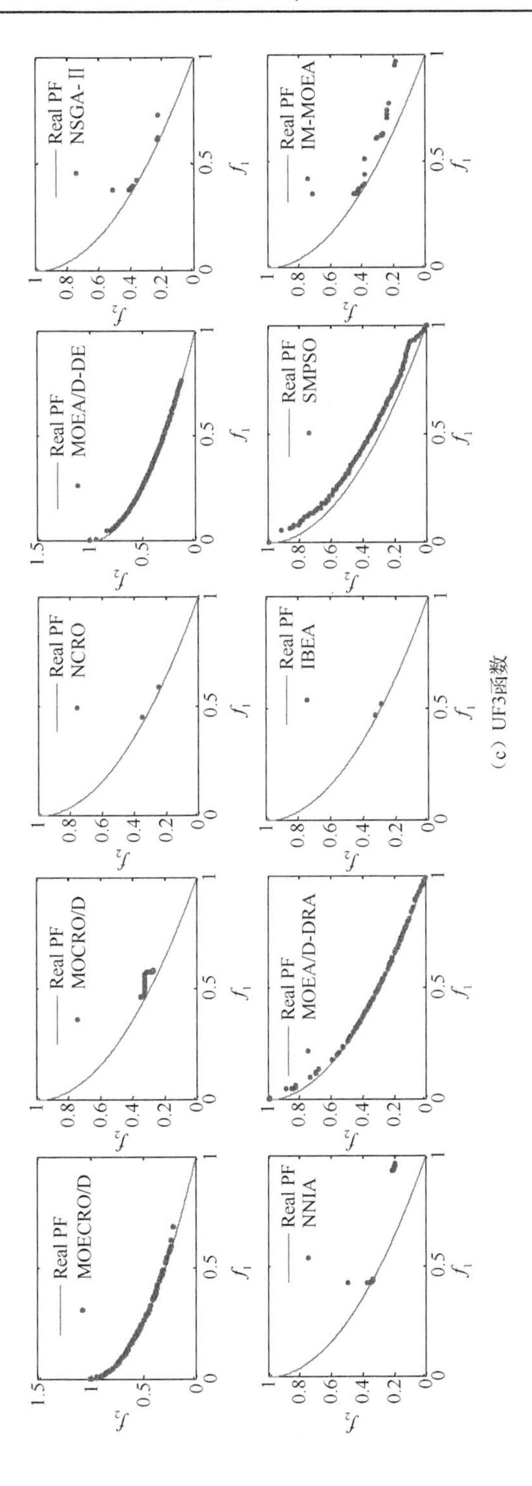
Real PF
NSGA-Ⅱ
Real PF
MOEA/D-DE
Real PF
NCRO
Real PF
MOCRO/D
Real PF
MOECRO/D
Real PF
IM-MOEA
Real PF
SMPSO
Real PF
IBEA
Real PF
MOEA/D-DRA
Real PF
NNIA
f_1
f_2

（c）UF3函数

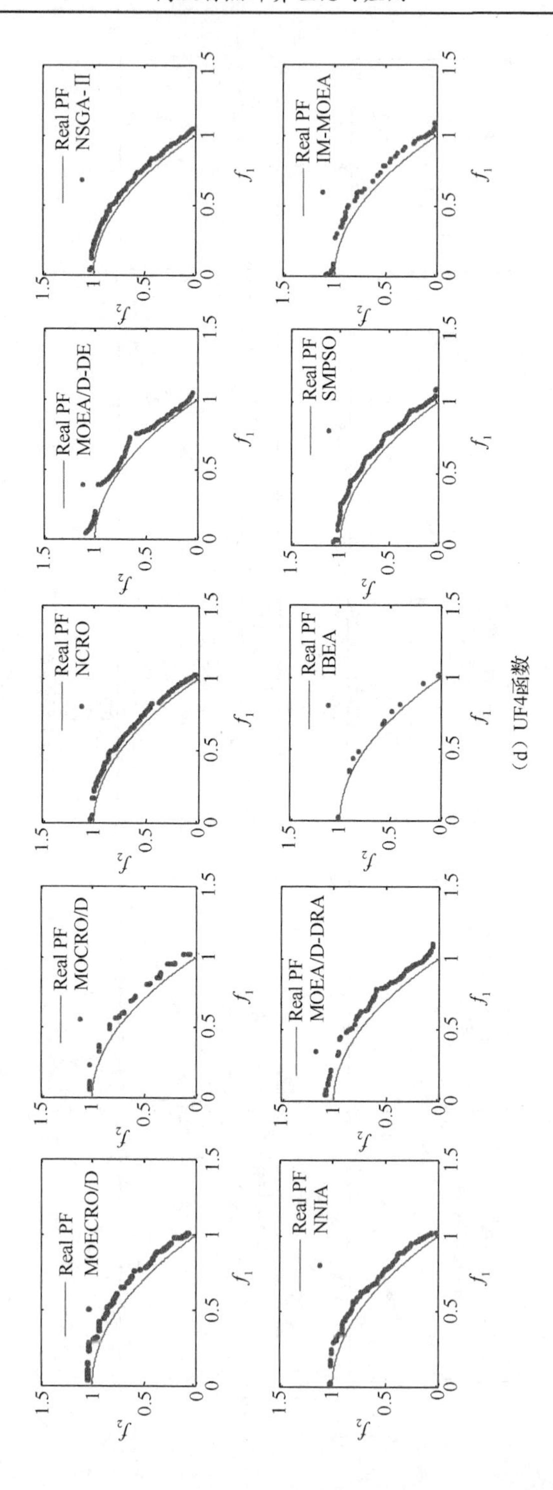
Real PF
MOECRO/D
MOCRO/D
NCRO
MOEA/D-DE
NSGA-II
NNIA
MOEA/D-DRA
IBEA
SMPSO
IM-MOEA
f_1
f_2

（d）UF4函数

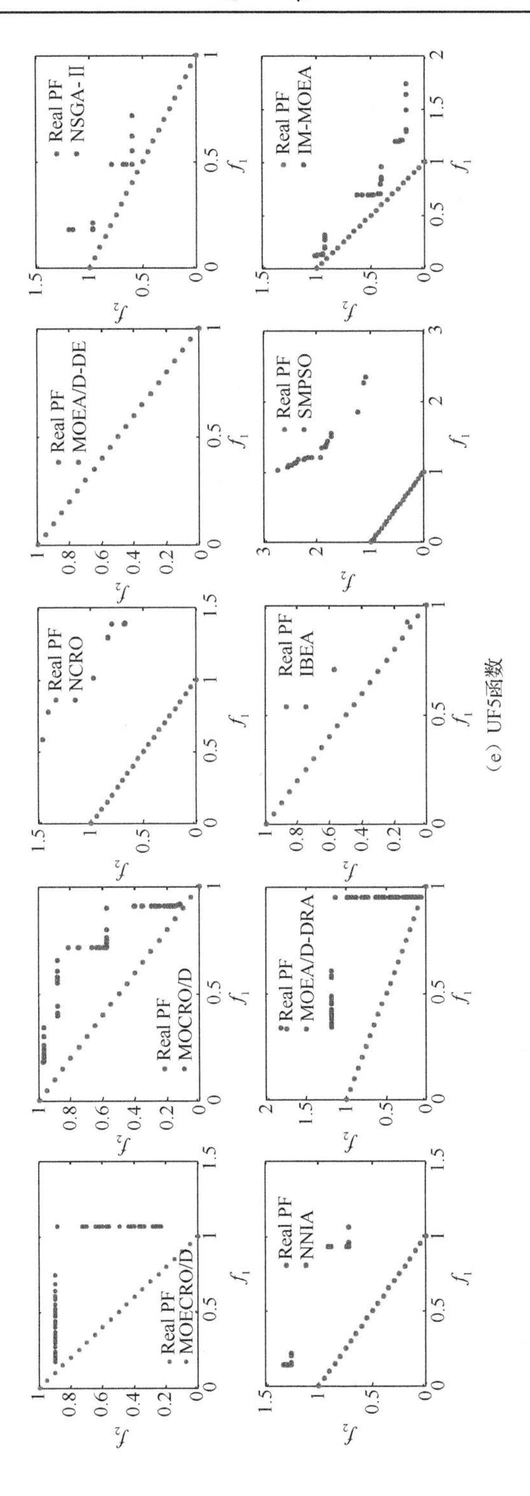
Real PF
NSGA-II
Real PF
MOEA/D-DE
Real PF
NCRO
Real PF
MOCRO/D
Real PF
MOECRO/D
Real PF
IM-MOEA
Real PF
SMPSO
Real PF
IBEA
Real PF
MOEA/D-DRA
Real PF
NNIA
f_1
f_2

（e）UF5函数

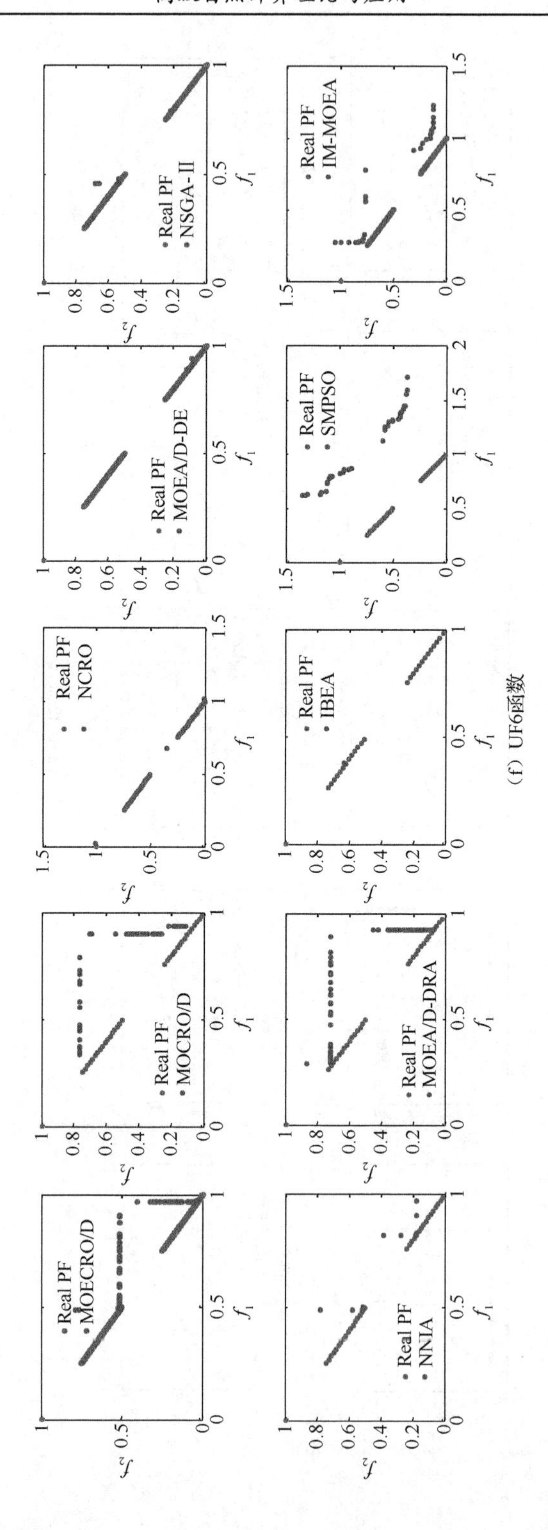
Real PF
MOECRO/D
Real PF
MOCRO/D
Real PF
NCRO
Real PF
MOEA/D-DE
Real PF
NSGA-II
Real PF
NNIA
Real PF
MOEA/D-DRA
Real PF
IBEA
Real PF
SMPSO
Real PF
IM-MOEA
f_1
f_2

（f）UF6函数

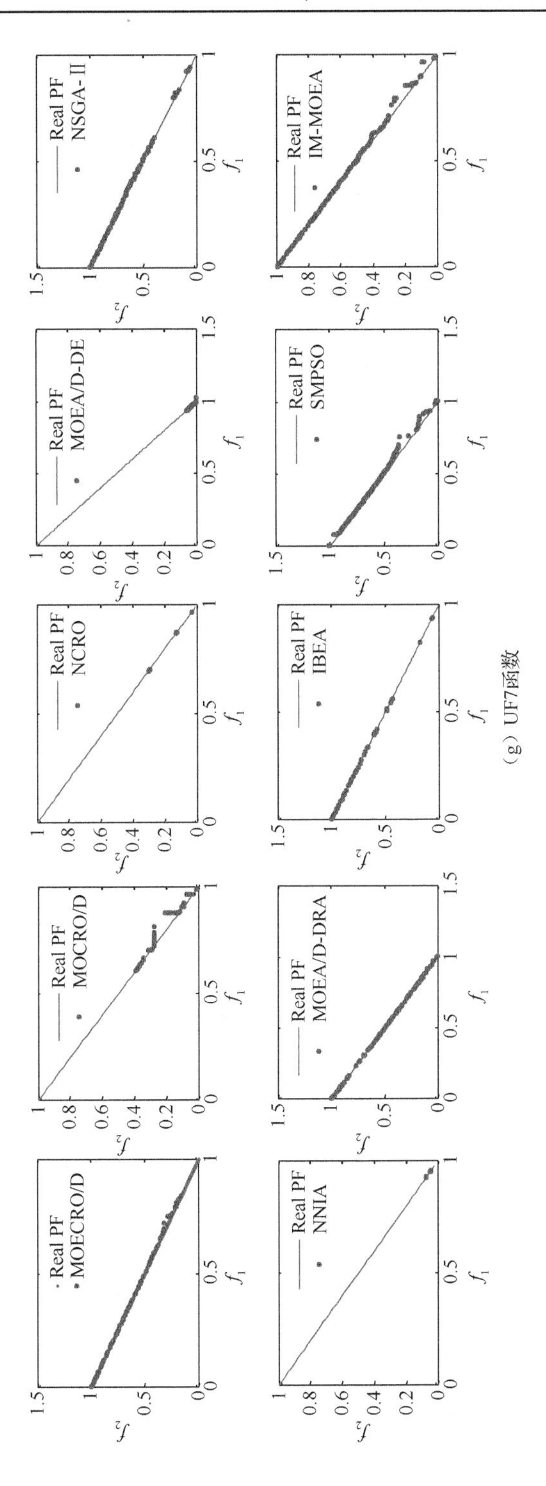
Real PF
NSGA-II
MOEA/D-DE
NCRO
MOCRO/D
MOECRO/D
IM-MOEA
SMPSO
IBEA
MOEA/D-DRA
NNIA
f_1
f_2

（g）UF7函数

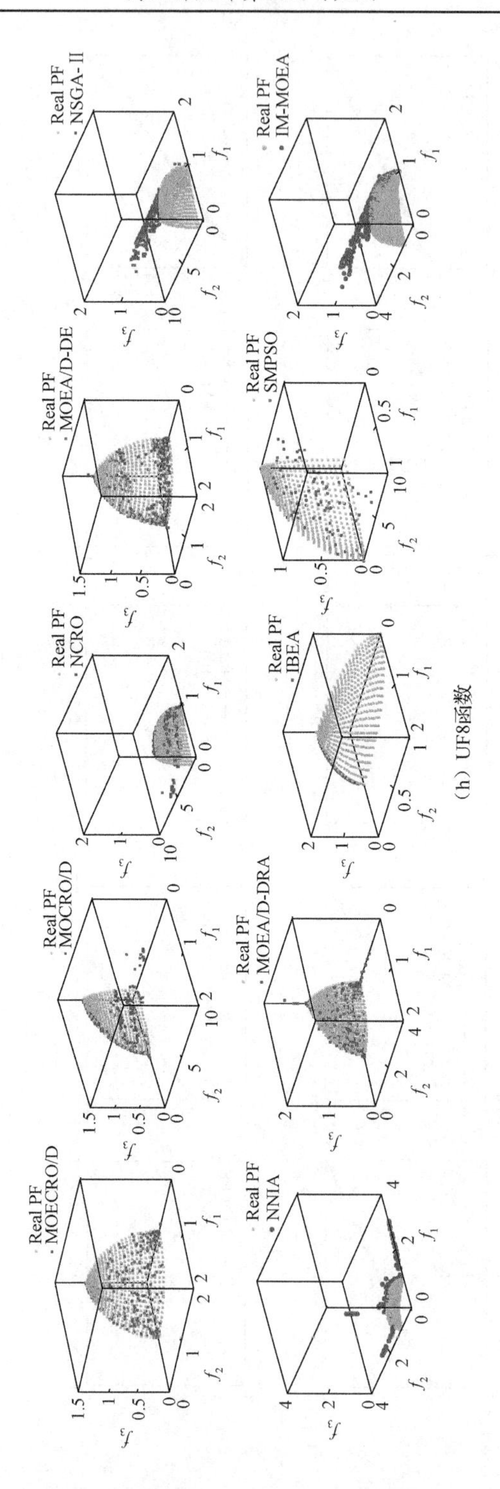
Real PF
MOECRO/D
Real PF
MOCRO/D
Real PF
NCRO
Real PF
MOEA/D-DE
Real PF
NSGA-Ⅱ
Real PF
NNIA
Real PF
MOEA/D-DRA
Real PF
IBEA
Real PF
SMPSO
Real PF
IM-MOEA
f_1
f_2
f_3

（h）UF8函数

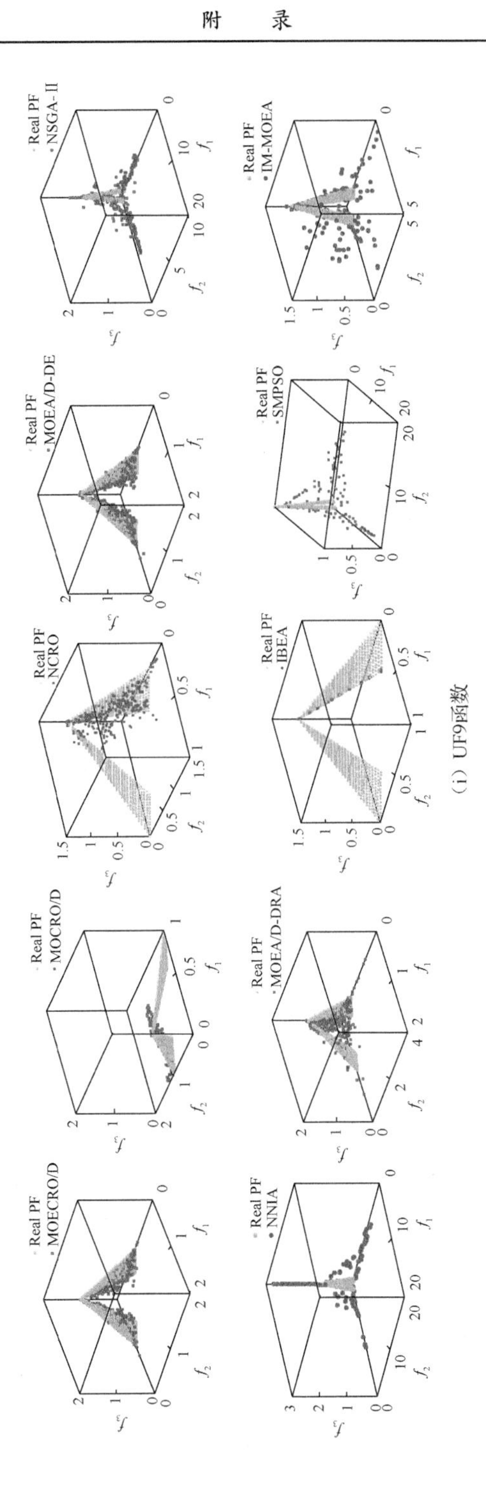
Real PF
NSGA-II
Real PF
MOEA/D-DE
Real PF
NCRO
Real PF
MOCRO/D
Real PF
MOECRO/D
Real PF
IM-MOEA
Real PF
SMPSO
Real PF
IBEA
Real PF
MOEA/D-DRA
Real PF
NNIA

(i) UF9函数

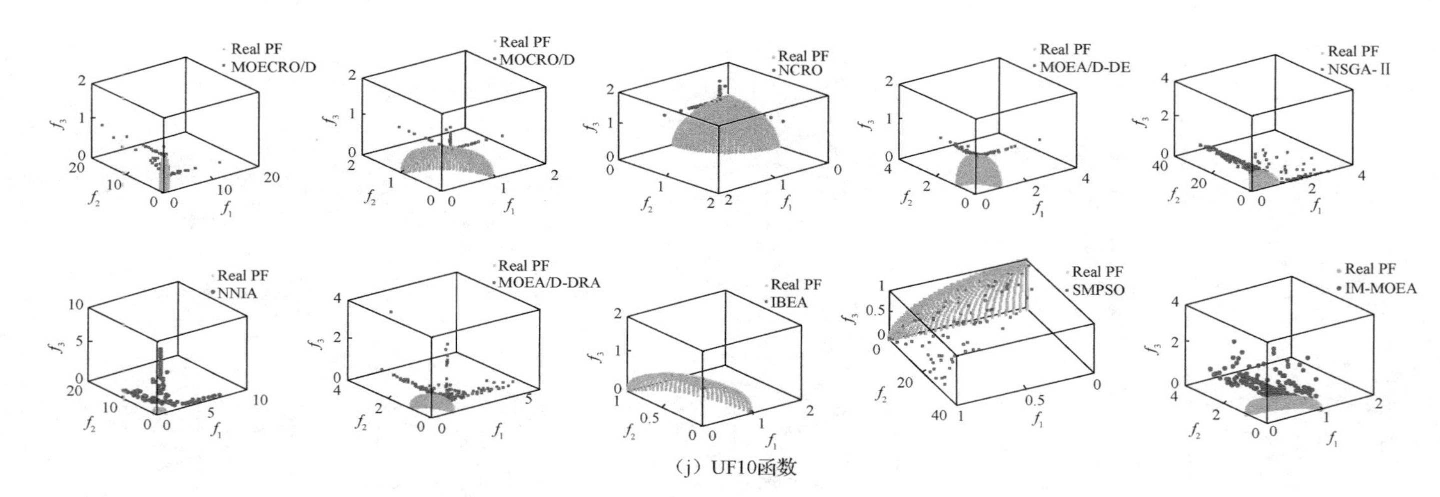

（j）UF10函数

图 A.1　算法 MOECRO/D、MOCRO/D、NCRO、MOEA/D-DE、NSGA-II、NNIA、MOEA/D-DRA、IBEA、SMPSO 和 IM-MOEA 在不同函数上获得的 Pareto 最优前沿

附录B　常用测试函数

- Sphere model (Dimension = 30)

$$f_1(x)=\sum_{i=1}^{n}x_i^2,\quad -5.12\leqslant x_i\leqslant 5.12$$

$\min(f_1)=f_1(0,\cdots,0)=0.$

- Axis parallel hyperellipsoid (Dimension = 30)

$$f_2(x)=\sum_{i=1}^{n}ix_1^2,\quad -5.12\leqslant x_i\leqslant 5.12$$

$\min(f_2)=f_2(0,\cdots,0)=0.$

- Schwefels problem 1.2 (Dimension = 20)

$$f_3(x)=\sum_{i=1}^{n}\left(\sum_{j=1}^{i}x_j\right)^2,\quad -65\leqslant x_i\leqslant 65$$

$\min(f_3)=f_3(0,\cdots,0)=0.$

- Rosenbrocks valley (Dimension = 30)

$$f_4(x)=\sum_{i=1}^{n-1}\left[100\left(x_{i+1}-x_1^2\right)^2+\left(1-x_i\right)^2\right],\quad -2\leqslant x_i\leqslant 2$$

$\min(f_4)=f_4(1,\cdots,1)=0.$

- Rastrigins function (Dimension = 10)

$$f_5(x)=10n+\sum_{i=1}^{n}\left[x_i^2-10\cos\left(2\pi x_i\right)\right],\quad -5.12\leqslant x_i\leqslant 5.12$$

$\min(f_5)=f_5(0,\cdots,0)=0.$

- Griewangks function (Dimension = 30)

$$f_6(x)=\sum_{i=1}^{n}\frac{x_i^2}{4000}-\prod_{i=1}^{n}\cos\frac{x_i}{\sqrt{i}}+1,\quad -600\leqslant x_i\leqslant 600$$

$\min(f_6)=f_6(0,\cdots,0)=0.$

- Sum of different power (Dimension = 30)

$$f_7(x)=\sum_{i=1}^{n}|x_i|^{(i+1)},\quad -1\leqslant x_i\leqslant 1$$

$\min(f_7)=f_7(0,\cdots,0)=0.$

- Ackleys path function (Dimension = 30)

$$f_8(x) = -20\exp\left(-0.2\frac{\sqrt{\sum_{i=1}^{n} x_i^2}}{n}\right) - \exp\left[\frac{\sum_{i=1}^{n}\cos(2\pi x_i)}{n}\right] + 20 + \mathrm{e},$$

$-32 \leqslant x_i \leqslant 32$

$\min(f_8) = f_8(0, \cdots, 0) = 0.$

- Beale function (Dimension = 2)

$$f_9(x) = \left[1.5 - x_1(1 - x_2)\right]^2 + \left[2.25 - x_1\left(1 - x_2^2\right)\right]^2 + \left[2.625 - x_1\left(1 - x_2^3\right)\right]^2,$$

$-4.5 \leqslant x_i \leqslant 4.5$

$\min(f_9) = f_9(3, 0.5) = 0.$

- Colville function (Dimension = 4)

$$\begin{aligned} f_{10}(x) = {} & 100\left(x_2 - x_1^2\right)^2 + (1 - x_1)^2 + 90\left(x_4 - x_3^2\right)^2 + (1 - x_3)^2 \\ & + 10.1\left[(x_2 - 1)^2 + (x_4 - 1)^2\right] + 19.8(x_2 - 1)(x_4 - 1), \quad -10 \leqslant x_i \leqslant 10 \end{aligned}$$

$\min(f_{10}) = f_{10}(1, 1, 1, 1) = 0.$

- Easom function (Dimension = 2)

$$f_{11}(x) = -\cos x_1 \cos x_2 \exp\left[-(x_1 - \pi)^2 - (x_2 - \pi)^2\right], \quad -100 \leqslant x_i \leqslant 100$$

$\min(f_{11}) = f_{11}(\pi, \pi) = 0.$

- Hartmann function (Dimension = 3)

$$f_{12}(x) = -\sum_{i=1}^{4}\alpha_i \exp\left[-\sum_{j=1}^{3} A_{ij}\left(x_i - P_{ij}\right)^2\right], \quad 0 \leqslant x_i \leqslant 1$$

$$\alpha = \begin{bmatrix} 1 & 1.2 & 3 & 3.2 \end{bmatrix}$$

$$A = \begin{bmatrix} 3 & 10 & 30 \\ 0.1 & 10 & 35 \\ 3 & 10 & 30 \\ 0.1 & 10 & 35 \end{bmatrix}$$

$$P = \begin{bmatrix} 0.36890 & 0.11700 & 0.26730 \\ 0.46990 & 0.43870 & 0.74700 \\ 0.10910 & 0.87320 & 0.55470 \\ 0.03815 & 0.57430 & 0.88280 \end{bmatrix}$$

$\min(f_{12}) = f_{12}(0.114614, 0.555649, 0.852547) = -3.86278214782076.$

- Hartmann function 2 (Dimension = 6)

$$f_{13}(x) = -\sum_{i=1}^{4} \alpha_i \exp\left[-\sum_{j=1}^{6} B_{ij}\left(x_j - Q_{ij}\right)^2\right], \quad 0 \leqslant x_i \leqslant 1$$

$$\alpha = \begin{bmatrix} 1 & 1.2 & 3 & 3.2 \end{bmatrix}$$

$$B = \begin{bmatrix} 10 & 3 & 17 & 3.05 & 1.7 & 8 \\ 0.05 & 10 & 17 & 0.1 & 8 & 14 \\ 3 & 3.5 & 1.7 & 10 & 17 & 8 \\ 17 & 8 & 0.05 & 10 & 0.1 & 14 \end{bmatrix}$$

$$Q = \begin{bmatrix} 0.1312 & 0.1696 & 0.5569 & 0.0124 & 0.8283 & 0.5886 \\ 0.2329 & 0.4135 & 0.8307 & 0.3736 & 0.1004 & 0.9991 \\ 0.2348 & 0.1451 & 0.3522 & 0.2883 & 0.3047 & 0.6650 \\ 0.4047 & 0.8828 & 0.8732 & 0.5743 & 0.1091 & 0.0381 \end{bmatrix}$$

$\min(f_{13}) = f_{13}(0.2016, 0.150011, 0.476847, 0.275332, 0.311652, 0.6573) = -3.33539215295525$.

- Six Hump Camel back function (Dimension = 2)

$$f_{14}(x) = 4x_1^2 - 2.1x_1^4 + \frac{1}{3}x_1^6 + x_1x_2 - 4x_2^2 + 4x_2^4, \quad -5 \leqslant x_i \leqslant 5$$

$\min(f_{14}) = f_{14}(0.0898, -0.7126)/(-0.0898, 0.7126) = -1.0316$.

- Levy function (Dimension = 30)

$$f_{15}(x) = \sin^2(3\pi x_1) + \sum_{i=1}^{n-1}(x_i - 1)^2 \times \left[1 + \sin^2(3\pi x_{i+1})\right] + (x_n - 1)^2\left[1 + \sin^2(2\pi x_n)\right], \quad -10 \leqslant x_i \leqslant 10$$

$\min(f_{15}) = f_{15}(1, \cdots, 1) = 0$.

- Matyas function (Dimension = 2)

$$f_{16}(x) = 0.26\left(x_1^2 + x_2^2\right) - 0.48x_1x_2, \quad -10 \leqslant x_i \leqslant 10$$

$\min(f_{16}) = f_{16}(0, 0) = 0$.

- Perm function (Dimension = 4)

$$f_{17}(x) = \sum_{k=1}^{n}\left\{\sum_{i=1}^{n}\left(i^k + 0.5\right)\left[\left(\frac{1}{i}x_i\right)^k - 1\right]\right\}^2, \quad -n \leqslant x_i \leqslant n$$

$\min(f_{17}) = f_{17}(1, 2, 3, \cdots, n) = 0$.

- Michalewicz function (Dimension = 10)

$$f_{18}(x) = -\sum_{i=1}^{n} \sin x_i \left[\sin\left(\frac{i x_i^2}{\pi}\right)\right]^{2m}, \quad 0 \leqslant x_i \leqslant \pi$$

$\min(f_{18}) = -9.66015$.

- Zakharov function (Dimension = 30)

$$f_{19}(x)=\sum_{i=1}^{n}x_i^2+\left(\sum_{i=1}^{n}0.5ix_i\right)^2+\left(\sum_{i=1}^{n}0.5ix_i\right)^4,\quad -5\leqslant x_i\leqslant 10$$

$\min(f_{19})=f_{19}(0,\cdots,0)=0.$

- Braninss function (Dimension = 2)

$$f_{20}(x)=a\left(x^2-bx_1^2+cx_1-d\right)^2+e(1-f)\cos x_1+e,$$

$-5\leqslant x_1\leqslant 10, 0\leqslant x_2\leqslant 15$

$a=1, b=5.1/(4\pi^2), c=5/\pi, d=6, e=10, f=1/(8\pi),$

$\min(f_{20})=f_{20}(-\pi, 12.275)/(\pi, 2.275)/(9.42478, 2.475)=0.3979.$

- Schwwefels problem 2.22 (Dimension = 30)

$$f_{21}(x)=\sum_{i=1}^{n}|x_i|+\prod_{i=1}^{n}|x_i|,\quad -10\leqslant x_i\leqslant 10$$

$\min(f_{21})=f_{21}(0,\cdots,0)=0.$

- Schwwefels problem 2.21 (Dimension = 30)

$$f_{22}(x)=\max\left\{|x_i|, 1\leqslant i\leqslant n\right\},\quad -100\leqslant x_i\leqslant 100$$

$\min(f_{22})=f_{22}(0,\cdots,0)=0.$

- Step function (Dimension = 30)

$$f_{23}(x)=\sum_{i=1}^{n}\left(\lfloor x_i+0.5\rfloor\right)^2,\quad -100\leqslant x_i\leqslant 100$$

$\min(f_{23})=f_{23}(-0.5\leqslant x_i\leqslant 0.5)=0.$

- Quartic function, i.e., noise (Dimension = 30)

$$f_{24}(x)=\sum_{i=1}^{n}ix_i^4+\text{random}(01),\quad -1.28\leqslant x_i\leqslant 1.28$$

$\min(f_{24})=f_{24}(0,\cdots,0)=0.$

- Kowaliks function (Dimension = 4)

$$f_{25}(x)=\sum_{i=1}^{11}\left[a_i-\frac{x_i\left(b_i^2+b_ix_2\right)}{b_i^2+b_ix_3+x_4}\right]^2,\quad -5\leqslant x_i\leqslant 5$$

a = [0.1957, 0.1947, 0.1735, 0.1600, 0.0844, 0.0627, 0.0456, 0.0342, 0.0323, 0.0235, 0.0246]

b^{-1} = [0.25 0.5 1 2 4 6 8 10 12 14 16]

$\min(f_{25})=f_{25}(0.192807, 0.191282, 0.123056, 0.136062)=0.000307506.$

- Shekels Family (Dimension = 4)

$$f(x)=-\sum_{i=1}^{m}\sum_{j=1}^{4}\left[\left(x_j-a_{ji}\right)^{\mathrm{T}}+c_i\right]^{-1}$$

$$a=\begin{bmatrix}4&1&8&6&3&2&5&8&6&7\\4&1&8&6&7&9&5&1&2&3.6\\4&1&8&6&3&2&3&8&6&7\\4&1&8&6&7&9&3&1&2&3.6\end{bmatrix}^{\mathrm{T}}$$

$$c=\begin{bmatrix}0.1&0.2&0.2&0.4&0.4&0.6&0.3&0.7&0.5&0.5\end{bmatrix}^{\mathrm{T}}$$

$m=5$

$\min(f_{26})=f_{26}(4, 4, 4, 4)=-10.1532$

$m=7$

$\min(f_{27})=f_{27}(4, 4, 4, 4)=-10.4029$

$m=10$

$\min(f_{28})=f_{28}(4, 4, 4, 4)=-10.5364.$

- Tripod function (Dimension = 2)

$$f_{29}(x)=p(x_2)\left[1+p(x_1)\right]+\left|\left\{x_1+50p(x_2)\left[1-2p(x_1)\right]\right\}\right|$$
$$+\left|\left\{x_2+50\left[1-2p(x_2)\right]\right\}\right|,\quad -100\leqslant x_i\leqslant 100$$

$p(x)=1$ for $x\geqslant 0$, otherwise, $p(x)=0$

$\min(f_{29})=f_{29}(0, -50)=0.$

- De Jongs function 4 (no noise) (Dimension = 30)

$$f_{30}(x)=\sum_{i=1}^{n}ix_i^4,\quad -1.28\leqslant x_i\leqslant 1.28$$

$\min(f_{30})=f_{30}(0,\cdots,0)=0.$

- Alpine function (Dimension = 30)

$$f_{31}(x)=\sum_{i=1}^{n}\left|x_i\sin x_i+0.1x_i\right|,\quad -10\leqslant x_i\leqslant 10$$

$\min(f_{31})=f_{31}(0,\cdots,0)=0.$

- Schaffers function 6 (Dimension = 2)

$$f_{32}(x)=0.5+\frac{\sin^2\sqrt{\left(x_1^2+x_2^2\right)}-0.5}{1+0.01\left(x_1^2+x_2^2\right)^2},\quad -10\leqslant x_i\leqslant 10$$

$\min(f_{32})=f_{32}(0, 0)=0.$

- Pathological function (Dimension = 3)

$$f_{33}(x)=\sum_{i=1}^{n-1}\left[0.5+\frac{\sin^2\sqrt{\left(100x_i^2+x_{i+1}^2\right)}-0.5}{1+0.001\left(x_i^2-2x_ix_{i+1}+x_{i+1}^2\right)^2}\right],\quad -100\leqslant x_i\leqslant 100$$

$\min(f_{33})=f_{33}(0,\cdots,0)=0$.

- Inverted cosine wave function (Masters) (Dimension = 5)

$$f_{34}(x)=-\sum_{i=1}^{n-1}\left\{\exp\left[\frac{-\left(x_i^2+x_{i+1}^2+0.5x_ix_{i+1}\right)}{8}\right]\times\cos\left(4\sqrt{x_i^2+x_{i+1}^2+0.5x_ix_{i+1}}\right)\right\},$$

$-5\leqslant x_i\leqslant 5$

$\min(f_{34})=f_{34}(0,\cdots,0)=-n+1$.

- Aluffi-Pentinis Problem (Dimension = 2)

$$f_{35}(x)=0.25x_1^4-0.5x_1^2+0.1x_1+0.5x_2^2,\quad -10\leqslant x_1, x_2\leqslant 10$$

$\min(f_{35})=f_{35}(-1.0465,0)=-0.3523$.

- Becker and Lago Problem (Dimension = 2)

$$f_{36}(x)=\left(|x_1|-5\right)^2-\left(|x_2|-5\right)^2,\quad -10\leqslant x_1, x_2\leqslant 10$$

$\min(f_{36})=f_{36}(\pm 5,\pm 5)=0$.

- Bohachevsky 1 Problem (Dimension = 2)

$$f_{37}(x)=x_1^2+2x_2^2-0.3\cos(3\pi x_1)-0.4\cos(4\pi x_2)+0.7,\quad -50\leqslant x_1, x_2\leqslant 50$$

$\min(f_{37})=f_{37}(0,0)=0$.

- Bohachevsky 2 Problem (Dimension = 2)

$$f_{38}(x)=x_1^2+2x_2^2-0.3\cos(3\pi x_1)\cos(4\pi x_2)+0.3,\quad -50\leqslant x_1, x_2\leqslant 50$$

$\min(f_{38})=f_{38}(0,0)=0$.

- Camel Back -3 Three Hump Problem (Dimension = 2)

$$f_{39}(x)=2x_1^2-1.05x_1^4+\frac{1}{6}x_1^6+x_1x_2+x_2^2,\quad -5\leqslant x_1, x_2\leqslant 5$$

$\min(f_{39})=f_{39}(0,0)=0$.

- Dekkers and Aarts Problem (Dimension = 2)

$$f_{40}(x)=10^5x_1^2+x_2^2-\left(x_1^2+x_2^2\right)^2+10^{-5}\left(x_1^2+x_2^2\right)^4,\quad -20\leqslant x_1, x_2\leqslant 20$$

$\min(f_{40})=f_{40}(0,15)/(0,-15)=-24771$.

- Exponential Problem (Dimension = 10)

$$f_{41}(x)=-\exp\left(-0.5\sum_{i=1}^{n}x_i^2\right),\quad -1\leqslant x_i\leqslant 1$$

$\min(f_{41})=f_{41}(0,\cdots,0)=-1$.

- Glodstein and Price (Dimension = 2)

$$f_{42}(x)=\left[1+(x_1+x_2+1)^2\left(19-14x_1+3x_1^2-14x_2+6x_1x_2+3x_2^2\right)\right]$$
$$\times\left[30+(2x_1-3x_2)^2\left(18-32x_1+12x_1^2+48x_2-36x_1x_2+27x_2^2\right)\right],$$

$-2\leqslant x_1, x_2\leqslant 2$

$\min(f_{42})=f_{42}(0,-1)=3.$

- Gulf Research Promblem (Dimension = 3)

$$f_{43}(x)=\sum_{i=1}^{99}\left\{\exp\left[-\frac{(u_i-x_2)^{x_3}}{x_1}\right]-0.01i\right\}^2,\quad 0.1\leqslant x_1\leqslant 100,\ 0\leqslant x_2\leqslant 25.6,$$

$0\leqslant x_3\leqslant 5$

$u_i=25+[-50\ln(0.01i)]^{1/1.5}$

$\min(f_{43})=f_{43}(50,25,1.5)=0.$

- Helical Valley Problem (Dimension = 3)

$$f_{44}(x)=100\left[(x_2-10\theta)^2+\left(\sqrt{x_1^2+x_2^2}-1\right)^2\right]+x_3^2,\quad -10\leqslant x_1, x_2, x_3\leqslant 10$$

$$\theta=\begin{cases}\dfrac{1}{2\pi}\tan^{-1}\dfrac{x_2}{x_1}, & x_1\geqslant 0\\[2mm] \dfrac{1}{2\pi}\tan^{-1}\dfrac{x_2}{x_1}+\dfrac{1}{2}, & x_1<0\end{cases}$$

$\min(f_{44})=f_{44}(1,0,0)=0.$

- Hosaki Problem (Dimension = 2)

$$f_{45}(x)=\left(1-8x+7x_1^2-\frac{7}{3}x_1^3+\frac{1}{4}x_1^4\right)x_2^2\exp(-x_2),\quad 0\leqslant x_1\leqslant 5,\ 0\leqslant x_2\leqslant 6$$

$\min(f_{45})=f_{45}(4,2)=-2.3458.$

- Levy and Montalvo 1 Problem (Dimension = 3)

$$f_{46}(x)=\frac{\pi}{n}\left\{10\sin^2(\pi y_1)+\sum_{i=1}^{n-1}(y_i-1)^2\left[1+10\sin^2(\pi y_{i+1})\right]+(y_n-1)^2\right\},$$

$-10\leqslant x_i\leqslant 10$

$$y_i=1+\frac{1}{4}(x_i+1)$$

$\min(f_{46})=f_{46}(-1,-1,-1)=0.$

- McCormick Problem (Dimension = 2)

$$f_{47}(x)=\sin(x_1+x_2)+(x_1-x_2)^2-\frac{3}{2}x_1+\frac{5}{2}x_2+1,\quad -1.5\leqslant x_1\leqslant 4,\ -3\leqslant x_2\leqslant 3$$

$\min(f_{47}) = f_{47}(-0.547, -1.547) = -1.9133.$

Miele and Cantrell Problem (Dimension = 4)

$$f_{48}(x) = (\exp x_1 - x_2)^4 + 100(x_2 - x_3)^6 + [\tan(x_3 - x_4)]^4 + x_1^8, \quad -1 \leqslant x_i \leqslant 1$$

$\min(f_{48}) = f_{48}(0, 1, 1, 1) = 0.$

- Multi-Gaussian Problem (Dimension = 2)

$$f_{49}(x) = -\sum_{i=1}^{5} a_i \exp\left[-\frac{(x_1 - b_i)^2 + (x_2 - c_i)^2}{d_i^2}\right], \quad -2 \leqslant x_1, x_2 \leqslant 2$$

函数 f_{49} 的参数如表 B.1 所示。

$\min(f_{49}) = f_{49}(-0.01356, -0.01356) = -1.29695.$

表 B.1　函数 f_{49} 的参数

i	a_i	b_i	c_i	d_i
1	0.5	0.0	0.0	0.1
2	1.2	1.0	0.0	0.5
3	1.0	0.0	−0.5	0.5
4	1.0	−0.5	0.0	0.5
5	1.2	0.0	1.0	0.5

- Neumaier 2 Problem (Dimension = 4)

$$f_{50}(x) = \sum_{k=1}^{n}\left(b_k - \sum_{i=1}^{n} x_i^k\right)^2, \quad 0 \leqslant x_i \leqslant n$$

$b = (8, 18, 44, 114)$

$\min(f_{50}) = f_{50}(1, 2, 2, 3) = 0.$

- Odd Square Problem (Dimension = 10)

$$f_{51}(x) = -\left(1 + \frac{0.2d}{D + 0.1}\right)\cos(D\pi)^{-D/2\pi}, \quad -15 \leqslant x_i \leqslant 15$$

$$d = \sqrt{\sum_{i=1}^{n}(x_i - b_i)^2}$$

$$D = \sqrt{n}(\max|x_i - b_i|)$$

$b = (1, 1.3, 0.8, -0.4, -1.3, 1.6, -2, -6, 0.5, 1.4)$

$\min(f_{51}) = f_{51}(b) = -1.143833.$

- Paviani Problem (Dimension = 10)

$$f_{52}(x) = \sum_{i=1}^{10}\left\{[\ln(x_i - 2)]^2 + [\ln(10 - x_i)]^2\right\} - \left(\prod_{i=1}^{10} x_i\right)^{0.2}, \quad 2 \leqslant x_i \leqslant 10$$

$\min(f_{52}) = f_{52}(9.351, 9.351, \cdots, 9.351) = -45.778.$

- Periodic Problem (Dimension = 2)

$$f_{53}(x)=1+\sin^2 x_1+\sin^2 x_2-0.1\exp\left(-x_1^2-x_2^2\right),\quad -10\leqslant x_1, x_2\leqslant 10$$

$\min(f_{53})=f_{53}(0, 0)=0.9.$

- Powells Quadratic Problem (Dimension = 4)

$$f_{54}(x)=\left(x_1+10x_1\right)^2+5\left(x_3-x_4\right)^2-\left(x_2-2x_3\right)^2+10\left(x_1-x_4\right)^2,$$

$-10\leqslant x_i\leqslant 10$

$\min(f_{54})=f_{54}(0, 0,0, 0)=0.$

- Prices Transistor Modelling Problem (Dimension = 9)

$$f_{55}(x)=\gamma^2+\sum_{k=1}^{4}\left(\alpha_k^2+\beta_k^2\right),\quad -10\leqslant x_i\leqslant 10$$

$$\alpha_k=\left(1-x_1x_2\right)x_3\left\{\exp\left[x_5\left(g_{1k}-g_{3k}x_7\times 10^{-3}-g_{5k}x_8\times 10^{-3}\right)\right]-1\right\}-g_{5k}+g_{4k}x_2$$

$$\beta_k=\left(1-x_1x_2\right)x_4\left\{\exp\left[x_6\left(g_{1k}-g_{2k}-g_{3k}x_7\times 10^{-3}+g_{4k}x_9\times 10^{-3}\right)\right]-1\right\}-g_{5k}x_1$$
$$+g_{4k}$$

$$\gamma=x_1x_3-x_2x_4$$

$\min(f_{55})=f_{55}(0.9, 0.45, 1, 2, 8, 8, 5, 1, 2)=0.$

- Salomon Problem (Dimension = 10)

$$f_{56}(x)=1-\cos\left(2\pi\|x\|\right)+0.1\|x\|,\quad -100\leqslant x_i\leqslant 100$$

$$\|x\|=\sqrt{\sum_{i=1}^{n}x_i^2}$$

$\min(f_{56})=f_{56}(0,\cdots, 0)=0.$

- Schaffer 2 Problem (Dimension = 2)

$$f_{57}(x)=\left(x_1^2+x_2^2\right)^{0.25}\left\{\sin^2\left[50\left(x_1^2+x_2^2\right)^{0.1}\right]+1\right\},\quad -100\leqslant x_1, x_2\leqslant 100$$

$\min(f_{57})=f_{57}(0, 0)=0.$

- Woods Function (Dimension = 4)

$$f_{58}(x)=100\left(x_2-x_1^2\right)^2+\left(1-x_1\right)^2+90\left(x_4-x_3^2\right)^2+\left(1-x_3\right)^2$$
$$+10.1\left[\left(x_2-1\right)^2+\left(x_4-1\right)^2\right]+19.8\left(x_2-1\right)\left(x_4-1\right),\quad -10\leqslant x_i\leqslant 10$$

$\min(f_{58})=f_{58}(1, 1,1, 1)=0.$